Johannes Mager

Mühlenflügel und Wasserrad

Mühlen und Hebewerke
für Wasser und Sole

Dr. phil. Johannes Mager

Mühlenflügel und Wasserrad

Mit 200 Bildern

VEB Fachbuchverlag Leipzig

Alle Abbildungen Archiv Mager
(Die Fotografien der Mühlenobjekte wurden
vom Autor in den siebziger und achtziger Jahren
aufgenommen.)

Mager, Johannes:
Mühlenflügel und Wasserrad/Johannes Mager. – 1. Aufl.
– Leipzig: Fachbuchverl., 1987. – 216 S.: 200 Bild.
(Mühlen und Hebewerke für Wasser und Sole)
NE: GT

ISBN 3-343-00257-7

© VEB Fachbuchverlag Leipzig 1987
1. Auflage
Lizenznummer 114-210/143/87
LSV 3009
Verlagslektor: Angela Szargan
Gesamtgestaltung: Lothar Gabler, Leipzig
Printed in GDR
Gesamtherstellung: Druckerei Fortschritt Erfurt
Redaktionsschluß: 15. 1. 1986
Bestellnummer: 546 963 8
02400

Inhaltsverzeichnis

Geleitwort

Neben den Bau- und Kunstdenkmalen und anderen Zeugen unserer historischen und kulturellen Entwicklung haben in den letzten Jahren die Denkmale der Technikgeschichte und der Entwicklung der Produktivkräfte außerordentlich an allgemeinem Interesse gewonnen. Wir bewundern bei all unseren eigenen Fortschritten auf technischem Gebiet immer wieder die Meisterleistungen unserer Vorfahren, die uns mehr oder weniger vollständig erhalten geblieben sind. Zunehmender Seltenheitswert fördert zusätzlich historisches und wissenschaftliches Interesse.

Das vorliegende Buch beschäftigt sich mit den bislang vernachlässigten »Industriemühlen«, denen im Zusammenhang mit dem Produktionsablauf in Handwerk und Gewerbe einst besondere Bedeutung zukam. Die alten »Künste«: Hebewerke für Wasser und Sole, Wasserrad und Flügelkreuz als Antriebsmaschinen stehen im Mittelpunkt der Publikation, die reiches, zum Teil völlig unbekanntes Bildmaterial bietet und durch eine wohlbedachte Auswahl von Zitaten die alten Meister oft selbst zu Wort kommen läßt.

Bei der Behandlung der Hebewerke, die von den Poldermühlen bis zu den Kunstbauten der Solehebung hier erstmals als in sich geschlossene Einheit betrachtet werden, führt der Autor, der lange Zeit für das Institut für Denkmalpflege tätig war, auch ausländische, vor allem niederländische Beispiele an. In klar gegliederten Komplexen macht er den Leser mit der Terminologie alter Mühlenbautechnik bekannt. Jeder Abschnitt wird durch die Vorstellung noch existierender Mühlen bereichert, die insgesamt als Denkmale erfaßt sind und zum Teil als Schauanlagen dienen.

Der Gesamtüberblick über eine Fülle typologischer und technologischer Fakten wird vor allem den um die Erhaltung von Mühlen bemühten Denkmalpflegern und Laien wertvolle Hilfe bei exakten Baubeschreibungen und bei der Bewertung technischer Denkmale sein. Das umfangreiche Literaturverzeichnis, das weitgehend auch die ältere Literatur berücksichtigt, ist eine Fundgrube für alle, die sich mit der Technikgeschichte der Mühlen befassen.

Es bleibt zu wünschen, daß dieses Buch über den Kreis der Denkmalpfleger und Historiker hinaus einen möglichst großen Kreis von Lesern erreicht und zur Achtung vor den Leistungen unserer Väter beiträgt.

Dr. Hans Berger

Vorwort

»Verachtet mir die Meister nicht
und ehrt mir ihre Kunst!
Was ihnen hoch zum Lobe spricht,
fiel reichlich Euch zur Gunst!«

Das bekannte Zitat aus *Richard Wagners* »Meistersinger von Nürnberg« bringt in poetischer Form das Anliegen dieser Schrift zum Ausdruck. Der Autor will Mittler sein zwischen dem Werk der alten Meister und dem Leser. Greifbar wird dieses Werk vor allem aber durch ausgewählte Maschinen- und Mühlenbaubücher des 16. bis 19. Jh., durch das Universal-Lexikon von *Johann Heinrich Zedler* und die »Oekonomische Encyklopädie« von *Johann Georg Krünitz*, durch wenig bekannte Zeichnungen und schließlich durch die heute noch vorhandenen Restanlagen, die als gegenständliche Zeugen des Fleißes und Könnens der Kunstmeister und Mühlenbauer vergangener Jahrhunderte gelten.

Allen Gesichtspunkten der Betrachtung liegt deshalb besonders das historische Element zugrunde. Dabei ging es nicht darum, eine Geschichte der Getreidemühlen zu schreiben, sondern lediglich Wasserrad und Flügelkreuz als Antriebsmaschinen für jede handwerkliche und gewerbliche Tätigkeit sowie als »Hebekunst« für Wasser und Sole zu sehen, wie das in den zitierten wissenschaftlichen Altbeständen zum Ausdruck kommt. Chronologisch fällt die Betrachtung in die Zeit der Manufakturperiode und der beginnenden industriellen Revolution. Es ist die Zeit des Aufschwungs der Technik sowie der rationellen Durchdringung des Erbes der archaischen und antiken Welt. Die Ratio prägte das menschliche Denken. So schrieb der im folgenden oft zitierte Göttinger Universitätsprofessor *Johann Beckmann* (1739 bis 1811), der als Begründer der Technologie gilt: »Denn, die Wahrheit zu sagen, das Lob muß man unserem Jahrhunderte lassen, daß man in demselben überall anfängt, das nützlichere hervor zu ziehen . . .« Und in Kursachsen bestimmte der damals berühmte Salinist Bergrat *Johann Gottfried Borlach* (1687 bis 1768) »den Werth der Wissenschaften nach dem Werthe des Nutzens und des Einflusses, den sie für die menschliche Glückseligkeit« hatten. Ebenso treten uns ideenreiche und baufreudige, aber nicht immer erfolgreiche Menschen der Barockzeit als Wissenschaftler, Künstler im weitesten Sinne des Wortes und Praktiker entgegen. Häufig begegnen wir ihrem Werk, dem Wasserrad und dem Flügelkreuz, die bis weit ins 19. Jh. als Antriebsmaschinen gebraucht wurden.

Selbst das Stampfen und Schnauben der ersten deutschen Dampfmaschine, das als Signal einer neuen Zeit von der Höhe des Hettstedter Kupferberges erschallte, fand nicht sofort den erhofften Widerhall. Wasserrad und Flügelkreuz drehten sich unaufhörlich weiter: in Handwerk und Gewerbe, im Bergbau, Hütten- und Salinenwesen. Die Mühle als Prototyp aller Maschinen behauptete noch weit bis ins 19. Jh. ihren Platz als Werk- bzw. Industriemühle (hier auf »industria«, im Sinne von »Gewerbefleiß« bezogen).

Um den sehr umfangreichen Stoff auszugsweise vorstellen zu können, waren starke Beschränkungen nötig. So wurden z. B. bergbauliche Anlagen im Abschnitt »Hebewerke für Wasser und Sole« bzw. bei den Hammerwerken und im einführenden Abschnitt nur kurz erwähnt. Die Technologien aus dem Bereich des Handwerks und Gewerbes wurden auf wenige typische Beispiele eingeengt, wobei oft die Schriften des bedeutenden Beckmann-Schülers und Technologieprofessors *Johann Heinrich Moritz Poppe* als Ratgeber dienten. Ebenso konnte die Bewertung der Mühle als technisches Denkmal nur angedeutet werden, da dieses Gebiet anderen Publikationen vorbehalten ist. Stärker betont wurde der Abschnitt über die »Poldermühlen«, die vielen unserer Zeitgenossen nicht bekannt sind. Diese Wasser »hochmahlenden« Mühlen spielten in den Niederlanden (Holland) eine außerordentlich wichtige Rolle. Über Jahrhunderte hatte dieses Land dem Meer große Gebiete, die unter dem Meeresspiegel liegen, durch Eindeichung abgerungen. Dazu waren Tausende wasserhebende Mühlen notwendig gewesen. So versteht noch heute der Niederländer unter dem Begriff »Mühle« vorrangig die Poldermühle. Daß dieses Kernland der Mühlen mit seinen technischen Lehrbüchern und Mühlenbauern immer wieder Erwähnung findet, bedarf keiner Frage.

Das im Anhang beigefügte Verzeichnis nennt Museen und Schauanlagen in der DDR, in denen Mühlen, Hammerwerke sowie Hebewerke für Wasser und Sole zu besichtigen sind. Es erhebt keinen Anspruch auf Vollständigkeit. Im folgenden Text wurden die Zitate ohne Anführungszeichen durch eine andere Schriftart gekennzeichnet.

Zu danken habe ich für die wegweisende Betreuung den Herren Prof. Dr. phil. habil. Dr.-Ing. *Hans-Joachim Mrusek*, Martin-Luther-Universität Halle-Wittenberg, und Chefkonservator Dr. h. c. Dipl.-Ing. *Hans Berger*, Institut für Denkmalpflege Halle, sowie für die fachliche Beratung bei der Manuskripterarbeitung Herrn Direktor *Ottomar Träger*, Mühlenmuseum Schloß Bernburg.

Der Verfasser

Mühlen, Salinen, Hütten- und Hammerwerke im Landschaftsbild der Vergangenheit und Gegenwart

Lange bevor sich die Eisenbahnen den Weg durch unsere Wälder und Fluren gebahnt hatten, drehten sich unaufhörlich die Räder und Flügelkreuze der Mühlen. Schlecht befahrbare Wege, oft als schmale Pfade ausgebildet, führten zu den knarrenden und klappernden Wind- und Wasserrädern. Sie charakterisierten, seit dem Frühkapitalismus zahlenmäßig wachsend, neben den Getreidemühlen die Produktionszentren. Der Betrieb auf den Hütten- und Hammerwerken, Bergwerken, Salinen und chemischen Fabriken war ohne die Wasserräder auch nach der einsetzenden industriellen Revolution nicht denkbar. Besonders im Gebiet zwischen Elbe und Saale, wo es noch bis in die zweite Hälfte des 19. Jh. erstaunlich viele Windmühlen gab, bestimmten mächtige Flügelkreuze unterschiedlicher Konstruktion den Charakter der Landschaft. Das kann in den alten Schriften und anderen authentischen Quellen nachgelesen werden. Neben Gemälden sind es vor allem Holzschnitte, Kupferstiche, Zeichnungen und Kartenwerke, die das von Wasserrädern und Windmühlen gekennzeichnete Landschaftsbild früherer Jahrhunderte vorstellen. Diese Quellen enthalten manche technologische Aussage und können außerdem den Standort von längst vergessenen Mühlen, Salinen, Hütten- und Hammerwerken bezeugen. Zeichnerisch begegnen wir hier dem Grenzgebiet zwischen technischer Dokumentation und graphischem Kunstwerk. Rein topographisch sind besonders die Merianschen Kupferstiche von Interesse. So haben *Matthäus Merian* (1593 bis 1650), seine Söhne und *M. Zeiller* in dem »Theatrum Europaeum« (30 Bde.) der Nachwelt ein bedeutendes Werk hinterlassen, das auch große Aussagekraft für die dominierende Wirkung von Wind- und Wassermühlen im mitteleuropäischen Landschaftsbild hat. Allerdings ist die Wiedergabe, vornehmlich in Detailfragen, nicht verläßlich. So stimmen beispielsweise Lage und Anzahl der dargestellten Mühlen mit den urkundlich nachgewiesenen wenig überein. Bockwindmühlen und die seltener dargestellten Turmwindmühlen sind allerdings mit großer Detailtreue wiedergegeben. Das wird auf einzelnen Kupferstichen deutlich, wo die Mühlen mitunter überdimensional in den Vordergrund gerückt sind oder in Anlehnung an die Bedeutungsperspektive unübersehbar auf Hügeln zur Schau stehen.

Dokumentierenden Wert hat in mehrfacher Hinsicht die Windmühle auf den sogenannten Schlachtenbildern. Ihre militärische Bedeutung lag darin, daß sie als hochgelegener Aussichtspunkt für Beobachtungsposten und Feldherrn einen weiten Rundblick in die Umgebung ermöglichte. Des weiteren dienten Windmühlenhügel als Standort für die Artillerie. Die Befreiungskriege gegen *Napoleon* lieferten dafür zahlreiche Beispiele. So fiel die letzte Entscheidung der Völkerschlacht bei Leipzig an der Quantschen Tabakmühle.

International gesehen sind Mühlen (besonders die niederländischen Windmühlen) im Landschaftsbild seit dem 16. Jh. auf Hunderten von Gemälden, Zeichnungen, Grafiken und in Landschaftsbeschreibungen dargestellt worden; – das ist aber ein Thema für sich. Die hieraus zu entnehmenden technologischen Aussagen stimmen oft mit den Zeichnungen der Mühlenbaubücher in den Grundzügen überein.

In windreichen Gegenden hat es regelrechte Ballungsräume von Bock- bzw. Turmwindmühlen gegeben. Das war z. B. in den Gebieten der Mulde und Saale der Fall. Davon zeugen u. a. Reste auf den Höhenzügen um Langeneichstädt und zwei unmittelbar benachbarte Turmwindmühlen bei Ebersroda. Bemer-

Ansicht von Leyden. (Ausschnitt aus Merian »Europa«. Kassel und Basel, 1965). Merian ist es wie keinem zweiten gelungen, die Landschaft des 17. Jh., insbesondere das Weichbild der Städte, mit den ästhetisch wirkenden Windmühlen zu dokumentieren

In den Merianschen Kupferstichen sind, wie in der Ansicht von »Cöthen«, im Vordergrund stehende Bockwindmühlen mit großer Detailtreue wiedergegeben (aus Merian, Topographia Superioris Saxonicae)

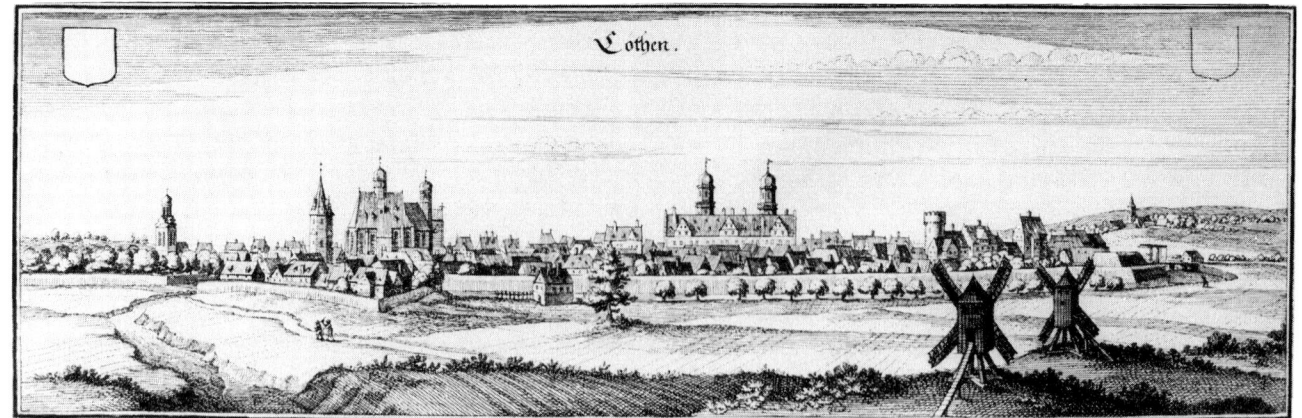

kenswert sind vor allem die vielen einzelnen Ruinen, die von der großen Zahl der Windmühlen, die einst die Ebenen dieses Gebietes charakterisierten, übrig geblieben sind. Und doch hat gerade die Mühlenruine starke Aussagekraft. Das trifft für den Mühlenkörper ebenso zu, wie für die aus teilweise offenen Dachzonen ragenden Kammräder. Skelette von Bockwindmühlen lassen erst das Getriebe und die Mahleinrichtung greifbar werden und bieten die beste Anschauung für alte Technologie.

Einige Objekte wurden inzwischen in einen guten bzw. funktionstüchtigen Zustand versetzt. Zu verweisen ist u. a. auf die Bockwindmühlen in Ballendorf, Glaucha-Wellaune, Mittelpöllnitz und Kühnitzsch, die deshalb als Museum oder als Schauanlage fungieren bzw., wie im letzten Falle, vorgesehen sind. Bemerkenswert ist außerdem die Bockwindmühle von Danstedt bei Wernigerode, die als einzige dieses Gebietes gilt. Aufmerksamkeit verdient wegen ihrer Schindelverkleidung die Bockwindmühle Parchen.

Eine Sonderstellung innerhalb der registrierten Bockwindmühlen nimmt die Brehnaer Mühle ein. Als eine der wenigen funktionstüchtigen Windmühlen ist sie eine interessante Schauanlage und lockt schon von der unmittelbar daran vorbeiführenden Autobahn die Besucher aus nah und fern an. Eine Touristenattraktion bildet die Bockwindmühle in Fahrland mit ihren anliegenden Flachbauten. Sie gilt als sehr gefragtes und ständig ausgebuchtes gastronomisches Objekt.

Einige Gegenden waren nicht nur von den Windmühlen, die der Getreidevermahlung dienten, geprägt, sondern noch von anderen Industriezweigen. So weist beispielsweise eine 1871 erfolgte systematische Erfassung im 2. Jerichowschen Kreis (heute Bezirk Magdeburg) neben 146 Windmühlen 17 Wassermühlen

nach, zu denen bis 1876 115 Ziegeleien gehörten. Hier bestimmten die Windmühlen und die Schornsteine der Brennöfen im gleichen Maße das Landschaftsbild. Auch davon sind heute nur Restanlagen übrig geblieben. Charakteristisch waren ebenso die auf den Gradierwerken von Dürrenberg und Salzelmen stationierten Windkünste, die mit den umliegenden Getreidemühlen die Landschaft kennzeichneten.

Einzelne Turmwindmühlen konnten ebenfalls landschaftsbestimmend sein. Dazu gehören u. a. die noch existierenden Objekte auf den Höhen von Flemmingen und Eckartsberga sowie die auf dem Rugenberg erbaute von Dorf Mecklenburg. In der Elblandschaft weithin sichtbar ist die überdimensionale Turmwindmühle von Pahrenz nahe Riesa. Besondere Aussagekraft haben die auf den Höhen um Woldegk im Bezirk Neubrandenburg noch stehenden fünf Turmwindmühlen, wovon eine als Museum eingerichtet ist.

Völlig anders geartet sind die Mühlenlandschaften des Polder- und Marschenlandes an der Nordsee. Vor allem ist Holland (nach dem Kerngebiet der Niederlande benannt) zu erwähnen. Es ist als das Land der Windmühlen in die Geschichte eingegangen, wobei nicht die Mahlmühlen, sondern die Poldermühlen dominierten. Ihnen haben die unter dem Meeresspiegel liegenden Landesteile im ständigen Ringen mit den Fluten ihre Existenz zu verdanken, worauf auch *Karl Marx* in seinem »Kapital« verweist. Hinzu traten noch eine Vielzahl von Werkmühlen. Das Zaangebiet nördlich von Amsterdam zählte 1705 allein 1200 Windmühlen, wovon ein großer Teil Sägemühlen waren, die bis 1780 England mit gesägtem Holz versorgten.

Viele historische Reiseberichte, Gemälde und Zeichnungen charakterisieren das alte, von Mühlen gekennzeichnete Holland. Statistische Angaben aus

der Mitte des 19. Jh. benennen für die Niederlande etwa 10 000 Mühlen. Heute sind nur etwa 1000 übriggeblieben, um deren Erhaltung sich verschiedene Institutionen bemühen. Einige befinden sich noch im Familienbesitz und mahlen Korn für besondere Brotsorten, andere werden von »Hobby-Müllern« betreut. Auch Poldermühlen, Säge- und Papiermühlen sind noch in Funktion. Eine weitere Gruppe dient als Wohnung, Restaurant oder Museum. – Es ist in Holland zum schönen Brauch geworden, sich in jedem Jahr am zweiten Maisonnabend zu einem Volksfest zusammenzufinden und die reiche Mühlentradition zu pflegen. Dann drehen sich wie einst die fähnchengeschmückten Windmühlenflügel, die von den »ehrenamtlichen« Müllern in Gang gesetzt werden.

Neben den Niederlanden war Schleswig-Holstein ein ausgeprägtes Mühlenland. Letztlich hatten gerade hier unter ähnlichen Bedingungen die holländischen Mühlenbauer gewirkt. Die Marschengebiete und Einpolderungen von Neulandflächen erforderten wiederum eine Vielzahl von Poldermühlen, die zu den notwendigen Getreide- und Industriemühlen hinzukamen. Auch waren eigenartige Kombinationen von Getreide- und Entwässerungsmühlen zu finden. Es wird im 18. Jh. von Windmühlenballungen berichtet, wo sich bis zu 12 Mühlen auf geringster Fläche konzentrierten.

Bockwindmühle Danstedt bei
Wernigerode; die letzte
erhaltene Bockwindmühle am
Harzrand

15

Gemälde und Grafiken verdeutlichen die Hallig-Land-schaften mit ihrem weiten Horizont, von dem sich die Mühlen abheben. Wassermühlen sind hier gegenüber den Windmühlen weit weniger zu finden, sie gab es da-gegen im küstenfernen Festland. In großer Zahl reih-ten sie sich an die Flußläufe. Dabei war es – wie die hi-storischen Quellen aussagen – keine Seltenheit, Müh-len mit verschiedenen Technologien an ein und dem-selben Wasserlauf in dichter Folge anzutreffen. Auf diese Art wurde zwar die Energie ökonomisch genutzt, andererseits fehlte es in trockenen Jahreszeiten an dem notwendigen Aufschlagwasser.

Ebenso waren in manchen Städten Häufungen von Wassermühlen, sogenannte Mühlenstraßen, anzutref-fen. In Erfurt standen z. B. an der vielverzweigten Gera reichlich 60 Mühlen, deshalb ist Erfurt als »Stadt der Wassermühlen« in die Geschichte eingegangen. Ein-zelne Mühlen oder Mühlenballungen, die aus den mit-telalterlichen Besitzverhältnissen hervorgingen, gab es in Bereichen der Klöster und Adelssitze, woran heute u. a. die Restanlagen der Klostermühle Schulpforte (Saale) sowie die Schloßmühlen Burgscheidungen (Unstrut) und Quedlinburg (Harz) erinnern.

Im 18. Jh. waren in Kursachsen mehr Wasser- als Windmühlen zu finden. Das beweist die erste voll-ständige Mühlenzählung aus der Regierungszeit von

August dem Starken (1694 bis 1733). Es handelt sich um die sogenannte Generaltabelle vom Jahre 1721, die über die Situation der Wind-, Wasser- und Schiffmühlen in jedem zugehörigen Amt Auskunft gibt. So kann man diesem Verzeichnis entnehmen, daß es allein im Amt Leipzig 34 mehrgängige Wassermühlen mit insgesamt 119 Gängen, aber nur 14 eingängige Bockwindmühlen und eine zweigängige Turmwindmühle gab. Im Amt Düben war das Gangverhältnis von Wasser- und Windmühlen 26 zu 2. Ebenso sind die Angaben der meisten benachbarten Ämter. Im Amt Eilenburg lag das Verhältnis mit 34 zu 12 etwas günstiger, im Amt Gommern konnte sogar ein Gangverhältnis von 6 zu 7 ermittelt werden. Das darf jedoch als Ausnahme gelten.

Wasserradbetriebene Industriemühlen eines Produktionszweiges konnten ganze Gebiete bestimmen. So gab es in den waldreichen Gegenden der Mittelgebirge Konzentrationen von Sägemühlen, in der Seiffener Gegend (Erzgebirge) waren es die Reifendrehwerke und am Hang des Thüringer Waldes die Märbelmühlen.

Längst ist das Klappern der Wasserräder verstummt und spärliche Reste, wie zerfallene Räder, aus dem Gemäuer ragende Wellen, im Mühlenhof lagernde Getriebeteile und andere ausgebaute technische Einrichtungen, künden von der alten, heute längst überholten Technik. Ähnlich verhält es sich mit den Windmühlen, die endgültig zum Aussterben verurteilt sind. Intakte Wasser- und Windmühlen sind eine Seltenheit und wollen in der Landschaft gesucht sein.

Eine völlig eigene Prägung hatten die Wassermühlen in den Tälern der Hochgebirge. Hier lokalisierten sich in großer Zahl neben den gewerblichen Getreide- die Bauernmühlen, die den Wasserradantrieb für den eigenen Bedarf nutzten – zur Mehl- und Ölgewinnung, zum Buttern sowie für handwerkliche Zwecke. Die Antriebstechnik war einfach, doch meist mit Getriebe. Ebenso stampften und pochten auch hier wuchtige Stempel und schwere Eisenhämmer. Die Kraft der Gebirgsbäche ober- und unterschlächtig nutzend, schmiegten sich die Mühlen mit ihren weit heruntergezogenen Schindeldächern, die sich über die landesübliche Blockbauweise der Gebäude stülpten, an die Hänge der voralpinen Randgebiete. Noch heute ist manche Mühle in den wildromantischen Landschaften der Karpaten und Alpen zu finden. Ebenso prägte die Stockmühle (bäuerliche Mühle mit Turbinenmahlgang) ganze Landschaften (z. B. in der Schweiz, in Österreich, in der Slowakei und in Skandinavien).

Gebiete, in deren Nähe Erze gewonnen wurden und sich Wasserräder an den Flußläufen kettenförmig aneinander reihen konnten, boten die Voraussetzung zur Metallgewinnung und -verarbeitung. Oft bildeten Hammer-, Walzwerke, Drahtziehmühlen u. a. einen Komplex von Einrichtungen zur Weiterverarbeitung der Metalle, in dem es gelegentlich auch Mahl- und Sägemühlen gab. Landschaften dieser Art begegnete man noch im 19. Jh. in den Flußtälern des Harzes.

Daneben waren weithin die Anlagen sichtbar, die der Energieübertragung dienten. So wie die heute in den verschiedenen Kraftwerken erzeugte elektrische Energie in Überlandleitungen weitergeleitet und an jeder beliebigen Stelle genutzt werden kann, waren es damals die Wasserläufe und Kunstgräben, die sich als natürliche »Energieleitungen« ins Landschaftsbild einfügten und dabei eine Vielzahl von Wasserrädern (besonders Kehrräder) betrieben. Hierfür lieferte besonders die Gegend um St. Andreasberg (Oberharz) ein typisches Beispiel. Neben dem fließenden Wasser er-

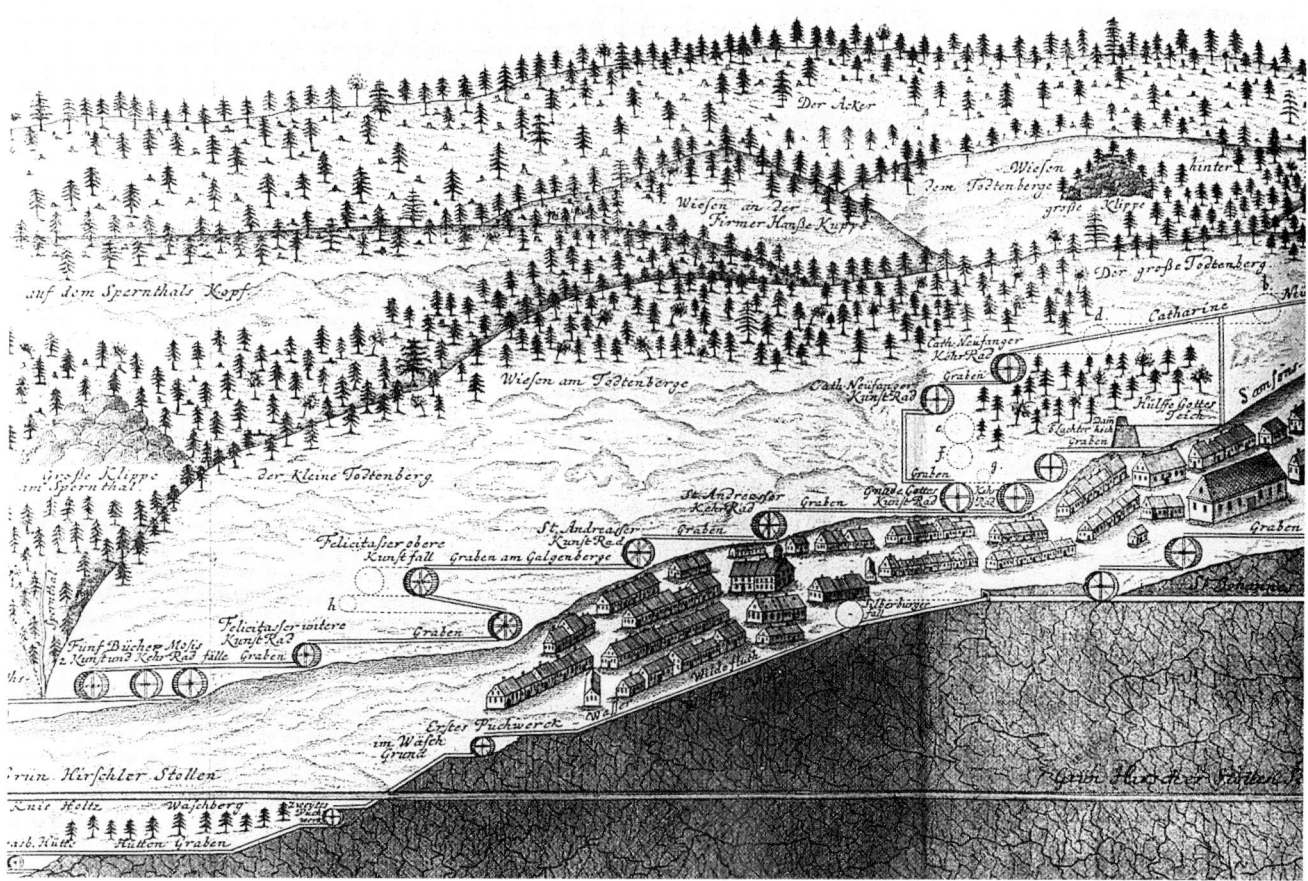

möglichten die Kunst- bzw. Feldgestänge der verschiedensten Konstruktionen eine Energieübertragung über große Entfernungen und Höhenunterschiede; Pumpen, Pochwerke, Gebläse und andere technische Anlagen bildeten die Endstationen. Außerdem bestimmten die Hochöfen mit den dazugehörigen Kohlenmeilern, Grubengebäuden, Göpel- und Pochwerken in den von Halden durchzogenen Räumen des Harzes, des Erzgebirges und Teilen Thüringens den montanistisch geprägten Charakter.

Der landschaftliche Reiz, den diese Zentren der frühen Metallgewinnung ausstrahlten, ist uns neben der bildhaften Überlieferung durch eine Reihe von hüttenmännischen Reisebeschreibungen und authentischen Berichten übermittelt worden. Wenden wir uns zunächst nach Ilsenburg, worüber in des »Freyherrn von

Hofmanns Abhandlung über die Eisen-Hütten« vom Jahre 1783 nachzulesen ist: Ilsenburg hat 2 Hochöfen, 3 Frischfeuer, 2 Zaynhammer und 1 Drahthütte. Der Eisenhüttenmann *H. Ottiliae* beschreibt in der ersten Hälfte des 19. Jh. das Werk wie folgt: Längs dem Ilseflusse, wo er das nach ihm benannte liebliche Thal zu verlassen beginnt, erstreckt sich das dem Grafen zu Stolberg-Wernigerode gehörige Ilsenburger Hüttenetablissement dahin, eine gar hohe Stufe gewerblicher Thätigkeit bekundend. Fast jeder Betriebszweig der Eisenindustrie findet hier seine Vertreter, und dem selbst an größere derartige Anlagen gewöhnten Hüttenmann wird dieses Werk durch seine so höchst zweckmäßig in einander greifende Einrichtung vielseitiges Interesse erregen.

Der Salinist und Bergmann *Friedrich v. Hardenberg*, bekannt geworden als Dichter unter dem Namen *Novalis*, weiß noch stärker den Reiz der Eisenhüttenlandschaft um Ilsenburg einzufangen, ohne dabei den Blick für die technischen Anlagen zu verlieren: Vor Ilsenburg kommt man durch einen schönen Eichenwald und passiert die Ilse, deren klares Wasser sich reißend zwischen buschichten Ufern, durch deren helles Grün hie und da ein Bauerndorf durchscheint und zwischen Felsenstücken hindurch drängt. Der Ort selbst ist beträchtlich groß und war für mich wegen seiner Eisenwerke merkwürdig... Wir besahen die Rösthaufen, die sämtlich frei liegen und mit Holz angezündet werden, das Pochen unter dem großen Hammer; die Schliche, die nach Beschaffenheit des Eisensteins mit viel oder wenig Kalk und Schlacken beschickt in Vorrat lag, und die beiden hohen Öfen, die meist nur wechselweise gehn. Sie bekommen ihr Wasser von einem

Arm der Ilse, und wenn dieser nicht hinreicht, aus einem großen und schönen Hammerteich, an dessen Ufern man ganz artige Aussichten antrifft: An dem Arm der Ilse war eine doppelte Schlackenwäsche, deren jede aus einem Wasserrad und Daumenwelle besteht, die 3 oder 4 Stampfer hebt, welche in einem Kasten die durch einen Hüttenjungen untergeschobenen Schlacken zerstampfen; worauf das Wasser, das man in Rennen stark oder schwach vom Wasserrad auf den Kasten laufen läßt, die leichteren Teile wegnimmt, während die schwereren sich setzen und mit Schaufeln herausgehoben werden. Heute erinnern an das einst großartige Ilsenburger Werk nur die früher wasserradbetriebene Nagelhütte und das Hüttenmuseum.

Über Mägdesprung berichtet uns der Hüttenschreiber *Johann Georg Stünkel* 1803, daß diese »Eisenhütten« aus einem Hochofen, einem Blauofen, vier Frischhämmern, zwei Stahlhämmern, einem Schwarzblechhammer und einer Drahtzieherei bestanden. Außerdem fertigten einige Werkstätten Äxte, Beile, Sensen und ähnliches an. Neben der Blankschmiede bestand noch bis 1785 die Eisenschneidmühle. Der Hochofen war 24 Fuß hoch und inwendig rund. In ihm wurden wöchentlich 180 bis 200 Ztr. gutes Roheisen erzeugt, das zu Gußwaren der verschiedensten Art verarbeitet wurde. Ausführlich beschreibt *Stünkel* u. a. den Betrieb der Blasebälge: Zwey gewöhnliche, 11 Fuß lange, hinten 3 Fuß 5 Zoll breite, hölzerne Blasebälge geben dem Blauofen den nöthigen Wind: die Bewegung derselben geschieht durch ein Vorgelege; die Welle des oberschlägigen Wasserrades ist nähmlich mit einem Getriebe versehen, und theilt dadurch einer höher liegenden, mit einem sechsfüßigen Stirnrade versehenen Welle, die Bewegung mit; die an der Letzteren befindlichen eisernen Wellfüße drücken unmittelbar auf die hinten an den Balgdeckeln einige Zoll hervorstehenden Stelzen. – Diese beiden Eisenhütten sollen stellvertretend für viele stehen, die in den Mittelgebirgen einst das Landschaftsbild charakterisierten.

Besondere Bedeutung hatten die Flußläufe von Saale, Unstrut und Ilm. Sie lieferten im mitteldeutschen Raum den Salinen nicht nur das Aufschlagwasser, sondern sie waren wie die Salinenkanäle unentbehrliche Wasserwege, die dem Transport von Holz, Kohle und teilweise dem Salzhandel dienten. An den Ufern lagen die Siedebezirke von Halle, Dürrenberg, Kösen, Artern und Sulza, die das Bild der frühen Industrielandschaft prägten. Zu jeder Jahreszeit von Überschwemmungen, Sturmschäden und Brandgefahr bedroht, veränderten sich im Laufe von wechselvollen Baugeschichten die äußeren Bilder der Sudstätten.

Von vornherein günstigere Voraussetzungen für die Erhaltung ihrer historischen Bausubstanz hatten die Gradierwerke, die sich meist etwas entfernt von der eigentlichen Salzsiedestätte befanden. Sie waren das eigentliche Ziel der Solehebung. Zwischen den Salinen, Industriemühlen sowie Hütten- und Hammerwerken bestanden vielfältige Beziehungen; einmal im analogen Aufbau der Kraftübertragungsanlagen, deren gemeinsamen Ausgangspunkt die Mühle bildete; zum anderen durch den Austausch von Produkten, der auch für eine Saline notwendig war. So wurden z. B. Hüttenerzeugnisse, wie Bleche, Guß-, Form- und Profilwaren aus Eisen, Blei und Kupfer, mit dem angeflößten Nutzholz und dem Leder der Lohmühlen in betriebseigenen Werkstätten, die auch Schmieden und Sägemühlen umfaßten, von den Kunstmeistern zu Pumpen, Kunstgestängen sowie Wasser- und Wind-

kraftmaschinen verarbeitet. Ebenso war die Errichtung von Salinengebäuden und Gradierwerken sowie die damit ständig verbundene Erhaltung und Pflege ohne werkeigene Ziegeleien, Steinbrüche, Sägemühlen, Zimmereien und Pfannenschmieden bei größeren Salinen nicht denkbar. Oft kam es im Bereich der alten Salinen zu Konzentrationen von Wasserrädern, z. B. in Artern, Sulza und Kösen. In Artern und Kösen waren neben den Wasserrädern der Saline einige gewerbliche Mahlmühlen nachweisbar, die als Panstermühlen betrieben wurden. Sulza unterhielt dagegen neben den der Solehebung dienenden Rädern eine salineneigene Mahl- und Ölmühle sowie ein Pochwerk, das der Zerkleinerung des anfallenden Dorn- und Pfannsteins diente, der als Düngemittel verkauft wurde.

Auch diese Bilder alter Technik sind längst aus dem Landschaftsbild verschwunden. Die Hütten, Hammerwerke und Salinen gehören der Vergangenheit an. Beispiele von Restanlagen dieser produktionsgeschichtlichen Sachzeugen sind den jeweiligen Abschnitten zugeordnet. Die damit verbundenen denkmalpflegerischen Anliegen bleiben dagegen in aller Ausführlichkeit anderen Publikationen vorbehalten.

Abschließend soll die besondere Aufmerksamkeit dem aussagekräftigsten landschaftsbeherrschenden Reservat alter Technik, dem Freilichtmuseum, gelten.

Der Gedanke, die Mühle als möglichst funktionstüchtiges Objekt in eine natürliche Umwelt umzusetzen, um sie so vor der Zerstörung zu bewahren, ist nicht neu. Das älteste Freilichtmuseum der Welt in Stockholm-Skansen beherbergte schon bei seiner Eröffnung im Jahre 1891 drei Windmühlen. Dieses Vorbild, in dem auch der Ausgangspunkt für eine zielgerichtete denkmalpflegerische Arbeit zu suchen ist, regte zum Nacheifern an, da die Mühle im Ensemble ländlicher Bauweise als Wind- oder Wassermühle nicht fehlen darf. Für die Umsetzung wurden zuerst die Bock- und Holländerwindmühlen aus Holz bevorzugt. Sie ließen sich verhältnismäßig leicht an ihrem alten Standort auseinandernehmen und wie Baukastenteile am neuen Ort zusammensetzen. Inzwischen ist es kein Problem mehr, Wassermühlen und Hammerwerke mit dem gesamten Inventar umzusetzen. Natürlich muß man Teilverluste an Originalität in Kauf nehmen.

Allgemein gesehen bietet das Freilichtmuseum die größte zielgerichtete Sammelmöglichkeit von Baudenkmalen – einschließlich Inventar, Maschinen, Geräten u. a. – in einer dem ursprünglichen Zustand entsprechenden Umwelt. Das definiert der »Verband europäischer Freilichtmuseen« in seinen Satzungen aus dem Jahre 1972 wie folgt: »Unter Freilichtmuseen werden wissenschaftlich geführte oder unter wissenschaftlicher Aufsicht stehende Sammlungen ganzheitlich dargestellter Siedlungs-, Bau-, Wohn- und Wirtschaftsformen in freiem Gelände verstanden.« Dadurch unterscheidet sich das Freilichtmuseum von jedem anderen Museum. Jeder Bau, jede Maschine und jeder Gegenstand steht an einem spezifisch dafür vorgesehenen Platz und damit im ursprünglichen Zusammenhang mit anderen Dingen. Alles ist zum Ganzen geordnet und bildet eine Ganzheit, wobei die umgebende Kultur- und Naturlandschaft mit einbezogen ist.

Mit Rücksicht auf die Aufbauprinzipien ergeben sich folgende Unterscheidungsmerkmale: Freilichtmuseen mit am ursprünglichen Ort (in situ) verbliebenen Baudenkmalen, mit translozierten Baudenkmalen (einzelne wertvolle, nicht umsetzbare Objekte, die am alten Ort als Außenstellen verblieben sind) und mit umgesetzten bzw. rekonstruierten Bauten. Kleinere lokale Freilichtmuseen, wie Komplexe von technischen Denkmalen,

Windmühlenballungen, Gebäudegruppen (z. B. Mahl- und Ölmühle) und ganze Ortschaften sind »in situ-Museen«. Die Schauanlage und die Denkmalstraße bzw. der Lehrpfad gelten als Grenzgebiete dieser Gattung.

Die Gründung der ersten Freilichtmuseen fällt in die Zeit der hochentwickelten kapitalistischen Wirtschaft. Verantwortungsbewußte Techniker und an der Technikgeschichte interessierte Persönlichkeiten aus Schweden, Norwegen, Dänemark, Finnland und den Niederlanden vollbrachten mit der Gründung der ersten Freilichtmuseen wahre Pioniertaten. Ihr Ziel war, die Zeugen alter Technik vor der Zerstörung durch die sich rigoros entfaltende Industrie zu bewahren.

Mit der Eröffnung von Stockholm-Skansen begann die Gründerzeit der europäischen Freilichtmuseen. Ihre Gesamtzahl beträgt heute weit über 200. Fast 50 % von ihnen entfallen wie in der Gründerzeit auf Schweden, Norwegen, Dänemark und Finnland.

Ebenso haben sich die Bestände an Mühlen in den Freilichtmuseen wesentlich erweitert. Wir haben, entsprechend den Zeitschriftenpublikationen der internationalen Fachwelt, mit einer ständigen Wertschätzung der Mühle (nicht nur der Mahlmühle) und deren Umsetzung in das Reservat einer gebliebenen natürlichen Umwelt zu rechnen. Dem »Mühlensterben« in unserer hoch technisierten Agro- oder Industrielandschaft wird allerdings, von einigen Gebieten abgesehen, kaum Einhalt zu bieten sein. So werden nur wenige typische Exemplare als technische Denkmale erhalten bleiben. Im Idealfall sind solche Einzelobjekte Freilichtmuseen bzw. technischen Museen angeschlossen (Brno), oder sie bilden mit einer oder mehreren anderen Windmühlen ein Kombinat (z. B. die Erdholländer von Dorf Mecklenburg und Stove), das besser zu verwalten und denkmalpflegerisch zu betreuen ist.

In den meisten Freilichtmuseen gibt es mindestens zwei Mühlen. Vertreten sind in der Regel die Bockwindmühle, der Erd- und Galerieholländer, in einzelnen Fällen die Paltrockmühle und der Koker. Im Bereich der Windmühlen handelt es sich meistens um Mahlmühlen, seltener um Sägemühlen, pumpentreibende Windkünste u. a. Wassermühlen sind in Freilichtmuseen ebenso vorhanden wie Windmühlen, aber nicht prozentual gleichmäßig verteilt. Das heißt, es gibt Freilichtmuseen, die nur bzw. überwiegend Windmühlen besitzen. Bei anderen dominieren die Wassermühlen mit allen Beaufschlagungsarten. Freilichtmuseen, die vor allem Handwerk und Gewerbe demonstrieren, enthalten an ihren Handwerkerstraßen eine Vielzahl von Wasserrädern, so, wie das in alten Zeiten der Fall war. Nicht nur Nachbildungen zu bringen, sondern echtes handwerkliches Leben zu vermitteln, ist das Ziel. Dies wird in einer Reihe von Freilichtmuseen demonstriert, u. a.: Turku und Iyväskylä (Finnland); Eskilstuna (Schweden); Hagen (BRD); Cluj, Brau, Bukarest und Sibiu (SR Rumänien); Arnhem (Niederlande); Bokrijk (Belgien); Stubing (Österreich); Zubrzyca Górna (Polen). Eine Gruppierung von Windmühlen und handwerklichen Produktionsstätten ist in der DDR in Alt-Schwerin und in Diesdorf im Aufbau.

Ein Freilichtmuseum besonderer Art befindet sich bei Zaandam (Holland). Hier sind etwa 40 Bauten aus der Umgebung zu einem Reservat für zaanländische Baukultur vereinigt. Ein Teil der Häuser wurde ohne Abbruch auf Stahlgerüsten zum Dorf gerollt. Hinzu kommen sieben Windmühlen und eine Wassermühle, die Eigentum der Vereinigung »De Zaanse Molen« sind. Das ganze Dorf ist normal bewohnt, und die Produktionsstätten sind in Funktion; es handelt sich demzufolge hier nicht um ein Freilichtmuseum im üblichen Sinne. Daneben existieren in den Niederlanden weitere Mühlenreservate (Schermerhornpolder, Kinderdijk).

Dem Freilichtmuseum verwandt sind Schauanlagen und Denkmalkomplexe, wie sie z. B. als Turmwindmühlen auf den Höhen um Woldegk (DDR) zu finden sind und eine natürliche Mühlenlandschaft charakterisieren. Diese fünf Objekte haben einen gemeinsamen Bezugspunkt: das Mühlenmuseum. Eine ähnliche Situation besteht in Fagernes (Norwegen). Hier ist eine Gruppe von fünf Windmühlen dem Freilichtmuseum transloziert angeschlossen.

Zu erwähnen sind die noch zu behandelnden Komplexe und Schauanlagen salinentechnischer Denkmale in Bad Sulza/Darnstedt und Bad Kösen. Schauanlagen der verschiedensten Produktionszweige, die noch voll funktionstüchtig sind und betrieben werden oder museal gestaltet sind, gibt es in großer Zahl.

Eine andere Möglichkeit, die Mühlen aus Handwerk und Gewerbe (einschließlich der Getreidemühlen) und die Hebewerke für Wasser und Sole, die einst die Landschaft charakterisierten, allerdings nur als Modelle den Besuchern vorzustellen, bieten neben einigen Privatsammlungen die technischen und Heimatmuseen. Anschauungstafeln unterrichten über den Standort, den Wert, die Bedeutung, die ökonomische und gesellschaftliche Zuordnung der im Modell dargestellten Anlage. Zur Ergänzung werden oft ausgebaute Inneneinrichtungen, Arbeitsmaschinen, Getriebe oder einzelne Produktionsinstrumente ausgestellt. Zu den bedeutendsten Sammlungen von Mühlenmodellen gehören das Internationale Wind- und Wassermühlenmuseum in Suhlendorf (heute in Gifhorn/BRD) und das Nationalmuseum Szreniawa/VR Polen.

Eine Reihe von ausgewählten Museen und Schauanlagen der DDR sind im Anhang aufgeführt.

Wasserräder und Flügelkreuze drehen sich seit alten Zeiten

Wasserräder und Flügelkreuze haben sich im Laufe der Jahrhunderte kaum verändert und dienten zu allen Zeiten in verschiedenen Konstruktionsvarianten als Antriebsmaschinen. Im 3. Jh. v. u. Z. wurde bereits neben der mit Muskelkraft betriebenen Mühle die wasserradbetriebene Mühle (beschrieben 25 v. u. Z. von *Vitruv*) vereinzelt angewendet. Zur Zeit des Feudalismus und Frühkapitalismus nahm dann das Wasserrad eine dominierende Stellung ein und galt in der Manufakturperiode als Hauptantriebsmaschine. Daneben diente seit dem hohen Mittelalter auch die Windkraft, territorial verschieden genutzt, dem Antrieb von Werkzeugen. Im Zuge der industriellen Revolution wurde das Wasserrad allmählich von der Dampfmaschine abgelöst, die dann die führende Kraftmaschine in der kapitalistischen Produktionsweise war, bis schließlich in der Zeit des Übergangs zum Imperialismus der Elektromotor immer mehr an Bedeutung gewann. Jedoch darf bei dieser allgemeinen Periodisierung nicht übersehen werden, daß alle drei Kraftquellen – Muskel-, Wasser- und Windkraft – über längere oder kürzere Zeiträume nebeneinander oder z. T. miteinander, sich ergänzend eingesetzt waren.

Die höchste Vervollkommnung, die das Triebwerk einer alten Wassermühle erreichen konnte, war die Anpassung hintereinandergeschalteter Wasserräder an den jeweiligen Wasserstand durch das Pansterwerk. Diese maßgebliche Neuerung wurde bereits in der frühkapitalistischen Zeit erfunden. Auch brachte die Manufakturperiode noch manche Veränderung der Schaufelformen und vor allem die sinnvollen Regelungstechniken. Die industrielle Revolution förderte die Einführung der Wassersäulenmaschine und der Wasserturbine. Verschiedene eiserne Wasserräder mit besserem Wirkungsgrad begannen gegenüber hölzer-

nen zu dominieren; im Prinzip aber war das Wasserrad in seiner Grundkonstruktion seit *Vitruv* unverändert geblieben. Selbst die angetriebenen Werkzeuge erfuhren kaum Veränderungen. In der Tat hat es sehr lange gedauert, bis auch die mit Wasserkraft (in den Niederlanden mit Windkraft) arbeitenden Handwerksbetriebe die Dampfmaschine nutzten. Mit der zunehmenden Zahl kapitalistischer Betriebe verringerte sich ständig der Anteil der Handwerksbetriebe historischer Prägung.

Welche große Bedeutung noch um 1900 den alten Mühlen zukam, nachdem die Dampfmaschine vor mehr als einem Jahrhundert Einzug gehalten hatte, beweist die Gewerbezählung von 1895 im damaligen Deutschen Reich. Sie erfaßte neben anderen Kraftmaschinen die geographische Verbreitung aller Wind- und Wassermotoren, die im wesentlichen Wind- und Wassermühlen im allgemeinen Sinne (also Industrie- und Getreidemühlen) waren. Wie den statistischen Angaben zu entnehmen ist, wurden 1895 noch 18 362 Windmotoren und 54 529 Wassermotoren registriert, wovon bei den erstgenannten 97 % und bei den zweiten knapp 60 % Getreidemühlen waren. Die anderen Betriebe arbeiteten als Säge-, Öl-, Loh- und Papiermühlen, als Hammerwerke usw. Den Wind- und Wassermotoren standen die mit Dampfkraft arbeitenden Betriebe gegenüber, von denen es damals 58 530 gab. Hinzu kamen 21 350 andere Kraftmaschinen (z. B. Verbrennungskraftmaschinen). Die alten Mühlen konnten sich also im Konkurrenzkampf mit der neuen Technik in erstaunlicher Weise behaupten. Der sogenannte Siegeslauf der Dampfmaschine war seit 1785, dem Erbauungsjahr der ersten deutschen Dampfmaschine, nur allmählich vorangekommen.

Bezüglich der Mühlendichte ist der statistischen Erhebung für das Territorium der DDR folgendes zu entnehmen: Das Gebiet mit den meisten Windmühlen (12 bis 18 Windmühlen je 100 km^2) lag zwischen Elbe und Saale und endete südlich von Leipzig. Östlich von Halle und nördlich von Leipzig bis in den Muldenbogen verdichtete sich die Zahl der Windmühlen auf über 18 je 100 km^2. In der Amtshauptmannschaft Leipzig zählte man auf der gleichen Fläche 13, im Saalkreis 16 und um Delitzsch sogar 19 Windmühlen. Kleinere Flecken größter Windmühlendichte gab es in Sachsen außerdem in der Oberlausitz. Nach Norden nahm die Zahl der Windmotoren jenseits der Märkischen Tiefebene ab. Im Bereich der Mecklenburger Seenplatte wurde nur ein Durchschnittswert von 1 Mühle je 100 km^2 registriert. Dagegen gab es im Küstenraum nochmals eine Dichte von 6 bis 12 Mühlen und um Stralsund von 10 Mühlen je 100 km^2. Südlich von Leipzig nahm die Anzahl bis zum Erzgebirgskamm schrittweise ab.

In Polen war in der Gegend südlich von Poznań bis Wrocław und im Oderraum eine Windmühlendichte von 30 bis 40 und mehr je 100 km^2 keine Seltenheit. So konnten damals direkte Ballungsgebiete von Windmühlen im Umkreis von Ortschaften beobachtet werden, die nicht einmal von Holland überboten wurden.

Anders verhielt es sich mit den Wassermühlen. Hier erreichte der gesamte Norden einschließlich der Märkischen Tiefebene nur im Fläming und in der Magdeburger Börde die maximale Dichte von 5 Betrieben je 100 km^2. In der sächsischen Ebene und im Saalkreis gab es dagegen bis zu 10 Betriebe und südlich von Leipzig bis zum Kamm des Erzgebirges letztlich unter dem Einfluß des Bergbaus mindestens 20 Betriebe je 100 km^2. Die Gegend um Pirna hatte 38, Flöha, Freiberg, Schwarzenberg 57 bis 59, Annaberg 74, Marienberg sogar 107 mit Wasserkraft arbeitende Betriebe

auf 100 km^2 aufzuweisen. Das Harzgebiet und Thüringen lagen darunter, lediglich im Kreis Schmalkalden registrierte man 53 Betriebe je 100 km^2.

Daraus folgt, daß dort, wo bei reichlichen Niederschlagsmengen genügend Wasserläufe mit entsprechendem Gefälle vorhanden waren, auch viele Wassermühlen betrieben werden konnten. Außerdem arbeiteten sie zuverlässig, weil sich das Wasser speichern ließ. Hohe Zahlen der Windmühlendichte wurden dort registriert, wo relativ konstante Windverhältnisse, gute Ackerböden und eine dichte Besiedlung anzutreffen waren. Letzteres forderte Mühlen mit einer ausreichenden Gangzahl. Vier- und mehrgängige Wassermühlen konnten aber nicht in beliebiger Dichte die Flußläufe der Ebene besiedeln. Deshalb mußten entsprechend viele ein- und zweigängige Windmühlen erbaut werden.

Diese statistischen Erhebungen zeigen, daß die Mühlenlandschaft um 1900 noch ein relativ geschlossenes Bild bot. Danach hat das unaufhaltsame »Mühlensterben« eingesetzt. Bereits 1933 verweist der Mühlenexperte *Kurt Bilau* auf den schon damals beginnenden Rückgang: Erst das allmähliche Verschwinden der Mühlen wird vielen Leuten die Augen öffnen. Auf alten Karten sollen bei Jüterbog etwa 90 Mühlen eingetragen gewesen sein, heute sind es nur noch 4 absterbende Fossilien. Und das war keine Einzelerscheinung! Auch die von ihm mit teilweisem Erfolg ausgeführten Verbesserungen der Windmühlenflügel – worüber im technologischen Teil berichtet wird – konnten nicht den allmählichen Verfall der alten Windmühlen verhindern.

Einer der Rekonstruktionsver-
suche der Getreidemühle mit
Wasserradantrieb nach Vitruv,
um 25 v. u. Z.

24

Was alte Schriften über Maschinen, Künste und Mühlen aussagen

Machina ist im 16./17. Jh. jeder Kunstgriff; aber auch List und Ränke bei Hofe sowie alle Machenschaften überhaupt. Dazu gehören die äußeren Mittel, die solche Kunstgriffe ermöglichen und schließlich auch deren Ergebnisse: besonders kunstvolle, komplizierte Gerätschaften und neuartige Produkte. Folglich ist die »Machina – Maschine« im 16./17. Jh. u. a. eine Maschine im heutigen Sinn. Jene machina (»Rüstzeug«, »Gerüst«), die als eigentliche Vorläuferin der heutigen Maschine gelten darf, wird damals am häufigsten mit *Vitruv* (*Marcus Vitruvius Pollio*, 1. Jh. v. u. Z.) definiert: eine feste Zusammenfüge ettlicher materialien . . . welche entweder durch sich selbst, oder durch etwas anders seine gewisse Bewegung hat.

Noch im 17. Jh. waren die Maschinenbücher (z. B. *Agostinò Ramellis* »Schatzkammer mechanischer Künste«) mehr für reiche Liebhaber der Mechanik geschrieben, ihr Wert lag also nicht erstrangig in der praktischen Nutzanwendung. Im 18. Jh. sahen die Maschinentheoretiker, Ingenieure, Kunstmeister, Mechaniker und Mühlenbauer schon ihr Arbeitsergebnis, die sich ständig verbessernde, von Muskelkraft, Wasser oder Wind betriebene Maschine, als das vornehmste Werck der Mechanic oder eine Mechanici. Einer der bedeutendsten unter ihnen war der Leipziger »Mathematicus und Mechanicus« *Jacob Leupold* (1674 bis 1726), Mitglied der Preußischen sowie Sächsischen Sozietät der Wissenschaften, Königl. preußischer »Commercien-Rath« und Bergwerkskommissar. Er definiert die Maschine wie folgt: Eine Machine oder Rüstzeug ist ein künstliches Werck, dadurch man zu einer vorteilhaften Bewegung gelangen,

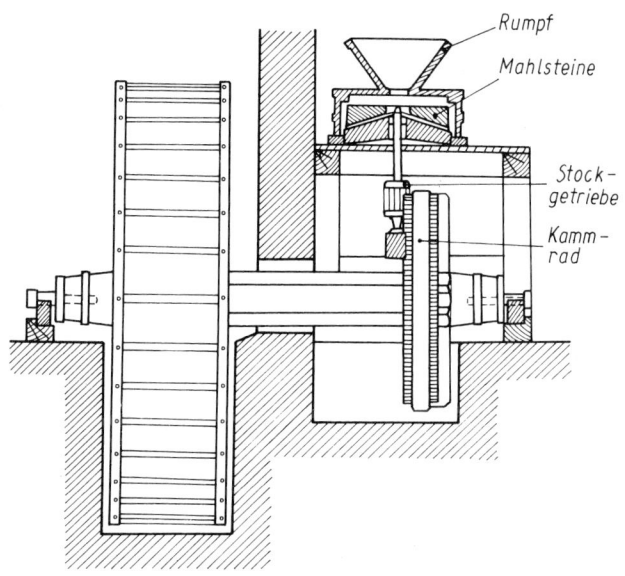

Rumpf
Mahlsteine
Stock-getriebe
Kamm-rad

und entweder mit Erspahrung der Zeit oder Krafft etwas bewegen kan, so sonst nicht möglich wäre. Die Machinen sind entweder einfach oder zusammen gesetzt. Einfache Maschinen sind nach *Leupold* die sogenannten fünff Potentien, worunter er im wesentlichen den Hebel, den Flaschenzug, das Rad, den Keil und die Schraube versteht. Zusammengesetzte Maschinen bestehen aus zweyen oder mehr gleichartigen oder unterschiedenen einfachen. Dazu zählt *Leupold* alle Arten der Mühlen, Wasser-Künste, und dergleichen.

Wie der älteren Literatur zu entnehmen ist, sah man den Maschinenbegriff global. Die Einteilung nach Kraft- und Arbeitsmaschinen setzte sich erst im Laufe des 19. Jh. durch. Richtungweisend war noch 1795 die »Maschinenlehre« von *Johann Friedrich Lempe* (1757 bis 1801), Professor an der Kursächsischen Bergakademie Freiberg. Seine Meinung: Die Maschinen lassen sich am besten nach dem Zwecke eintheilen, den man durch sie erlangen will, galt als allgemein gültige Regel. Von ihm wurden die Maschinen in sieben Klassen unterteilt: 1. die Hebe- und Fortschaffungszeuge, 2. die Preßzeuge und Rammel, 3. die Wasserhebungsmaschinen (Wasserkünste; Hydraulische Maschinen im engeren Sinne), 4. die Pneumatischen Maschinen,. 5. die Mühlwerke, 6. die Uhrwerke, 7. die Fabrikmaschinen. Andererseits sieht er in der Maschinenkunde eine wissenschaftliche Kunst, was seine Maschinendefinition zum Ausdruck bringt: Die Anwendung statischer, dynamischer und hydrodynamischer Grund- und Lehrsätze auf alles das, was wir Maschinen nennen, kann man bekanntlich unter dem Namen Maschinenlehre oder Maschinenkunde als eine eigene wissenschaftliche Kunst behandeln, oder als eine eigene Disciplin in den Lehrbüchern der Mechanik und angewandten Mathematik aufstellen, oder eine solche Anwendung in diesen Büchern gelegentlich anbringen. Lempe verweist auf de la Hires »Traité de Mecanique«, Paris 1695, mit dem Bemerken, daß hier die Anfangsgründe der Maschinenkunde, die auch damals als wissenschaftliche Kunst galt, zu suchen sind.

Häufig ist der Maschinenbegriff mit dem Begriff »Kunst« identisch. Lempe beschränkt aber den Begriff »Kunst«, auf Kraftmaschinen orientiert, nur auf den Pumpenantrieb (besonders im Bergbau und Salinenwesen). So führt er die Roß-, Tret-, Wasser- und Windkünste an. Zur Einteilung der Maschinen nach den Kräften nennt er die Hand-, Roß-, Tret-, Wasser- und Windmühlen.

Ergänzend kann in die umfangreiche »Oekonomische Encyklopädie« von Johann Georg Krünitz Einblick genommen werden, in der ebenfalls die Hebewerke als »Kunst« bezeichnet sind.

Der Begriff der Mühle ist bei Krünitz wohl am umfassendsten behandelt. Neben der Mahlmühle, der ein breiter Raum gewidmet ist und die zunächst eingeengt betrachtet wird, sind es etwa 100 verschiedene Typen aus Handwerk und Gewerbe, die in verschiedenen Bänden mit unterschiedlicher Gründlichkeit behandelt werden. Die Werkzeuge dieser von Johann Matthias Beyer als uneigentliche Mühlen und später als Werkmühlen oder Industriemühlen gekennzeichneten Anlagen, bildeten rein technologisch die Grundlage für die folgende industrielle Entwicklung. Nicht nur in Fachlexika wird die Mühle in »Handwerk und Gewerbe« dem Leser erklärt, sondern auch im allgemeinen Sprachgebrauch. So ist z. B. in Johann Heinrich Campes »Wörterbuch der Deutschen Sprache« vom Jahre 1809 über »Die Mühle« folgendes nachzulesen: Ein zusammengesetztes Werk mit Rädern, Walzen, Steinen etc., andere Körper zu mahlen, d.h. zu zermalmen, dergleichen die Hanfmühlen, Senfmühlen, Kaffeemühlen etc. sind. Besonders ein solches Triebwerk, vermittelst desselben Getreide zu Mehl zu mahlen, eine Mahlmühle, Kornmühle, wovon die Wassermühle, Schiffmühle, Windmühle, Roßmühle, Handmühle Arten sind . . . In weiterer Bedeutung werden auch viele ähnliche Trieb- und Räderwerke, besonders wenn sie durch Wasser oder Wind in Bewegung gesetzt werden, Mühlen genannt, bei welchen der Zweck meist ist, etwas zu zermalmen, zu stoßen, zu stampfen, zu zerschneiden oder sonst zu bearbeiten. Dergleichen sind die Stampfmühlen, Lohmühlen, Papiermühlen, Pulvermühlen, Schneide- oder Sägemühlen, Walkmühlen, Schleifmühlen, Bohrmühlen, Fegemühlen. Bei den Tuchbereitern heißt dem Tuche die Mühle geben, es auf der Walkmühle walken lassen.

Sehr eng waren die Begriffe »Kunst« und »Mühle« wiederum mit dem Maschinenbegriff verknüpft, was u. a. noch bei *Karl Christian Langsdorf* und *Johann Heinrich Moritz Poppe* zum Ausdruck kommt. Jedoch waren diese Definitionen keinesfalls einheitlich und verbindlich, zumal bis weit ins 19. Jh. jede gekonnte handwerkliche Tätigkeit dem Oberbegriff »Kunst« untergeordnet war. So kommt es im 18./19. Jh. zu Mischbezeichnungen wie »Kunstmühlen« oder »Maschinenkünste«.

In seinem »Kapital« kennzeichnet *Karl Marx* eindeutig die exemplarische Bedeutung der Mühle, die als Ausgangspunkt der gesamten Maschinenentwicklung zu sehen ist: Die elementarische Form aller Maschinerie hatte das römische Kaiserreich überliefert in der Wassermühle. – Die ganze Entwicklungsgeschichte der Maschinerie läßt sich verfolgen an der Geschichte der Getreidemühlen. Die Fabrik heißt im Englischen immer noch mill.

Diese »Entwicklungsgeschichte der Maschinerie« ist sehr umfangreich und weit verzweigt, so daß hier nur ein Abriß gegeben werden kann. Im Mittelpunkt stehen dabei die Maschinen- und Mühlenkonstrukteure des 18. Jh. Sie zeigten einen erstaunlichen Erfindungsreichtum, der zu durchaus ernst zu nehmenden Neuerungen, aber auch zu Fehlkonstruktionen (»Perpetuum mobile«) führte.

Schon *Leupold* hatte, ausgehend von den Mühlenkonstruktionen, den Maschinenbau um wesentliche Einzelerkenntnisse bereichert. Dabei ging es ihm um die praktische Nutzanwendung der Mechanik und besonders um konstruktive Verbesserungen der Maschi-

nen: Die Mechanik oder Bewegungs-Kunst ist nicht nur eine Wissenschaft, die da lehret mit Vortheil der Krafft oder der Zeit etwas zu bewegen, sondern auch eine Kunst, da man nach denen Gesetzen der Bewegung allerley erdenckliche Machinen und Werckzeuge zu allen Verrichtungen im menschlichen Leben, nicht sowohl zur Nothdurfft als Bequemlichkeit und Lust, erfinden, und geschickt ins Werck richten kan. Entschieden wendet sich *Leupold*, übereinstimmend mit dem bekannten Salinisten *J. G. Borlach*, gegen alle mit den physikalischen Gesetzen nicht zu vereinbarenden spekulativen Konstruktionen der vielen neuen »Künstler und Inventions-Meister« seiner Zeit: die lauter Wunderwercke zu machen wissen, und Krafft ohne Krafft ausüben, oder mit einem Pfund so viel als mit zweyen, oder mit einem Pferd so viel als sonst mit zweyen, thun wollen, denen gar das Perpetuum mobile . . . nur ein geringes ist. Aber, alles dieses närrische Zeug und Windmacherey entstehet blos daher: weil solche Leuthe kein Fundament haben, und Krafft, Last und Zeit nicht zu berechnen wissen. Aus eben dieser Ursach sind so viele Mißgeburthen von Maschinen entstanden und so viel Bücher damit angefüllet worden, die nicht nur ihre Inventoren, sondern auch andere, die solche imitiren wollen, öffters um Haab und Gut, ja um ihre gantze Renomée gebracht.

Solche »Perpetuum mobile«, die den physikalischen Gesetzen völlig widersprachen und entweder gar nicht liefen oder nach kurzer Zeit stillstanden, waren als Mühlen und Künste weit verbreitet. Obwohl in der weiteren naturwissenschaftlich-technischen Entwicklung das Energieerhaltungsgesetz, die Hauptsätze der Wärmelehre und viele Einzelerkenntnisse eindeutig

Perpetuum mobile. Wirbel- oder Schneckenkunst zum Antrieb von Schleifrädern (aus Giacomo de Strada, Künstlicher Abriß allerhand Mühlen. Frankfurt am Main, 1629)

Ein andere Wirbel oder Schraubkunst mit doppelem abngriff.

den Gedanken an ein »Perpetuum mobile« widerlegten, spukte diese Idee noch lange in den Köpfen zahlreicher »Erfinder« weiter. Es ist erstaunlich, wieviel »Perpetuisten« noch am Ende des 19. Jh. auf dieser Grundlage versuchten, Patente und Konzessionsgesuche einzureichen. Das geht aus den maschinentechnischen Aktenbänden der Archive hervor.

Kunstmeister

Der Entwurf und die Ausführung der »Maschinenkünste« oblagen den »Kunstmeistern«, die im Berg- und Salinenbau eine wichtige Rolle spielten. Da »Kunst« hier im Sinne von Können und Geschicklichkeit zu verstehen ist, galt im 18. Jh. besonders bei den Bergleuten und Salinisten der Beruf des Kunstmeisters gegenüber dem Mühlenbauer (Mühlenarzt) als der qualifiziertere. So vertritt der bedeutende Salinist *Langsdorf* die Meinung: Man erkennt sehr leicht den grossen Unterschied zwischen einer solchen mit Hülfe der Erfahrung und gewisser Analogien entwickelten Theorie und der Empirie, nach der der gemeine Mühlenarzt seinen Mühlgraben, sein Wasserrad und sein Mühlenwerk baut; sie besteht blos in der Kenntniss einzelner Resultate von Anlagen bestimmter Art, die dann der Empiriker ohne Kenntniss der einzelnen Bestimmungsstücke, von welchen das Resultat und die Vollkommenheit einer Anlage abhängt, in unähnlichen Fällen wie in ähnlichen wieder anwendet. Andererseits wird, wie der nächste Abschnitt zeigt, in der Fachliteratur nachgewiesen, daß der Mühlenbauer (Mühlenarzt) seit dem ausgehenden 18. Jh. dem Kunstmeister nicht nachstand. Es kam sogar, besonders in Holland, vor, daß beide Funktionen von einer Person ausgeübt wurden.

Krünitz definiert 1791 alle im Bergbau beteiligten Handwerker wie folgt: Der Vorgesetzte einer Wasser-Kunst, eine im Baue einer Wasser-Kunst und deren Erhaltung erfahrene Person, heißt der Kunst-Meister. – Der Berg-Mann, welcher die Kunst unter seiner Aufsicht hat, daß sie richtig gehe, und wenn etwas daran Schaden leidet, solches ergänzen läßt, weshalb er dazu das Leder (Kunst-Leder), Fett

(Kunst-Fett) und Eisen, in seiner Verwahrung hat, heißt der Kunst-Steiger. – Ein Berg-Mann, welcher, unter der Aufsicht des Kunst-Steigers, die am Kunst-Gezeuge vorfallende Arbeit verrichtet, heißt der Kunst-Arbeiter. – Ein geringerer Arbeiter, welcher dem Kunst-Steiger in der Aufsicht über das Kunst-Gezeug untergeordnet ist, und ihm, seine Arbeit zu verrichten, hülfliche Hand leistet, heißt ein Kunst-Knecht.

Ein Kunstmeister (allgemein Künstler genannt) wurde auch oft im 18. Jh. als »Mechanicus«, später als Maschinenmeister oder Maschinenbaumeister (kurz Baumeister) benannt. Ebenso zählten hierzu die Zimmerleute des Berg- und Salinenbaus sowie die Brunnenbaumeister und Wasserbaukünstler. Nicht zu übersehen ist, daß aus den »Mechanici« und Kunstmeistern die Ingenieure, Bergräte und hohen Berg- und Salinenbeamten hervorgingen. Ein Kunstmeister war in der zweiten Hälfte des 18. Jh. nicht selten ein Praktikant oder Absolvent der Bergakademien oder einer anderen Bildungseinrichtung. Er verfügte neben den praktischen Kenntnissen über ein umfangreiches theoretisches Wissen; manche waren aber auch Autodidakt. Dazu zählte u. a. der berühmte kursächsische Salinist und Ingenieur, Bergrat *Johann Gottfried Borlach*.

Auch Fertigkeiten im Zeichnen, Malen und in der graphischen Gestaltung besaßen die Kunstmeister. Hier kamen sie dem bildenden Künstler nahe, was manche perspektivische Darstellung von Kunstbauten beweist. Damals bestand zwischen Techniker und Künstler keine Schranke, so daß sie sich gelegentlich wechselseitig beeinflußten. *Borlach* gilt z. B. als Schüler des bekannten Dresdener Hofmalers *Heinrich Christoph Fehling* (1654 bis 1725).

Die Geschichte der Kunstbauten des Berg-, Salinen- und Wasserbaus hat uns einen großen Personenkreis von Kunst-, Bau-, Maschinen- und Brunnenmeistern sowie Fontainiers und konstruktiv-handwerklich tätigen Berg- und Salinenbeamten namentlich benannt, von denen einige in den vorliegenden Betrachtungen Erwähnung finden. Alle waren hauptsächlich in einem territorial begrenzten Gebiet wirksam. Damit der Nachwuchs aber praktische Erfahrungen sammeln konnte, schickten die Landesherren, Salinenverwaltungen und Bergämter die jungen Leute (Eleven) auf Reisen. Eine Vielzahl von handschriftlichen Reiseberichten, die zu einem kleinen Teil auch gedruckt wurden, vermitteln uns an Hand von Detaildarstellungen und farbig »illuminierten« Zeichnungen exakte Vorstellungen von den Technologien des Berg-, Hütten- und Salinenwesens. Es kam auch vor, daß inzwischen berühmt gewordene Kunstmeister auf Reisen gingen. So wird z. B. in Akten aus dem 18. Jh. berichtet, daß der kursächsische Kunstmeister *Schröter* mit Bergrat *Beust* ins »Maynzische« ging und daselbst zur Verbeßerung der dortigen Salinen beitrug. Man hatte es allerdings nicht gern, daß würklich geschickte Leute ihre Kenntnisse und Erfahrungen im Ausland weitergaben. Im Laufe des 19. Jh. war der reisende Salinist, Berg- und Hüttenmann keine Seltenheit mehr.

Mühlenbauer oder Mühlenarzt

Der Beruf des Mühlenbauers hat verschiedene Wurzeln. In den Niederlanden waren es meist gelernte Zimmerleute, die sich auf diesem Gebiet spezialisierten und nicht nur Mühlen, sondern auch Wasserspiele, Wasserwerke und Kunstbauten aller Art errichteten. Sie waren seit dem 15. Jh. oft in Deutschland, England und Frankreich als reisende Mühlenreparateure tätig, die man vornehmlich in Deutschland Mühlenärzte nannte. Einer der bekanntesten holländischen Mühlenbauer des 17. Jh., der auch in Deutschland wirkte, war *Jan Adriaansz Leeghwater* (1575 bis 1650). Nachweislich wurde er 1634 ins Holsteinische gerufen,

um Einpolderungen vorzunehmen. So entstanden unter seiner Leitung in den Marschen Deiche und Poldermühlen. Von besonderer Bedeutung sind die holländischen Mühlenbaubücher von *Pieter Linpergh* und *Johann van Zyl*, die eine Fülle von detaillierten Anleitungen enthalten. Einige Zeichnungen sind im Bildteil wiedergegeben.

Auch in England bildete sich dieser Beruf im 17./ 18. Jh. heraus. Einer der ersten bedeutenden englischen Mühlenbauer war der zwischen 1690 und 1720 tätige *George Sorocold*. Bereits in den 90er Jahren baute er in vielen Provinzstädten Wasserwerke, 1704 errichtete er auf der London-Brücke ein neues Pumpwerk. Weiterhin beteiligte er sich wesentlich bei Planungen von Flußregulierungen und Werftanlagen. Er erfand Seilspleiß- und Sägemaschinen. Doch seine bedeutendste Leistung war der zwischen 1718 und 1722 erfolgte Bau einer Seidenspinnerei auf einer Insel im Derwent bei Derby. Sie gilt als erste große Manufaktur Englands, die zunächst durch ein Wasserrad betrieben wurde und sich später den industriellen Bedingungen anpaßte.

Eine umfassende allgemeine Beschreibung der Tätigkeit eines Mühlenbauers gibt uns im 19. Jh. der erfahrene englische Ingenieur *William Fairbairn*, der selbst aus dieser Zunft hervorgegangen ist: Der Mühlenbauer vergangener Tage war bis zu einem gewissen Grade der alleinige Vertreter der Maschinenbaukunst; er wurde als Autorität in allen Fragen der Anwendung von Wind und Wasser betrachtet, wie auch immer diese Kräfte als Antrieb in den Werkstätten gebraucht werden mochten. Er war der Ingenieur des Gebiets, in dem er wohnte; er war eine Art Hans Dampf in allen Gassen. Mit derselben Fertigkeit vermochte er an der Drehbank, am Amboß oder an der Hobelbank zu arbeiten. In ländlichen Bezirken, fern von der Stadt, mußte er alle diese handwerklichen Betätigungen ausüben. So wurde er zu einem erfinderischen und ausgelassenen umherstreifenden Gesellen, der überall Hand anlegen konnte. Wie andere wandernde Handwerker früherer Zeiten zog er durch das Land, von Mühle zu Mühle, mit dem alten Spruch ›Kessel zu flicken!‹, der sich hier aber auf die Bruchschäden an Maschinen bezog. So war der Mühlenarzt des vergangenen Jahrhunderts ein umherziehender Ingenieur und Mechaniker, der hohes Ansehen genoß. Er konnte Axt, Hammer und Hobel mit gleicher Geschicklichkeit und Genauigkeit handhaben; er verstand zu drehen, zu bohren oder zu schmieden, so leicht und so schnell, wie einer, der in jedem dieser Handwerke ausgebildet worden war. Er vermochte die Riefen eines Mühlsteins aufzureißen und einzuschneiden mit einer Genauigkeit, die der des Müllers gleichkam oder sie sogar übertraf. Diese verschiedenen Dienste auszuüben, rief man ihn, und er arbeitete selten vergeblich, da er gewohnt war, sich bei der Ausübung seines Berufes hauptsächlich auf sich selber zu verlassen. Im allgemeinen war er ein tadelloser Rechner; er wußte einiges aus der Geometrie und Vermessungskunde. Vielfach besaß er auch entsprechende Kenntnisse in der praktischen Mathematik. Er konnte Geschwindigkeit, Widerstandsfähigkeit und Kraft der Maschinen berechnen; er wußte Risse und Schnittzeichnungen zu fertigen und verstand Häuser, Rohrleitungen oder Wasserrinnen zu bauen, von jeder Art und unter all den Bedingungen, welche die Praxis stellte. Er vermochte Brücken zu errichten, verstand Kanäle zu bauen und konnte vielerlei Arbeiten ausführen, die jetzt von Bauingenieuren geleistet werden. Von solcher Art also waren die Männer, die in unserem Lande bis hin zur Mitte und zum Ende des vergangenen Jahrhunderts den größten Teil der Maschinenbauten planten und ausführten. In einem primitiveren Gesellschaftszustand lebend als wir heute, gab es wohl nie eine nützlichere und selbständigere Menschenklasse als diese ländlichen Mühlenbauer. Das ganze mechanische Wissen des Landes fand in ihnen seinen Mittelpunkt.

Übereinstimmend dazu stellt *Marx* fest, daß der Mühlenbauer der klassische Mechanicus vor der großen Industrie war.

Im deutschen Raum hat sich der Mühlenbauerberuf im 18. Jh. aus dem Müllerhandwerk entwickelt und galt deshalb als qualifizierter Müller. In bestimmten Gegenden, wie im mittleren Saalegebiet und im Ostseeraum, galten im Mittelalter die Laienbrüder der Zisterziensermönche als hochgeschätzte Spezialisten im Mühlenbau, wovon alte Schriften und vor allem die sogenannten Hostienmühlenbilder Zeugnis geben. Das trifft auch für Bereiche anderer Arbeitsorden zu.

Lexikalisch ist seit dem 18. Jh. meist vom Mühlenarzt die Rede. 1812 erfahren wir von *Krünitz*, daß der Mühlenarzt im gemeinen Leben ein Müller ist, welcher den Mühlenbau versteht, und Mühlen anzulegen und auszubessern weiß. Andererseits scheint um diese Zeit die Mühlenbaukunst schon emanzipiert gewesen zu sein, denn an anderer Stelle steht, daß die Mühlenbaukunst die Wissenschaft ist, welche allerley Arten von Mühlen zweckmäßig anzulegen lehrt.

In der Tat ist der Mühlenbauer nach *Fairbairns* Beschreibung (wenn auch hier vornehmlich der englische gemeint ist) mehr als der nur »qualifizierte Müller«: Er ist ein Kunstmeister ersten Ranges. Daß man sich darum auch in Deutschland ein Jahrhundert bemühte, kennzeichnen die Schriften der beiden Mühlenexperten des 18. Jh., *Sturm* und *Beyer*. Sie sahen die Mühlenbaukunst ihrer Zeit kritischer. Beiden lag letztlich daran, die Empirie dieses Berufes auf eine wissenschaftlich-praktische Basis zu stellen, was schließlich im 19. Jh. erreicht wurde. *Leonhard Christoph Sturm* stellt 1716 fest: Die Kunst, Mühlen zu bauen, ist bisher nichts anderes, als ein auf bloßer blinder Empiria gegründetes Handwerk gewesen, welches auch die Müller jederzeit unter sich behalten haben . . . Soll nun dieses nicht eine sehr nützliche Sache seyn, wenn jemand nicht nur alle Handgriffe der Müller solchergestalt entdeckt, daß sie hinfuhro allen verständigen Leuten, und in specie allen Kammerräthen und Beamten großer Herren bekannt seyn können, sondern auch so scientifice und gründlich, die ganze Kunst, Mühlen zu bauen, als eine ordentliche Wissenschaft vorträgt, und dadurch macht, daß alle diejenigen, so ein Buch lesen, und architektonische Risse verstehen können, welches gar etwas geringes ist, so viel zu lernen vermögen, daß sie alle Müller selbst zu examiniren, und nach der Kunst Fragen aufzugeben wissen werden.

Sein großer Konkurrent *Johann Matthias Beyer* stimmt ihm mit Einschränkungen zu: Diesem Satze wollen wir zwar in so weit beypflichten, daß die Kunst Mühlen zu bauen, von einem geschickten Meister auf den andern fortgepflanzt, von manchem als ein Geheimnis traktirt, von den wenigsten aber bekannt gemacht oder verbessert worden; allein man muß auch billig einen Unterschied

unter einem gemeinen Müller, der nichts als dem Mahlen obliegt, und einem Mühlenbauverständigen machen: denn die letztern sind keineswegs für schlechte Handwerksleute, sondern allerdings für große Künstler anzusehen, maßen die Mühlen mit den künstlichen Maschinen, so aus Rad und Getriebe bestehen, eine genaue Gemeinschaft haben. Daher wir auch mit einem bekannten Autor bekennen, daß zwar der Meister heut bey Tage fast allzu viel sind, an guten Meistern aber dennoch hier und da Mangel verfällt, und weil nach dem bekannten Sprichwort kein Meister gebohren wird, sondern dieselben insgesamt gelehrt werden müssen, so haben wir uns hierinnen allenthalben dergestalt befleißigt . . .

Um diese Bemühungen zu realisieren, legt *Beyer* in seinem Werk eine Fülle von Berechnungs- und Konstruktionsunterlagen vor, worüber noch berichtet wird. Eine wertvolle Ergänzung zu dem Beyerschen Folianten bilden die kleineren praktischen Anleitungen zum Mühlenbau. Neben anderen Autoren war am Ende des 18. Jh. *Lorenz Claußen* führend. Seine 1792 erschienene »practische Anweisung zum Mühlenbau« (oft von *Krünitz* zitiert) wird von *Lempe* drei Jahre nach Erscheinen des Buches wie folgt rezensiert: Der Verfasser ist Müller auf Düppelberg bey Sonderburg, und seine Schrift hat wegen verschiedener guter Unterweisungen im Practischen, die dritte goldne Medaille von der Königlich Dänischen Landhaushaltungs-Gesellschaft erhalten . . . *Lempe* verweist darauf, daß man trotz einiger Mängel das Buch mit Vorteil gebrauchen kann, besonders für den Windmühlenbau, wo der Verfasser zu Hause ist. In *Beyers* umfassendem Werk kommen dagegen die Windmühlen sehr kurz weg.

Wappen der Müllergilde Potsdam (Haue, Winkel und Zirkel, darunter Zahnrad)

Engel als Wappenhalter an der hofseitigen Fassade der Bückemühle bei Bad Suderode/Harz. Das Wappen des Mühlenbauers zeigt die typischen Insignien (Winkel, Zirkel und Haue)

32

Die Anweisungen zum Mühlenbau ließen schon damals den Gedanken aufkommen, Mühlenbauanstalten zu errichten. Mit Sicherheit gab es die ersten schon vor dem 19. Jh. So ist kaum bekannt, daß bereits um die Mitte des 18. Jh. die Berliner Realschule bestand, deren Ziel es war, gemäß den alten Schriften, junge Leute in Manufaktur- und Handwerkssachen zu unterrichten. Dabei sollten die Publikationen dieser Schule den Unterricht gemeinnütziger machen und den jungen Bürgerssöhnen Handbücher liefern, die sie befähigten, eine solche mechanische Hanthierung zu erwählen, die geschickt ist, ... Vergnügen und zeitliche Vortheile zu verschaffen.

In dieses Bildungsprogramm waren auch die Müller bzw. Mühlenbauer einbezogen. Hier erlernten sie ebenso wie jeder Handwerker das ABC ihres Berufes und bekamen das notwendige Rüstzeug für Theorie und Praxis. So mußte der angehende Meister seine Fähigkeiten unter Beweis stellen und einige Prüfungen ablegen. Wörtlich heißt es bei *P. N. Sprengel*, einem Lehrer dieser Schule: Er muß nemlich auf einem Brette die Theilung eines Kammrades und eines dazu gehö-

rigen Trillings nebst einer Kammradswelle vorreissen. Gehört er zu den Windmüllern, so muß er überdem noch eine Windmühlenruthe vorzeichnen.

Wie jedes Handwerk, hatten auch die Müller bzw. Mühlenbauer ihre Insignien. Typische Symbole der Siegel und Wappen des Müllerhandwerks und der Mühlenbauer sind vier- und mehrspeichige Mühlräder, Mühlsteine, Mühleisen (bzw. Hauen), geöffneter Zirkel und Winkelmaß. Solche farbenprächtigen Wappen findet man noch heute an einzelnen historischen Mühlen, z. B. an der Hoffassade der »Bückemühle« in Gernrode. Diese meist farbigen Insignien sieht man aber auch in Adels- und Städtewappen. Das ist der Fall bei den mehrmals geänderten Wappen der Stadt Mühlhausen/Thür., wo Mühleisen erkennbar sind. Der Zirkel als Zeichen des Mühlenbaukundigen ist oft plastisch in den Händen von großen holzgeschnitzten Figuren dargestellt. Diese bärtigen Männer, in der Mode des 18. Jh. solid-bürgerlich gekleidet, dürfen wohl als Ausdruck ihres Könnens den geöffneten Zirkel unübersehbar dem Betrachter entgegenhalten. Sie sind fähig, ein Getriebe nach den geometrischen Regeln zu konstruieren. In den Mühlenmuseen in Höfgen bei Grimma und Bernburg sind solche Figuren als Ausdruck der Volkskunst aufgestellt.

Typologie und Funktion der Wasser- und Windmühlen

Mühle und Transmissionsmechanismus

Johann Heinrich Zedler definierte 1739 den Begriff der Mühle wie folgt: Mühle, Mühl, Lateinisch Mola, und Molendinum, Frantzösisch Moulin, ist ein von verschiedenen Rädern und Getrieben zusammengesetztes Gerüste, welches durch äusserliche Gewalt in Gang gebracht und vermittelst derselben eine sonst starcke und beschwerl. Arbeit mit besonderem Vortheil leicht und geschwinde verrichtet wird. Ihrem Gebrauch nach ist sie in Bänder-, Blase-, Bret-, Säge- oder Schneide-Mühlen, Stampf- und Walck-Mühlen u.s.w. unterschieden. Diese durch verschiedene Kräfte (u.a. Wasser und Wind) in Bewegung gesetzte Mühle ordnet *Poppe* 100 Jahre später dem Maschinenbegriff unter. Schließlich präzisiert und verallgemeinert *Marx* den Gedanken in seiner Definition der entwickelten Maschinerie, die aus drei wesentlich verschiedenen Teilen besteht: der Bewegungsmaschine (im vorliegenden Fall Wasser- und Windrad), dem Transmissionsmechanismus (hier ist das Getriebe gemeint) und der *Werkzeugmaschine oder Arbeitsmaschine* (entsprechend der Zedlerschen Definition die Werkzeuge). Speziell auf Getreidemühlen bezogen, trifft der Maschinentheoretiker *Moritz Rühlmann* eine ähnliche Einteilung: Betrachtet man beispielsweise eine gewöhnliche, noch so einfache, von einem Wasserrad getriebene Getreide-Mühle, so bildet das Wasserrad die Bewegungsmaschine; das System der vorhandenen Wellen, Lager, Kupplungen, Räder, Riemen, Ketten, Scheiben und dergleichen mehr die Zwischenmaschine, und die beiden Mühlsteine (nebst Zubehör und Stellzeug), zwischen denen die Getreidekörner zerkleinert werden, die Arbeitsmaschine im enge-

ren Sinne. Allerdings fallen zuweilen die bemerkten drei Teile auch derartig zusammen, daß nur eine aufmerksame Abstraction die Unterscheidung möglich macht.

Der am häufigsten gebrauchte Transmissionsmechanismus war das Getriebe (Räderwerk), wovon im folgenden die Rede sein soll.

Getriebe

Im gesamten Mühlen- und Maschinenbau dienten die Getriebe (bewegtes Rad, Räderwerk, Vorgelege) schon im Altertum der Kraft- und Bewegungsübertragung zwischen der Antriebsmaschine und dem Werkzeug bzw. den arbeitsverrichtenden Maschinen. In der Regel handelte es sich dabei um ineinandergreifende gezahnte Räder. Gelegentlich finden auch Zahnstangen Verwendung, um vertikale Auf- und Abbewegungen zu ermöglichen. Solche Kombinationen von Zahnrad und Zahnstange wurden beispielsweise schon bei ägyptischen Wasseruhren um 200 v.u.Z. verwendet. Ebenso sind in Ägypten sehr frühe Beispiele von Getrieben bei Göpelwerken nachweisbar. Abgesehen von kleineren Bronzerädern, sind die ältesten Getriebe aus Holz. Die erste schriftliche Nachricht darüber bringt *Vitruv* in seinem Werk »De architectura«. Daraus ist zu entnehmen, daß das Getriebe aus zwei Maschinenelementen bestand, dem Kammrad und dem Stockgetriebe. Diese bildeten später den Ausgangspunkt für eine Vielzahl kraftübertragender Konstruktionen.

Als »Getriebe« definiert wird zuerst nur das getriebene Rad. So ist 1735 bei *Zedler* nachzulesen: Getriebe, heisst in der Mechanic dasjenige Rad, welches beweget wird, indem ein anderes mit seinen Käm-

men oder Zähnen in dasselbe eingreifet. Also heisset ein Stirn-Rad ein Getriebe, wenn ein Kamm-Rad dasselbe herumtreibet; und ein Kamm-Rad wird zum Getriebe, wenn ein Stirn-Rad die Kämme desselben mit seinen Zähnen fasset, und solches herum beweget. 1857 kann dagegen der Enzyklopädie von *Ersch* und *Gruber* folgendes entnommen werden: Getriebe nennt man wohl das gesammte Räderwerk einer Maschinenanlage. Im Besonderen und vorzugsweise aber wird darunter ein verzahntes Maschinenorgan verstanden, mittels dessen durch Eingriff eines Zahnrades einer Welle drehende Bewegung ertheilt, oder von einer Welle aus drehende Bewegung ertheilt, oder von einer Welle aus drehende Bewegung übertragen werden kann. 20 Jahre vorher hatte *Poppe*, speziell auf Mühlen bezogen, definiert: Die Haupttheile aller Mühlen – nicht der Mahlmühlen allein – sind gezahnte Räder, d.h. ineinander greifende Räder und Trillinge, wodurch die bewegende Kraft bis zu demjenigen Theile hin fortgeleitet wird, welcher die eigentliche Verarbeitung vornimmt.

Der im Mühlenbau am häufigsten (besonders bei Windmühlen) verwendete Getriebeteil ist das Stockgetriebe, das in der Fachliteratur in einer Reihe von Termini (Trilling, Triebstöcke, Spindelrad, Spindel, Getriebe, Laterne, Laternengetriebe, Knupf, Vorlege mit Spillen) oft erwähnt wird. Aus der Vielzahl der schriftlichen Darlegungen soll der damals in der Fachwelt bekannte holländische Mühlenbauer *Andreas Kaovenhofer* zu Wort kommen, der 1770 zum Trilling folgendes zu sagen weiß: Ein Getrieb heißt, wenn in die Welle etliche Stäbe eingesetzt worden; wenn aber diese Stäbe, oder Getrieb-Stöcke, zwischen zweyen Scheiben eingesetzt sind, so nennet man es einen Trilling oder eine Laterne. Wenn die Getrieb-Stöcke, wie oben gemeldet, in der Welle eingestämmet, so wird es auch ein Knupf genennet; dieses nützet nichts, ohne Uebersetzung, zur Vermehrung der Kraft; woferne aber ein Rad oder Kurbel daran gemacht wird, so ist diese Kraft um so viel vermehret, als die Größe des Rades oder Kurbels gegen den Knupf austrägt. Da nun der Trilling gegen das Rad, wie der kürzere Theil des Hebels gegen den größern, anzusehen ist; so verhält sich auch seine Wirkung gegen das Rad, wie ihre Diametri gegen einander.

Es folgen eine Reihe von Berechnungen. Dann erfahren wir über die Verwendung des Trillings bei Sägemühlen: Meßingene Getrieb-Stöcke werden bey Säge-Mühlen gemeiniglich einen Fuß lang gemacht, und 6 Zoll bleiben von diesem inwendig im Lichten; nachdem wird auf jeder Seite 3 Zoll in die Seiten-Scheiben eingelassen, nämlich 1 Zoll in der Dicke, wie der Getrieb-Stock ist, und 2 Zoll viereckigt. Damit zu diesen Getrieb-Stöcken nicht zu viel Metall verbrauchet wird, so machet man sie inwendig hohl, ungefähr 1 $^1/_2$ Zoll im Diametro; alsdenn bleibt der Rest vor die Dicke des Metalles $1^1/_2$ Zoll, da der ganze Getrieb-Stock im Diametro 3 Zoll ist. Die Getrieb-Stöcke müssen von einer stärkern Materie, als die Zähne, gemacht werden, weil der Trilling mehrmalen umläuft als das Rad, dahero mehr abgenutzt wird als die Zähne. Man kann keine General-Regel determinieren, wie stark Zähne oder Getriebe gegen einander seyn müssen; sondern diese muß aus dem Umlaufe gegen einander bestimmet werden.

Wie aus dem vorangegangenen Zitat zu entnehmen ist, wußte man, daß die Triebstöcke der Trillinge größerer Abnutzung ausgesetzt sind als die Zähne oder Kämme der Zahnräder; deshalb wählte man statt Hartholz bereits im 16. Jh. Metall. In Agricolas »De re metallica« werden Triebstöcke aus Stahl abgebildet.

Nachdem auch in Holland gegossene Trillinge in Gebrauch waren, setzte sich kein Geringerer als der preußische Staatsminister Waitz v. Eschen dafür ein, daß die eisernen Trillings-Stöcke generell bey den Mühlen zu gebrauchen seien, um dadurch die Ersparung des Holzes zu befördern. Friedrich II. von Preußen befahl die Untersuchung dieser Angelegenheit. Es kam aber zu keiner Zwangseinführung der eisernen Trillinge. Dagegen nutzten viele Müller auf freiwilliger Basis sowie die königlichen Mühlen diese Neuerung. Ein ganzer Aktenband berichtet über die verschiedenen Ansichten zum Thema »eiserner Trilling«.

Am Ende des 18. Jh. sollen kurioserweise, wie Poppe berichtet, Triebstöcke aus dickem Glas Verwendung gefunden haben.

Alte Schriften besagen, daß der Trilling entsprechend der Anzahl der Stäbe oder Stöcke für verschiedene Übersetzungsverhältnisse hergestellt werden konnte. Das gezahnte Gegenrad ist oft ein Kammrad (wie das in der Regel bei der Bockwindmühle der Fall ist) oder ein Stirnrad bzw. ein Bunkler. Es bot bei aller konstruktiven Schlichtheit in den verschiedensten Kombinationen große Einsatzmöglichkeiten. So konnte sich dieser schon bei den Göpelschöpfwerken Ägyptens und des Vorderen Orients bekannte Transmissionsmechanismus unverändert bis heute erhalten. Man nutzt den Trilling als Getriebebestandteil der meisten Wind- und Wassermühlen. Außerdem dient er dort, oft in einen Bunkler greifend, zum Heben und Senken des Staubrettes, wofür die Beaufschlagungsregulierung des Kösener Kunstrades ein Beispiel gibt. Trillinge sind aber ebenso in Agricolas »De re metallica« bei den Püschelkünsten, Göpel- und Pumpwerken sowie in den Maschinenbüchern des 17. und 18. Jh. zu finden, die gleichfalls die Wichtigkeit dieses Konstruktionsgliedes erkennen lassen.

Neben dem Trilling sind es zwei große Zahnräder, die uns in der Hauptbenennung als Stirn- und Kammrad im Mühlenbau begegnen. Sie greifen gewöhnlich in Trillinge ein. Kaovenhofer schreibt über die Stirnräder (Sternräder, Bunkel, Bunkler) folgendes: In diesen Rädern werden die Zähne vorne eingesetzt, und müssen Zahn- und Getrieb-Stock sehr dicht und eben auf einander schließen, damit das Werk keine Friction oder Reibung hat; dieserwegen pfleget man bey einigen Mühlen, da man die Kosten anwenden kann, die Zähne mit Pottlock zu reiben. Die Zähne, Kämme und Getriebe müssen nicht allein ihre richtige Eintheilung haben, sondern auch ihre wahre Proportion und Stärke gegen einander halten; auch muß auf die Materie, daraus sie formiret, gesehen werden. Je größer die Last, um desto stärker müssen Zähne und Getriebe seyn: es sey denn, daß sie von Eisen oder Meßing gemacht werden, alsdenn können sie schwächer seyn. Um wie viel die Kämme oder Zähne der Welle näher stehen, um desto mehr vermehret sich die Kraft des Wasser-Rades gegen den Trilling; ein kleines Stirn-Rad muß niemalen in ein großes Getriebe fassen, weil in diesem Falle die Zähne, oder Kämme, zu schräg oder zu scharf zugespitzt werden müssen.

Über das Kammrad (Kronrad) erfahren wir neben konstruktiven Einzelheiten, daß hier die Kämme auf einer Seite stehen. Und weiter heißt es, daß die übrige Structur wie bei den Stirnrädern ist; nur wird das Rad aus doppelten Felgen zusammen gesetzet. Diesen Rädern, so ist den Ausführungen zu entnehmen, wird ein Spielraum gegen einen halben Zoll gegeben. Eine Sonderform eines Kammrades ist in *Diderots* Enzyklopädie und bei der amerikanischen »Gristmill« zu finden.

Noch heute begegnet man in alten Mühlen fast ausschließlich diesen Holzgetrieben. Jedoch kamen schon in der zweiten Hälfte des 18. Jh. gußeiserne Zahnräder auch im Mühlenbau zur Anwendung, worauf *Poppe* und *Fairbairn* aufmerksam machen. Diese

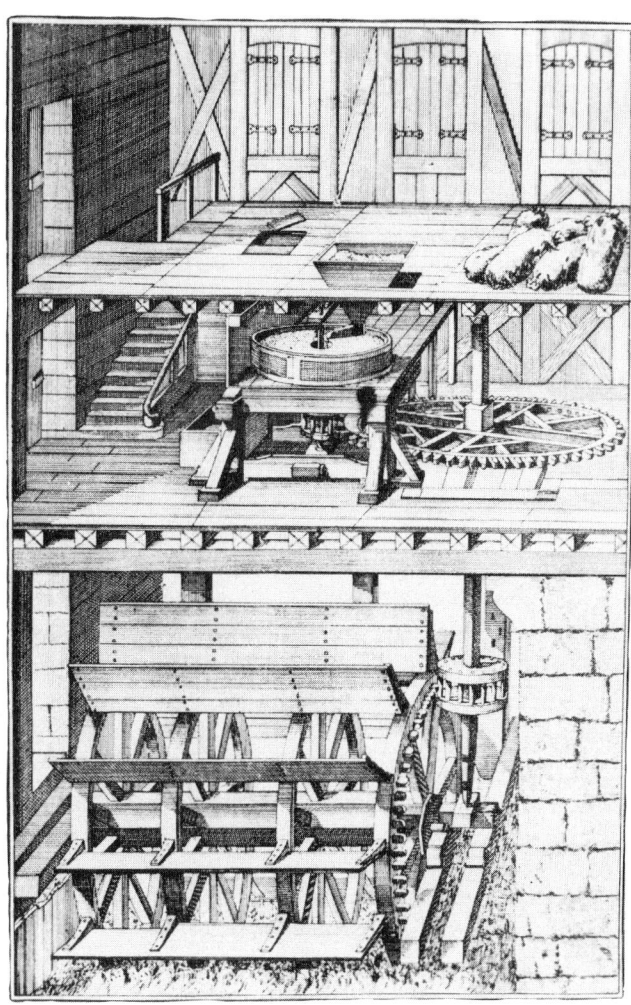

Getriebe verursachten aber wegen der unbearbeiteten Zähne großen Lärm. Der Franzose *Rennie* kam auf den Gedanken, bei einem Rad die Eisenzähne durch hölzerne zu ersetzen. Man vereinigte so die große Festigkeit der Eisenräder mit den ruhiglaufenden Zähnen

Kastenkunst und gußeiserne Getriebeteile (aus Agricola).

Das Gerüst A. Die unterste Welle B. Das Rad C. Das kleinere Getriebe D. Die zweite Welle E. Das kleinere Zahnrad F. Das größere Getriebe G. Die oberste Welle H. Das größere Zahnrad I. Die Lager K. Der breite, eiserne Ring L.

Das hölzerne Gerüst M. Der eichene Stock N. Der eiserne Zapfen O. Die Scheibe P. Die obere Trommel Q. Klammern R. Die Kette S. Die Kettenglieder T. Kannen V. Das Haspelhorn X. Die untere Trommel Y.

der Holzräder. 1788 ließ *Rennie* die erste Getreidemühle mit einem solchen Getriebe laufen.

Dagegen kamen im Bergbau, Hüttenwesen und teilweise im handwerklichen Bereich eiserne Zahnräder sehr früh in Gebrauch. Das zeigt wieder *Agricolas* Schrift »De re metallica«.

Überhaupt war die Technik des Berg- und Hüttenwesens, besonders der Getriebe, auf den Mühlenbau nicht ohne Einfluß geblieben. Im Bergbau des 16. Jh. hatte man ein System entwickelt, das es ermöglichte, ein Wasserrad für den gleichzeitigen Antrieb mehrerer Arbeitsmaschinen durch eine energieübertragende Antriebswelle einzusetzen. *Agricola* stellt eine solche Anlage als Kombination von Poch- und Rührwerk vor. Bemerkenswert ist die in der rechten Bildseite erkennbare Rädertransmission, die eine mehrfache Anwendung des Kammrad-Stockgetriebes darstellt. Der Gedanke wurde damals von der Mühlenbaukunst und gelegentlich vom Salinenwesen übernommen; hier besonders zum Betreiben der Pochwerke, die zum Zerkleinern der Pfannen- und Dornsteine dienten.

Die Räder eines Getriebes sollen möglichst gleichmäßig laufen, was beim alten Kammrad-Stockgetriebe nicht gewährleistet war, da jeder Zahn des Kammrades beim Eingriff in den Trilling jedem Triebstock immer einen Stoß versetzte. Eine ähnliche Situation ergab sich, wenn ein Stirn- und ein Kammrad zum Eingriff kamen. Man verfuhr im frühen 18. Jh. bei der Zahngestaltung nach empirischen Regeln, wie sie uns *Leupold* in seinem »Theatrum machinarum generale« vorstellt. Mußten Zähne ausgewechselt werden, so wurden sie nach den Flanken von alten eingelaufenen Zähnen nachgeformt. Das Ziel war aber, statt des ständigen Schiebens ein Wälzen zu erreichen. Dieser

Forderung wurde die Anwendung der von *Olaf Römer* 1674 erfundenen »Epizykloide« gerecht. Zähne, die nach dieser »krummen Linie« abgerundet sind, bewirken eine immer gleiche Umlaufgeschwindigkeit. Sie

Rädertransmission (aus Agricola). Das Wasserrad A. Die Welle B. Die Pochstempel C. Der runde Eintrag der Mühle D. Das Loch in der Mitte E. Der untere Mühlstein F. Seine runde Aussparung G. Sein Austrag H. Die eiserne Achse I. Deren Querriegel K. Der Balken L. Das Getriebe der eisernen Welle, das aus Spindeln besteht M. Das Zahnrad der Welle N. Die Fässer O. Die Brettchen P. Die stehenden Wellen Q. Ihr verdickter Teil R. Ihr Rührer S. Die Getriebe, die aus Sprossen bestehen T. Die mit der Hauptwelle gekuppelte wagrechte, schwache Welle V. Ihre Zahnräder X. Drei Gerinne Y. Deren Wellen Z. Die eingesteckten Brettchen AA. Die angeschlagenen Brettchen BB.

erleiden keine Stöße und Erschütterungen. Auch soll nach alten Berichten die Reibung stark vermindert und ein vollkommener Lauf erzielt worden sein.

Wie *Borlach* bestätigte, gingen die Maschinen auf den Salinen Kösen und Dürrenberg so leicht, wie das vorher nie der Fall gewesen war. Weiterhin befaßten sich mit dieser epizykloidischen Verzahnung auch die Altmeister des Mühlen- und Maschinenbaus *Beyer* und *Langsdorf*. Unmittelbar praktischen Wert hatten neben den Beyerschen Konstruktionen die Anleitungen von *Claußen*.

Neben den genannten Grundformen gab es bei den alten Künsten und Mühlen noch die kegelförmigen Räder, die als Winkelgetriebe verwendet wurden und im Gegensatz zum Stockgetriebe bei der Kraftübertragung nicht an den rechten Winkel gebunden waren. Große Einsatzgebiete fand diese Getriebeform bei Wassermühlen. Aber auch in Verbindung mit Fliehkraftreglern wurde sie bei Windmühlen zur Drehzahlregelung benutzt.

Zahnlose Kraftübertragung

Eine besondere Form der Kraftübertragung vom Wasserrad zum Werkzeug erfolgte mit ungezahnten Rädern oder Scheiben bzw. Walzen. Anstelle der Zähne traten endlose Schnüre, Riemen, Ketten und Bänder. Auf diese Formen verwies schon 1837 *Poppe* und empfahl die Verwendung u. a. bei Schleif- und Poliermaschinen, bei Spinnmaschinen sowie Drechselbänken. In der zweiten Hälfte des 19. Jh. kam der Riementrieb immer mehr in Gebrauch. Er erwies sich als geeigneter Transmissionsmechanismus, um von einer Kraftmaschine (Wasserrad, Dampfmaschine, später Elektromotor) die Kraft über eine Hauptantriebswelle auf viele Arbeitsmaschinen (u. a. Walzenstühle) zu übertragen. Neben den Manufakturen und Fabriken der verschiedenen Industriezweige waren es die Großmühlen, in denen der Riementrieb Verwendung fand.

Unterschlächtiges Strauberrad
mit Getriebe
(zweiseitig gezahntes Kammrad; aus Ramelli)

40

Aber auch in kleineren historischen Mühlen (viele Mahlmühlen, Papiermühle Zwönitz, Holzschleifanlage Ottendorf) wird er noch heute als Kraftübertragungsanlage genutzt.

Wassermühlen

Wie schon erwähnt, wurde in der alten Literatur die »Mühle« umfassend gesehen. So können speziell Wassermühlen als Mahl-, Stampf-, Hammermühlen (Hammerwerke), als Papier-, Säge-, Bohr-, Ölmühlen usw. arbeiten; die meisten Handwerksbetriebe und frühen Industrieanlagen waren wasserradbetriebene Mühlen. Pumpentreibende Wasserräder wurden als Kunsträder, Wasserkunst, Wasserhebekunst (Wasserwerk) bzw. Solehebekunst oder kurz als »Kunst« bezeichnet.

Zum Vergleich mit den durch Wind- und Muskelkraft betriebenen Mühlen äußert sich *Poppe*: Die besten von allen Mühlen sind die Wassermühlen. Das fließende Wasser setzt nämlich entweder durch sein Gewicht oder durch den Stoß gewisse am Umfange mit Kasten oder mit Schaufeln besetzte Räder, Wasserräder, in umdrehende Bewegung, und diese Bewegung pflanzen gezahnte Räder bis zu den Mühlsteinen fort. In der Tat hatte sich die Energie des strömenden Wassers bei konstantem Wasserstand am zuverlässigsten und ökonomischsten erwiesen. So kann die Nutzung dieses Prinzips vor allem beim unterschlächtigen Wasserrad bis in älteste Zeiten zurückverfolgt werden. Aber erst in der Manufakturperiode wurde das Wasserrad zur Hauptantriebsmaschine, da – wie *Marx* feststellt –, das häufig als Zugtier im Göpel gebrauchte Pferd hauptsächlich wegen seiner Kostspieligkeit nur bedingt einsatzfähig war.

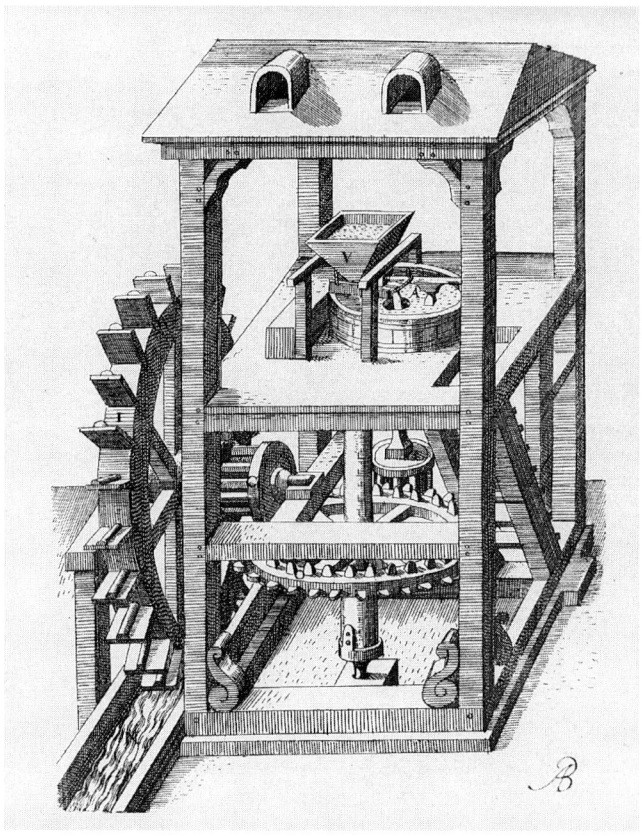

Von der Wasserradbeaufschlagung her unterschied man: ober-, mittel- und unterschlächtige Mühlen (wobei es hier noch Zwischenformen gab). Nach dem Standort wurde unterteilt: die fest mit dem Erdreich verbundene Mühle (»Pfahlmühle«), die in verschiedenen Beaufschlagungs- und Konstruktionsformen auftreten kann, und die kleinere Gruppe der Schiffmühlen.

Die erste große Gruppe wurde wiederum gegliedert in Straub(er)-, Staber- und Panstermühlen; die entsprechende Benennung führten auch die Räder. Das Strauberrad stellte die primitivste Form eines unterschlächtigen Rades dar. Es hat nur einen Reifen (Felge, Kranz), an dessen Stirn die Schaufeln rechtwinklig angebracht sind. Wegen seines schlechten Wirkungsgrades wurde es nur begrenzt eingesetzt. Das Staberrad ist dagegen durch Reifen mit dazwischenliegenden Schaufeln gekennzeichnet. Auf die Staber- und Panstermühlen wird noch näher eingegangen.

Oberschlächtiges Rad

Das nach der Beaufschlagungsform oberschlächtige (überschlächtige, oberschlägige) Rad ist in der Regel ein Staberrad mit besonderer Schaufelkonstruktion und schon seit der Antike nachweisbar. Die Oberschlächtigkeit ist nach *Zedler* dadurch gekennzeichnet, daß das Wasser von oben herab auf das Mühlrad fället, und solches vorwärts umtreibet. Es werden aber dergleichen Mühlen an kleinen Bächen, an bergigten Orten, wo das Wasser einen starcken Fall hat, angeleget, und wird das Wasser oberhalb der Mühle in ein enges Gerinne gefasset.

Ergänzend ist dazu fast 100 Jahre später bei *Poppe* nachzulesen: Oberschlächtige Wasserräder sucht man am besten so anzuordnen, daß sie blos durch das Gewicht des Wassers und nicht durch den Stoß in Bewegung gesetzt werden, damit sie mit derselben Geschwindigkeit umlaufen, welche das in Zellen einstürzende Wasser hat. So viel wie möglich müssen die Zellen das aufgefangene Wasser nicht eher verschütten, als bis sie beym Umlauf des Rades ihre unterste Stelle erreicht haben. Vergleichend mit dem unterschlächtigen Rad, stellt *Poppe* später fest: Im Ganzen genommen sind oberschlächtige Wasserräder vorteilhafter als unterschlächtige, hauptsächlich bey Maschinen, die keinen sehr schnellen Gang erfordern; denn die oberschlächtigen Räder leisten bey einer geringen Kraft, die aber länger auf den Umfang des Rades, gleichsam als Gewicht an den Enden von Hebelarmen, wirkt, eben so viel, wie die unterschlächtigen Räder mit größerer Kraft. Weiterhin behauptet *Poppe*, daß Wasserräder mit größerem Durchmesser auf Grund der großen Drehmomente am wirksamsten sind. Andererseits wird die Reibung größer und die Geschwindigkeit vermindert. Die Baukosten waren beträchtlich. Um die geringe Umdrehungszahl zu erhöhen, mußte ein umfangreiches Vorgelege zwischengeschaltet werden, bevor die Kraft am Werkzeug wirksam wurde.

Auch die alte Literatur des Bergbaus und Hüttenwesens gibt den oberschlächtigen Rädern den Vorzug, zumal hier die Gebirgsbäche das notwendige Gefälle hatten. Kennzeichnend für diesen Verwendungsbereich waren die überdimensionalen Räder, wobei das Kehrrad als das größte und vollendetste im Bergbau gilt. Dieses Wasserrad hatte einen doppelläufigen entgegengesetzt gerichteten Schaufelkranz. Die Schaufelstellungen ließen also einen Links- und Rechtslauf zu. Mit Hilfe der Wasserschützen wurde abwechselnd das aus einer Rösche zugeführte Wasser dem einen bzw. dem anderen Kranz zugeleitet, dabei wickelte sich jeweils auf einer mit der Radachse verbundenen Ketten- oder Seiltrommel das eine Seil auf und das andere ab. So wurde erstmals ein kontinuierlicher Förderbetrieb mit regulierbarer Geschwindigkeit möglich. *Zedler* gibt dazu 1737 folgende Beschreibung: Ein

Oberschlächtiges Staberrad, eine Püschelkunst betreibend (aus Agricola). Das Rad A. Die Welle B. Die Zapfen C. Die Ringlager D. Der Kettenkorb E. Die eisernen Klammern F.

Die Kette G. Die Schachthölzer H. Die Bälle I. Die Rohre K. Das Aufschlaggerinne L.

Kehrrad (aus Agricola). Der Wasserbehälter A. Das Gerinne B. Die Hebel C, D. Die Gerinne unter den Schützen E, F. Die zwei Schaufelkränze G, H. Die Welle I. Der Kettenkorb K. Die Förderkette L. Die Bulge M. Die hängende Bühne N.

Der Maschinenwärter O. Die Arbeiter, welche die Bulgen entleeren P, Q.

solches Rad gebrauchet man, wo die Bewegung des Rads bald rechts bald lincks geschehen soll, welches zu wege gebracht wird, in dem das fallende

Wasser bald auf die eine Art derer Kästen, bald auf die ihnen entgegen stehende Kästen gelassen wird. Bey denen Bergwercken werden damit zwey grosse

Kübel auf und nieder gezogen, die an einer Welle
hangen, und wenn der eine hineingehet, der andere herauskommet; dahero, nach dem dieser
oder jener Kübel herauf gezogen werden soll,
das Rad ein Mahl auf diese, das andere Mahl auf
die andere Seite lauffen muß. Es muß dahero ein
dergleichen Rad zwey Rinnen oder Wasser-Bet-
ten und zwey Schutz-Breter haben, um bald das
Wasser damit zu dämmen, bald aber wieder lauffen zu lassen.

Ein Kehrrad, das der Salzburger Meister *Wolfgang
Lascher* (oder *Lasser*) 1556 für den Schwazer Bergbau gebaut hat, galt damals als ein neues »Weltwun-
der«. Jedoch sollen schon in der zweiten Hälfte des
15. Jh. Kehrräder in den Fuggerschen Gruben betrieben worden sein, weil wegen des größeren Profits der
Wunsch bestand, die erzführenden Gänge größerer
Tiefen aufzusuchen und abzubauen. Erstmals dargestellt und beschrieben werden die Kehrräder bei *Agricola* im »De re metallica«. Später widmet auch *Hen-
ning Calvör* (1686 bis 1766) diesen Maschinen sein Interesse, *Leupold* erwähnt sie nur kurz.

Beispiele für heute noch betriebene oberschlächtige
Räder gibt es viele. Eine voll mit Wasserkraft arbeitende
Mahlmühle des Harzvorlandes ist die Steinmühle in
Polleben. Sie folgt in ihrem Getriebeaufbau dem üblichen Schema, daß Kamm- und Stirnräder verschiedenen Durchmessers ineinandergreifen und so die Kraft
im Untertriebverfahren an zwei Mahlgänge übertragen. Weitere Objekte dieser Art sind u.a. in Bad Bibra
(Saubachtal), in Höfgen (Museum) und in Weesen-
stein (Schloßmühle) zu finden. Oberschlächtig wurden
auch andere Werkzeuge betrieben. Diese Beaufschlagung nutzen noch heute die Sägemühlen Wickersdorf/
Thüringen, Reichstädt und Wilthen, die Papiermühle

Zwönitz (Museum), das Reifendrehwerk Seiffen
(Schauanlage/Freilichtmuseum) und die Knochenstampfe Dorfchemnitz (Museum). Hinzu kommen die
ehemalige Hütte in Tanne (stillgelegte Schauanlage)
sowie die Hammerwerke (Schauanlagen) in Olbern-
hau-Grünthal, Thießen, Frohnau, Ohrdruf-Luisenthal
und Weida-Liebsdorf. Außerhalb der DDR gibt es
ebenfalls zahlreiche derartige Objekte, verwiesen sei
lediglich auf eine Rarität: Im Hauptbrunnenhaus von
Reichenhall (BRD) sind noch heute zwei mächtige
oberschlächtige Wasserräder von je 13 m Durchmes-

ser in Betrieb. Sie sind auf monumentalen Marmorsokkeln gelagert und übertragen ihre Kraft mittels Balancier und Gestänge auf die darunterliegenden Karl-Reichenbachschen-Schachtpumpen, die der Solehebung dienen.

Von den vielen Kehrrädern, die sich einst im Erzgebirge und im Harz drehten, sind nur wenige erhalten geblieben bzw. befinden sich im Zustand der Restaurierung. Des weiteren existiert eine Nachbildung in der Silbererzgrube »Samson« St. Andreasberg (BRD).

Mittelschlächtiges Rad

Ist das Gefälle nicht groß genug, um oberschlächtige Räder mit gehörigem Vortheil zu betreiben, so meint *Poppe*, solle man sich bei hinreichend großem Wasserzufluß für ein mittelschlächtiges Rad entscheiden. Dazu gibt er folgende Definition: Indessen fällt das Wasser auch oft in solche Stellen der Radperipherie ein, die zwischen der obersten und untersten Stelle des Rades liegen, und dann heißt das Rad halb-oberschlächtig oder mittelschlächtig. Solche Räder können bisweilen nur sehr niedrig gemacht werden; in diesem Falle müssen sie aber desto breiter seyn, damit eine größere Menge von aufstoßendem Wasser das wieder ersetze, was durch die geringe Höhe (durch die geringe Länge des Hebelarms) an Kraft verloren geht.

Nach *Poppe* kann auch die Konstruktion des oberschlächtigen Rades beibehalten werden, wenn die Zellen durch größere Entfernung der beiden Radkränze eine größere Quantität Wasser aufnehmen können.

Die Maschinenbücher vom Ende des 19. und Anfang des 20. Jh. beweisen, daß man gerade am mittelschlächtigen Rad festhielt und auf dieser Grundlage besondere Bauweisen eiserner Räder ausführte. Neben dem nach den Konstrukteuren benannten Sagebien-Rad hatte sich vor allem das Zuppinger-Rad in der Praxis bewährt. Es wurde häufig für den Betrieb von Mahlmühlen und kleinen Elektrizitätswerken eingesetzt. Die Grenzen der Mittelschlächtigkeit sind hier sehr variabel und können nach unten tendieren, dann entsteht das halb-mittelschlächtige Rad, das sich nur durch eine geringe Staustufe vom unterschlächtigen unterscheidet. Das Zuppinger-Rad hat eine größere Kranzbreite als das Sagebien-Rad und ist dem alten Pansterrad ähnlich. Die Schaufeln des ersteren, wovon es mehrere Konstruktionsvarianten gibt, sind nach innen gerade und nach außen so gekrümmt, daß sie beim Austritt aus dem Wasser eine fast vertikale Lage aufweisen. Solche Originalobjekte befinden sich noch

An Stelle des alten Kunstrades für den unteren Schacht in Bad Kösen wurde ein Zuppinger-Wasserrad erbaut, das der Elektrizitätserzeugung gedient hat

Sagebien-Rad

45

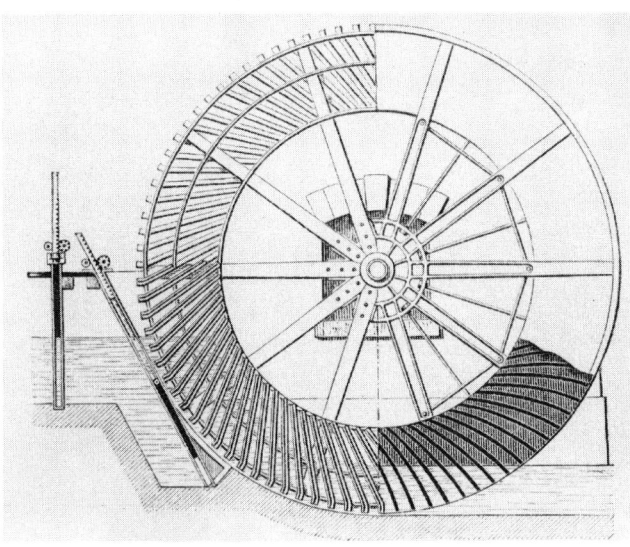

im Natursteinwerk Brückmühle bei Sohland/Oberlausitz und auf der Radinsel in Bad Kösen. Das letztere Rad hat laut Bauakten nie der Soleförderung, sondern seit 1889 der Elektrizitätserzeugung gedient, wohl aber stand früher an seiner Stelle das sogenannte untere Kunstrad, das über Kunstgestänge die Pumpen im alten Schacht bewegte. Das Zuppinger-Rad wurde bis 1927 betrieben und gilt seitdem als erhaltenswertes technisches Denkmal. Ihm gegenüber befindet sich das »obere« Kunstrad der alten Saline, das das international bekannte Kösener Kunstgestänge betreibt.

Unterschlächtiges Rad

Darüber erfahren wir von *Zedler*, daß das Wasser unten an das in dem Mühlgerinne hängende Mühl-Rad fället, und solches durch seinen immerwäh-

renden Stoß rückwärts umtreibet. Und *Poppe* erklärt später, daß an seiner Peripherie keine Zellen oder Kasten, sondern gerade Bretstücke, Schaufeln, die, nach der Richtung von Rad-Halbmessern hingehend, unten von dem fließenden Wasser gestoßen werden. Neben dem hier beschriebenen Strauberrad benutzte man vor allem das Staberrad, das im Laufe des 18. Jh. immer mehr in den Vordergrund trat. Nach der Beschreibung des *Vitruv* und nach Funden zu urteilen, ist die römische Wassermühle ebenfalls mit einem Staberrad unterschlächtig betrieben worden. Die erste bildliche Darstellung einer altdeutschen Stabermühle ist uns aus dem »Hortus deliciarum« (12. Jh.) der Äbtissin *Herrad v. Landsperg* bekannt.

Diese Abbildung gilt als die erste technische Zeichnung des Mühlenbaus im Mittelalter. Zeitentsprechend weist die perspektivische Darstellung noch erhebliche

Mängel auf, die bekanntlich erst in der Renaissance behoben wurden. In Übereinstimmung mit dem Vitruvschen Konstruktionsprinzip ist hier eine unterschlächtig betriebene Mahlmühle dargestellt. Auf dem Wellbaum sitzt das mit vier Doppelspeichen befestigte Staberrad, wofür die Doppelfelge kennzeichnend ist. Am anderen Ende des Wellbaumes befindet sich das mit vier Speichen befestigte Kammrad, das mit seinen Zähnen in das Stockgetriebe der vertikalen Mahlgangsspindel eingreift und so den Läuferstein des Mahlganges dreht. Das Mahlgerüst ist in der Seitenansicht gezeigt, während sein Oberteil mit den Mühlsteinen in der Draufsicht dargestellt ist. Dadurch bleiben der Bodenstein und das Mühleisen unsichtbar. Über dem Läuferstein hängt – hier wieder in der Seitenansicht – der Rumpf oder Trichter, an dem ein Rüttelstock (rotabulum) befestigt ist, der den Trichter in rüttelnde Bewegung versetzt, um so eine gleichmäßige Mahl-

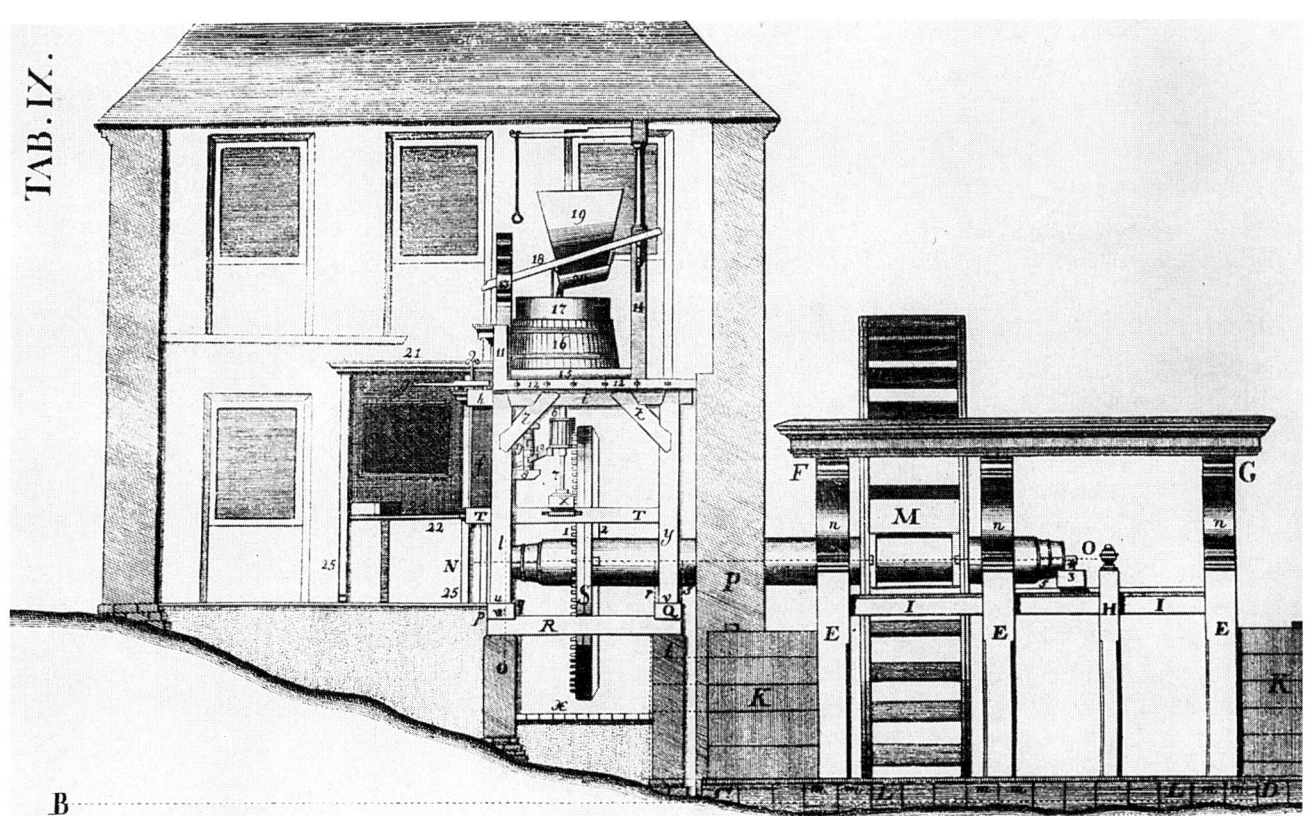

Typische deutsche Stabermühle
mit Getriebe, Mahl- und Beutel-
werk (aus Beyer, J. M., Tab. IX)

gutzufuhr zu ermöglichen. Wie bei allen mittelalterlichen Mühlen fehlt das Beutelwerk.

Exakte Vorstellungen von »Stabermühlen« mit Mahlwerken geben uns *Beyer* und *Sturm*. Nach diesem Prinzip erforderte jeder Mahlgang ein Gerinne, wie es von beiden Autoren verdeutlicht wird.

Statt des Mahlsteines konnten auch andere Werkzeuge betrieben werden. Die unterschlächtige Stabermühle wurde besonders im Flachland von Handwerk und Gewerbe viel genutzt. Außerdem verwendeten die Salinen sowie die Hütten- und Hammerwerke dieses Wasserrad. Durch das konstruktive Wirken der Kunstmeister wurden die Wasserräder weitgehend verbessert (vor allem der Schaufelkranz). Heute noch vorhandene Räder dieser Bauart befinden sich in Bad Kösen (oberes Kunstrad), Bad Sulza und Darnstedt. Darüber hinaus gibt es noch viele Wassermühlen mit nachgebildeten unterschlächtigen Rädern, z. B. in Schönburg und die bekannte Holzschleifanlage Neumannmühle im Kirnitzschtal.

Unter- und oberschlächtige Räder kleineren Durchmessers sowie Horizontalräder (Stockmühlen) dienten außerdem im bäuerlichen Bereich der Gebirgsgegenden (Alpen, Beskiden, Karpaten usw.) als Antriebsmaschinen für Butterfässer, Koller- und Mahlgänge, Dreschflegel usw. Es soll nicht unerwähnt bleiben, daß die Bauernmühlen eine eigene reiche Kulturgeschichte haben. Ebenso verhält es sich mit den Schöpfrädern. Auch sie prägten ganze Landschaften (afrikanisch-asiatische Stromkulturen, Schweiz, Österreich, Holland, Oberpfalz und Franken/BRD). Es handelt sich dabei um unterschlächtige Wasserräder, an deren Radfelgen Schöpfgefäße angebracht waren. Die »Schöpfmühle« gilt gleichzeitig als das älteste unterschlächtige Wasserrad.

Wasserbauanlagen

Zu jeder Wassermühle (außer der Schiffmühle) gehörten oft umfangreiche Wasserregulierungsanlagen, die hier nur andeutungsweise erwähnt werden können. So dienten Mühlenteiche zur Wassersammlung, wasserzuführende Gräben (Mühlgräben, Mühlgerinne) und Staubretter (Schützen) sowie Wehranlagen der kontinuierlichen Wasserzuführung. Bei den unterschlächtigen Mühlen waren ausgebaute Grundwerke die Regel, wobei sich die Müller bei der Wassernutzung an den Eichstrich des Mahlpfahls, der am Eingang des Mühlgerinnes stand, zu halten hatten.

Im Bergbau waren – worauf schon verwiesen wurde – zum Betrieb der meist oberschlächtigen Wasserräder, besonders der Kehrräder, weitläufige Wasserbauanlagen (Kunstbauten) erforderlich. Die Kunstteiche (Hüttenteiche) benötigte man zur Wasserspeicherung. Von hier aus durchzogen ganze Systeme befestigter und unbefestigter Kunstgräben (Leiten, Wuhren, Wühren, Kandeln, offene Röschen) die alten Bergbaugebiete. So sind beispielsweise im Erzgebirge, im Harz, im Revier Přibram (ČSSR) und im Hotzenwald (Schwarzwald, BRD) noch beachtenswerte alte Wasserbauanlagen erkennbar.

Auch außerhalb der Bergbaugebiete gab es solche Wassergrabensysteme, die ebenfalls der Versorgung mit Aufschlagwasser bzw. Nutzwasser für Handwerk, Gewerbe und Industrie dienten. Die Wasserführung geschah oft in befestigten Gräben, die teilweise als Aquädukte bzw. Trogbrücken Geländeunterschiede und Täler überquerten. Im Müglitztal, im Osterzgebirge und im Harz (z.B. Altenbrak) sind noch heute Reste solcher Anlagen vorhanden.

Panstermühlen

Technologisch interessanter als die Stabermühlen sind die Panstermühlen. Der Name wurde vermutlich von der Pansterkette (Panzerkette; eine kurzgliedrige Eisenkette), die zum Hochziehen der Antriebswelle diente, abgeleitet. Dieser Mühlentyp war weitaus jünger als die Stabermühle. Er wurde erstmals Ende des 16. Jh. erwähnt und kam im mitteldeutschen Raum, von einer Ausnahme an der Mulde abgesehen, frühestens in der zweiten Hälfte des 17. Jh. in Gebrauch. *Poppe* beschreibt ein solches Pansterwerk wie folgt: Die Pansterräder haben, wie die Staberräder, zwey Kränze, sind aber wohl noch einmal so breit und üben daher eine größere Gewalt aus. Sie werden gewöhnlich bey großen Flüssen gebraucht, wo die Geschwindigkeit des Wassers nicht gut durch künstliche Mittel so vermehrt werden kann, als es für die Staberräder nöthig ist. Was daher dem Wasser an

Bockwindmühle in Mittelpöllnitz
(Bezirk Gera) (linke Seite)

Umbaute Bockwindmühle
Ballendorf im Kreis Geithain
(Mühlenmuseum)

Bockwindmühle bei Parchen
(Bezirk Magdeburg)

Gastronomisch genutzte
Bockwindmühle Fahrland bei
Potsdam (rechte Seite)

Turmwindmühle bei Eckarts-
berga/Thüringen (dem Mittelmeertyp nachgebildet) (linke
Seite)

Erdholländer von Dorf Mecklenburg, Kreis Wismar; ausgebaut
als Gaststätte und Kulturzen-
trum

Folgende Seiten:
Mühlenensemble Woldegk,
südöstlich von Neubrandenburg

Jan Bruegel d. Ä.: Die Mühle am Landungssteg (1613). Die Windmühle war seit dem 17. Jh. ein beliebtes Motiv der niederländischen Landschaftsmalerei

Hunderte von Gemälden, Grafiken und Zeichnungen beweisen das. Bruegel stellte besonders die hier abgebildete Bockwindmühle flämischen Typs dar

Wappen an der Schloßmühle Quedlinburg (1677) (rechte Seite)

Mühlenbauer (Holzplastik) im
Mühlenmuseum Schloß Bern-
burg

Mühlenmuseum Schloß Bern-
burg. Blick in einen Aus-
stellungsraum mit Kleinstwind-
mühle

Kammrad mit Flügelwelle und
Mahlsteine einer zerfallenen
Bockwindmühle (rechte Seite)

Giebelseite einer Wassermühle
(Schmalkalden)

Wassermühle Buchfahrt bei
Weimar (noch in Betrieb)

Kunstgraben des Hammer-
werkes »Tobiashammer« bei
Ohrdruf

Oberschlächtiges Wasserrad
der Wassermühle Höfgen in der
Nähe von Grimma

Wassermühle Schönburg
(Saaletal). Im 19. Jh. war hier
eine Mühlenbauanstalt untergebracht (rechte Seite)

Die »Bergschiffmühle« unterhalb der Burg in Bad Düben, die letzte Schiffmühle der DDR (ursprünglich auf der Mulde stationiert) (linke Seite)

Freilichtausstellung auf dem Gelände des ehemaligen Wasserkraftwerkes Fernmühle Ziegenrück in Thüringen

Laufwasserkraftwerk Fernmühle Ziegenrück im oberen Saaletal (Thüringen), eine ehemalige Mahl-, Schneid-, Öl- und Lohmühle, die 1900 zum Kraftwerk umgebaut wurde. Es ist das einzige Wasserkraftmuseum der DDR

Claude Monet: Windmühlen bei
Zaandam (1871/72). Hunderte
solcher Mühlen – meist Sägemühlen – kennzeichneten die
Landschaft des Zaangebietes

Flügelrad der Turmwindmühle
von Eckartsberga/Thüringen
(rechte Seite)

Paltrockmühle in Großlehna,
Ortsteil Seifertshain, bei Leipzig

Die bedeutende, bis zum Schluß
betriebene Paltrockmühle in
Parey/Elbe (1983 abgebrannt)
(rechte Seite)

Erdholländer – Achtkantständer
mit massivem Unterbau –
in Stove, nördlich von Wismar
(linke Seite)

Völlig aus Holz gebauter Erdholländer (Achtkantständerbau)
im Freilichtmuseum Alt Schwerin

Galeriehölländer (Achtkantständerbau) in Dabel, Kreis Stern-
berg (linke Seite)

Hebe- und Senkvorrichtung für
Wasserräder (aus Sturm,
Tab. VIII)

73

Geschwindigkeit abgeht, muß durch Masse ersetzt
werden. Denn die bewegende Kraft ist ein Produkt
der Masse mit der Geschwindigkeit. Ziehpanzer
heißen die Pansterräder, wenn sie bey hohem Wasser sammt der Welle und Zubehör mittelst einer
Kette und Winde (weil die Wellzapfen in einem be-
weglichen Gatter liegen) in die Höhe gezogen und
bey niedrigem Wasser wieder gesenkt werden
können, damit die Schaufeln immer gehörig tief in
das Wasser eintauchen. Eine kurze, aber treffende
Definition des technischen Kerns gibt *Beyer*: Panster-
zeug heißt demnach: Wenn die Wasserräder in die
Höhe gezogen werden können, und noch einmal so
breit als bey Staberzeuge sind, und ein Rad zwey
Mahlgänge treibt.

Die Konstruktionen der Pansterwerke sind unterschiedlich. So greift in *Sturms* Mühlenbaukunst das
Kammrad der Antriebswelle in einen überlangen,
senkrecht stehenden Trilling, der einen Gang betreibt,
während in *Beyers* Mühlenbaukunst das Stirnrad der
Antriebswelle über zwei Stockgetriebe die Gänge betreibt.

Durch das Prinzip der senkrecht verstellbaren Antriebswelle unterschied sich die Pastermühle grundsätzlich von der alten Stabermühle. Sie konnte sich
den jeweiligen Wasserständen anpassen, blieb aber
dabei, im Gegensatz zur Schiffmühle, landgebunden
und löste überall dort, wo es möglich war, die Stabermühle ab. In der Regel hatte die Pastermühle drei
hintereinanderliegende Wasserräder unterschiedlichen Durchmessers. Die Wasserräder dieses Sy-
stems konnten einzeln ausgeschaltet werden, so daß
je nach Bedarf ein, zwei oder drei liefen. Jedes Rad
trieb über das auf der Welle sitzende Stirnrad zwei Trillinge, die wiederum über Winkelgetriebe die Mahl- und

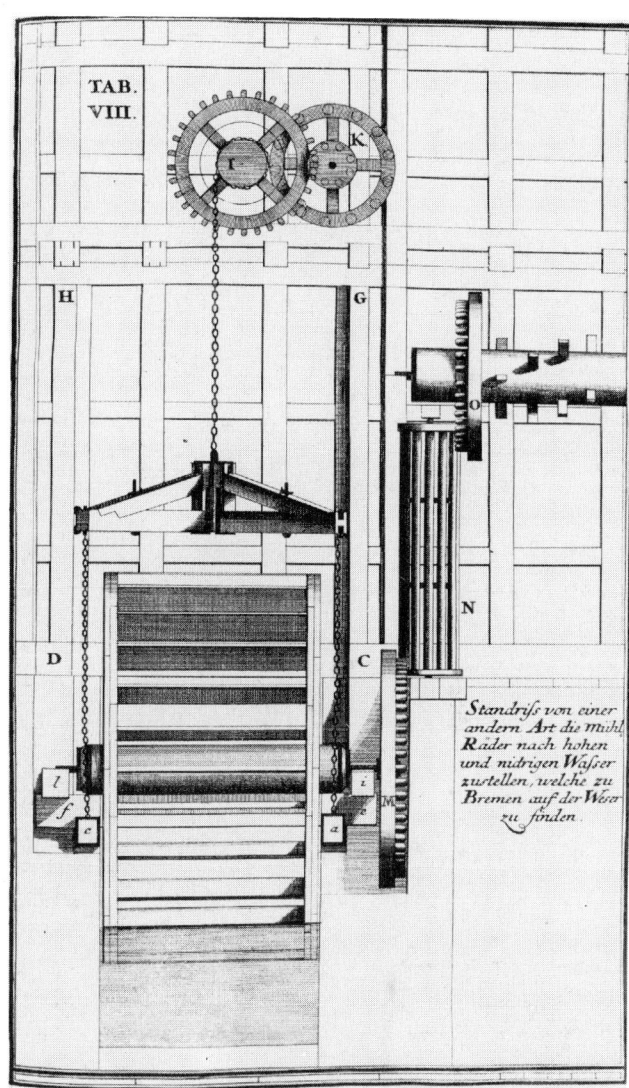

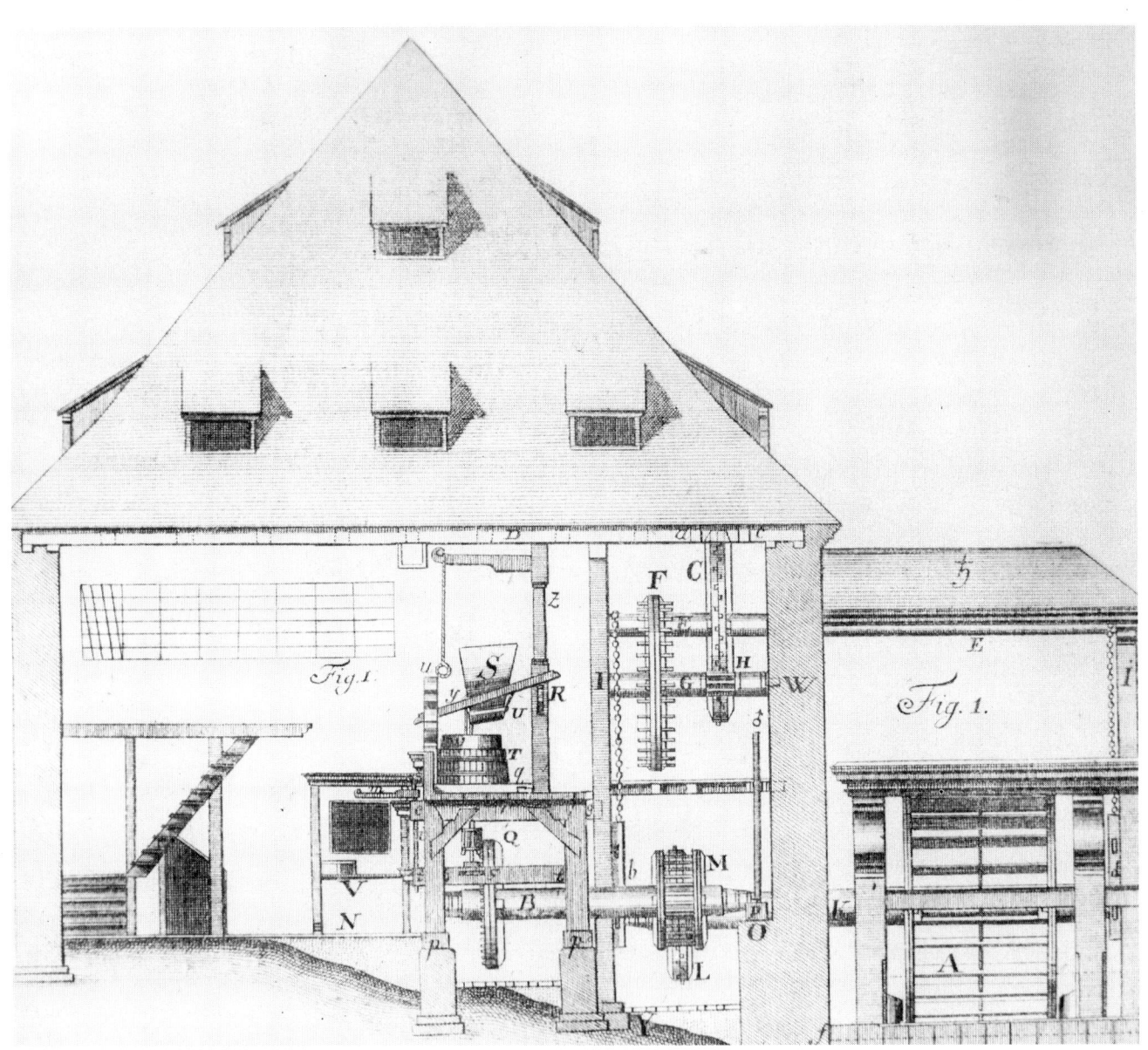

Panstermühle – Grundriß (aus
Beyer, J.M., Tab. XV)

Vier Mahlgänge, mit einem Rad
zu betreiben (aus Sturm,
Tab. XXI)

75

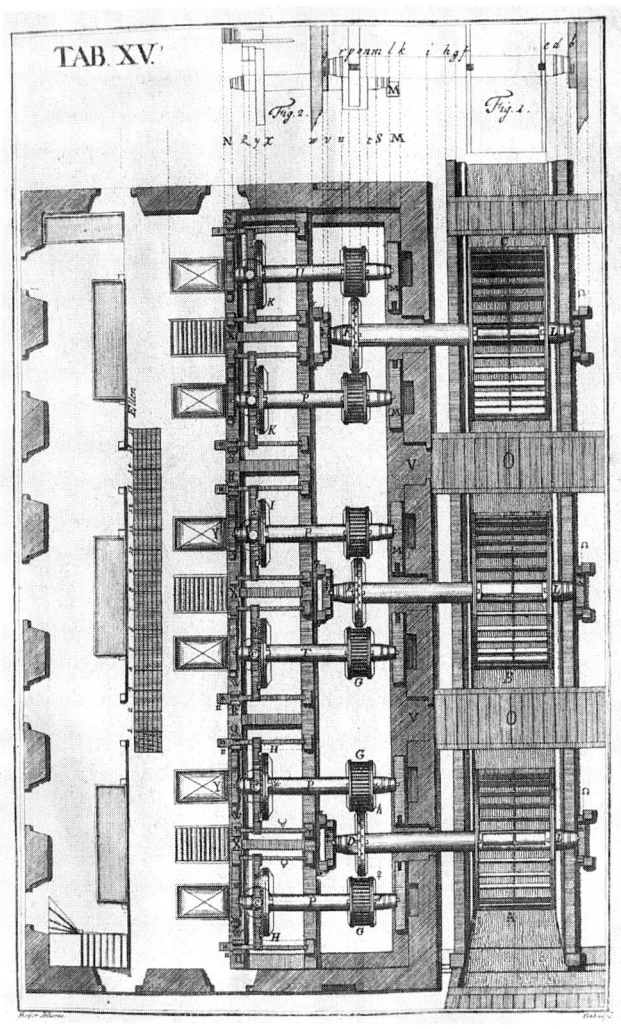

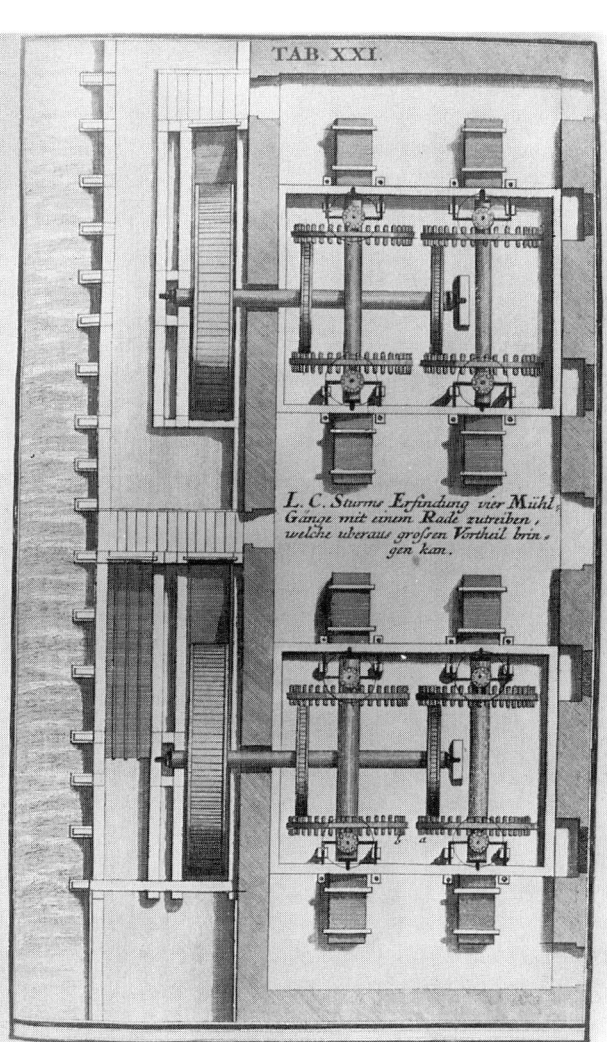

Schrotgänge bewegten. Bei der Stabermühle betrieb dagegen jedes Rad mit eigenem Gerinne nur einen Gang.

Als eine Übergangsform ist *Sturms* Stabermühlen-konstruktion zu werten, bei der ein Rad vier Gänge treibt. Jedoch war keine Anpassung des Rades an den Wasserstand möglich. Deshalb stellt die Panstermühle einen Höhe- und Endpunkt in der Mühlenbautechnik

des 17./18. Jh. dar. In der Praxis bewährte sie sich aber nur bei gleichmäßig laufenden Werkzeugen, wie Öl-, Mahl- und vereinzelt Sägemühlen. Für den Pumpenantrieb war sie ungeeignet. So zog z. B. die Verwaltung der Kursächsischen Staatssalinen den Einsatz dieses Wassermaschinentyps zwar in Erwägung, befürchtete aber, daß das Wasser keinen schnellen Zug hat und deshalb ein Panzerwerk wenig ausrichten würde. In Kösen waren deshalb alle pumpentreibenden Wasserkünste Staberräder, die an der Saale gegenüberliegende Mahlmühle arbeitete aber als viergängige Panstermühle. In unmittelbarer Nachbarschaft befand sich die Panstermühle des kulturhistorisch bedeutenden Zisterzienserklosters Schulpforte. Sie war mit den Kösener Salinenanlagen durch die »Kleine Saale« verbunden. In diesem Kloster wurde schon im Mittelalter Mehl gemahlen. Mit Sicherheit diente dazu ein eingängiges Staberwerk. Auch die vermutlich im 18. Jh. an gleicher Stelle eingebaute Pan-

stermühle, deren mehrmals restauriertes, im 19. Jh. z. T. verändertes Ziehzeug, Trieb- und Mahlwerk heute noch vorhanden sind, war nur zweigängig; d. h., es handelte sich um eine einrädrige Panstermühle. Hierfür gibt es drei Gründe: Die kleine Saale hatte nicht genug »Zugkraft«, um mehrere Pansterräder zu betreiben; das Klostergebäude konnte kein ausgedehnteres Triebwerk fassen, da der Raum mit seinen herrlichen Gewölbekonstruktionen z. Z. seiner Erbauung (im 13. Jh.) nicht diesem profanen Zweck gedient hat; die Klostermühle arbeitete nur für den Eigenbedarf. Eine

ratur verweist. Es gab also Gebiete, deren Landschaftsbild damals von den Panstermühlen geprägt
war. Die stark veränderten Gebäude (und mehr ist
meist nicht vorhanden) einstiger Panstermühlen wollen heute im Gelände gesucht sein. Dazu gehört beispielsweise die Schloßmühle in Burgscheidungen/Un-
strut. Im Bau des Mühlengebäudes und der Triebwerke entsprach sie ganz den von *Beyer* angeführten Nor-
men. Leider sind diese Anlagen nicht mehr vorhanden.
Ein Komplex von Wohn- und Wirtschaftsgebäuden sowie die im Schlußstein des Torbogens erkennbare
Jahreszahl von 1782 deuten auf die Großartigkeit der
im 18. Jh. bestandenen Gesamtanlage hin. Weitere
Reste sind in Karsdorf, Elstertrebnitz, Pegau, Halle
(Steinmühle) und Dölitz (heute zu Leipzig gehörend)
nachweisbar. Die als Denkmal besonders interessante
Dölitzer Mühle wurde 1721 im Kurfürstlichen Mühlen-
verzeichnis als viergängige Mahlmühle erwähnt. Ver-

Erweiterung des Mahlbetriebes war also nicht nötig.
Insgesamt gesehen gehört dieses Objekt auf Grund
seiner Einmaligkeit, die bis in die Zeit der Erbauung zu-
rückgeht, zu den bedeutendsten mühlentechnischen
Denkmalen des deutschen Sprachraumes.

Die Panstermühle von Schulpforte hatte viele »Art-
genossen« an Saale, Unstrut und Ilm; des weiteren
waren Panstermühlen in dichter Folge im Leipziger
Raum, längs der Weißen Elster und um Berlin lokalisiert. Das trifft selbstverständlich auch für andere größere Flüsse und Ströme zu, worauf die ältere Fachlite-

Ehemalige Stockumer Mühle
(Westfalen, BRD). Hier kann
das Rad mit der gesamten
Mahleinrichtung gehoben und
gesenkt werden

78

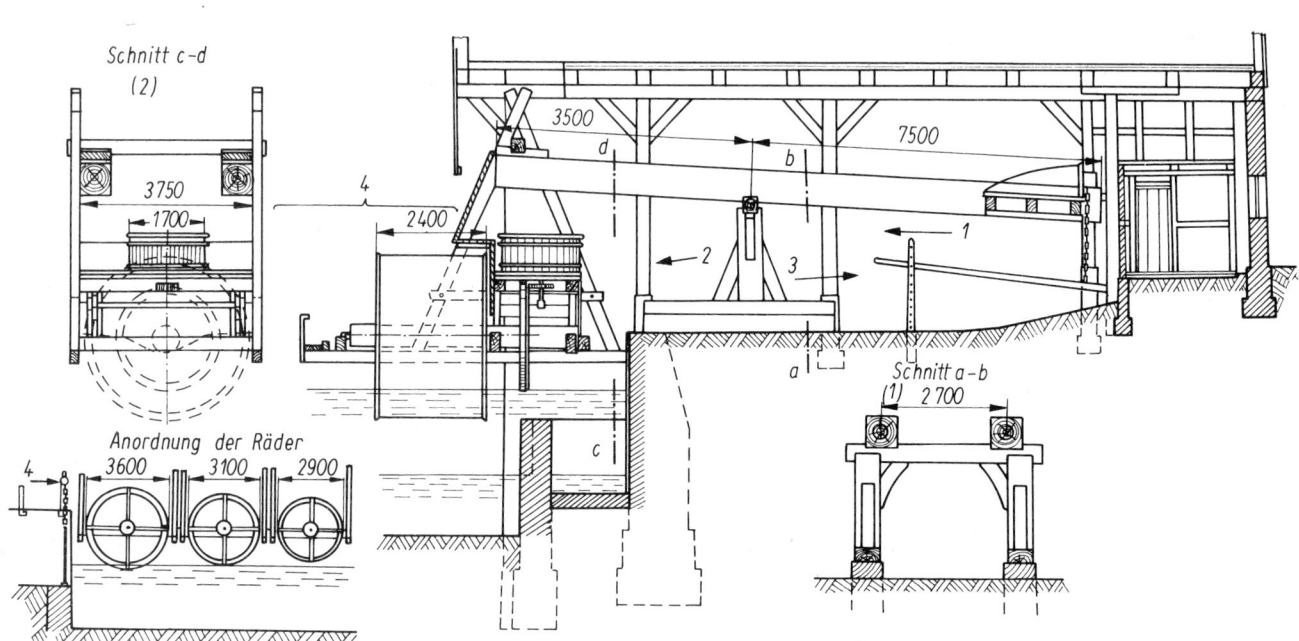

Schnitt c-d (2)

3750

1700

Anordnung der Räder

3600 3100 2900

3500 7500

2400

Schnitt a-b (1) 2700

mutlich betrieb man sie schon im 17. Jh. als Panstermühle. Während der Völkerschlacht wurde sie völlig zerstört und – wie den Bauakten zu entnehmen ist – kurz danach wieder als Panstermühle im alten Stil aufgebaut. An der Flußseite des Altbaus sind eindeutig die vermauerten Pansterschlitze erkennbar. Drei mächtige Räder haben sich hier einst gedreht.

Auch im Ausland sieht man solche »klassischen« Objekte, z. B. auf der Campa-Insel in Prag (ČSSR).

Eine besondere Art der Anpassung an den jeweiligen Wasserstand wurde in der Stockumer Mühle (Westfalen, BRD) seit 1691 praktiziert. Die drei Wasserräder mit den dazugehörigen Mahlgängen sind als eine in sich geschlossene Mahleinrichtung (bestehend aus Rad und Mahlgang) an jeweils einen kräftigen Hebebaum gehängt, der als zweiseitiger Hebel auf einem Bock gelagert ist. So kann mit Hilfe eines am Ende des längeren Hebelarmes sitzenden Kettenzuges bzw. einer großen Spindel die am kürzeren Ende hängende Mahleinrichtung gehoben und gesenkt werden. Eine ähnliche Anlage existiert nur noch in Werne-Evenkamp a. d. Lippe (BRD).

Schiffmühlen

Allgemein gesehen sind Schiffmühlen Fahrzeuge, die auf Strömen und Flüssen verankert liegen und durch Taue mit dem Ufer verbunden sind. An Bord des Schiffes befindet sich das im Haus vorhandene Mahlwerk. Als Wasserradantrieb unterscheidet man zwei Grundkonstruktionen. Eine im mitteldeutschen Raum selten anzutreffende Art zeichnet sich dadurch aus, daß seitlich des Mühlschiffes je ein Rad von etwa 2 m Breite angebracht ist. Diese Räder können voneinander unabhängig als Antriebsmaschinen benutzt werden. Die andere Art ist durch zwei Schiffe gekennzeichnet, wobei die Mahleinrichtung im »Hausschiff« untergebracht ist, während das zweite schmale Schiff, das »Wellschiff«, nur zur Lagerung des Wellbaumes dient. Die Räder dieser Schiffmühlen haben generell eine überdimensionale Breite, die benötigt wird, um die relativ geringe Geschwindigkeit größerer Flüsse und Ströme vorteilhaft zu nutzen. Die kraftübertragenden Getriebe haben das entsprechende Übersetzungsverhältnis, damit die Werkzeuge (meistens Mahlsteine) mit der erforderlichen Geschwindigkeit bewegt werden können.

Alle älteren Nachrichten stimmen im wesentlichen darin überein, daß die ersten Schiffmühlen auf dem Tiber schwammen. 537 hatten die Goten längere Zeit Rom belagert und das Wasser der die Stadt versorgenden Aquädukte abgeleitet. Daran lagen auch die Wassermühlen, die nun nicht mehr mahlen konnten. In höchster Not kam der römische Feldherr *Belisar* auf den glücklichen Einfall, Mahlwerke mit Wasserrädern auf Kähnen unterzubringen und sie von der Strömung des Tiber treiben zu lassen. Unabhängig von Hypothesen, die die ersten Schiffmühlen im Orient angesiedelt haben möchten, hat sich diese Mühlenart von Rom aus über ganz Europa verbreitet und wurde nicht nur zum Getreidemahlen verwendet. So gibt es Nachrichten, die bezeugen, daß Schiffmühlen Sägegatter, Stampf- und Rührwerke betrieben; im Rhein sollen sie sogar als Papiermühlen gearbeitet haben.

In allgemeiner Form wird 1739 im Zedlerschen Universal-Lexikon berichtet: Sie sind auf platten Schiffen erbauet, und können von einem Ort zum andern gebracht werden, wo der Strohm das stärkste Gefälle hat, damit ihr Wasser-Rad von dem daran schlagenden Strohm gehörig umgetrieben werde. Die Schiff-Mühlen heben und sencken sich mit dem steigenden und fallenden Wasser, müssen aber mit starcken Seilen oder Ketten wohl an das Land gehänget und befestigt, oder tüchtig verankkert, auch zu gehöriger Zeit, und wenn man solche auf dem Wasser nicht mehr gebrauchen kann, in ihren ordentlichen Winter-Stand gebracht werden. Zu dieser allgemeinen Beschreibung ergänzend, behandelt *Beyer* in seinem »Schauplatz der Mühlenbaukunst« weitaus gründlicher das Thema Schiffmühlen. Er belegt seine gründliche technische Beschreibung durch einen Kupferstich. Dazu gibt er Erklärungen, die im Folgenden auszugsweise wiedergegeben werden. Fig. 1 zeigt die Mühle im Grundriß, und in Fig. 2 ist das Profil des Hausschiffes und in Fig. 3 der Schnitt des Werkes dargestellt. Fig. 4 zeigt eine Scheibe, aus der der Drehling (p in Fig. 1) zusammengesetzt ist. Fig. 5 zeigt eine Schiffmühle mit zwei Gängen. Beachtenswert sind hier die seitlich versetzten Räder y und z.

Nach *Beyers* Beschreibung werden die Fugen des hölzernen Hausschiffes mit Moos verstopft und die Außenflächen mit Teer bestrichen. Über die technische Einrichtung der Mühle ist nachzulesen, daß das Wasserrad $6^1/_2$ Ellen Durchmesser und 12 Schaufeln von 9 Ellen Länge hat. Die Breite wird mit 1 Elle angegeben. Wörtlich heißt es weiter: Was aber die Struktur eines solchen Rades betrifft, so wird es nicht, wie die Panster-, Staber- und oberschlächtigen Wasserräder, von Reifen zusammmen gesetzt, sondern nur aus Armen, Fig. 2, diese sind in der Welle h mit einem schwalbengeschwänzten Zapfen 4 Zoll

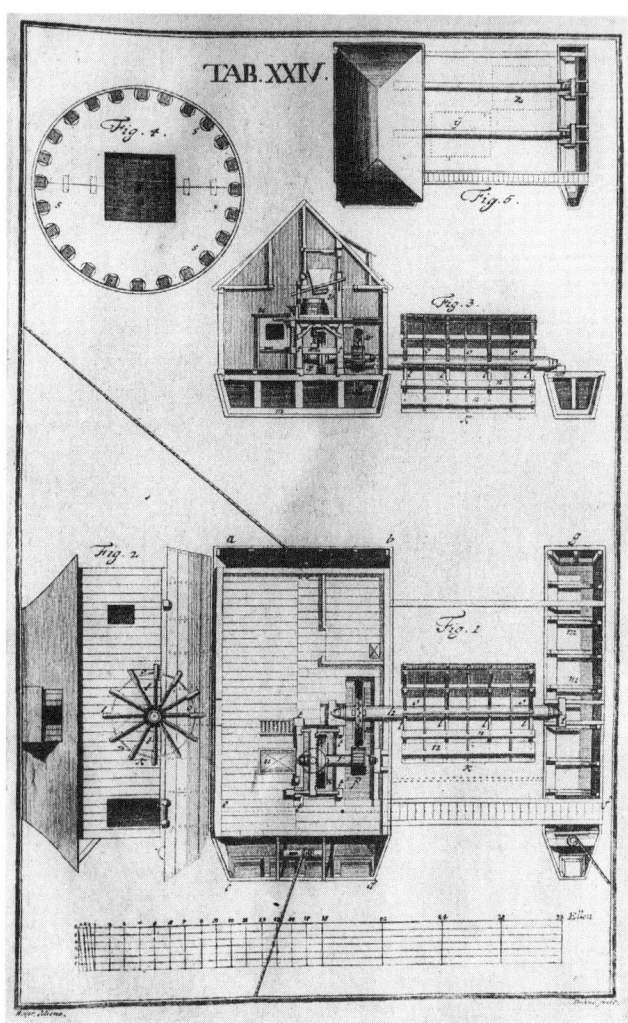

Enden derselben mit zwey Nägeln befestigt, und zwischen den Armen mit Sperrstöcken o, Fig. 1, 2 und 3, oder Riegeln, so von einer Schaufel bis zu der andern reichen, verwahrt, auf daß sie dem Drucke des Wassers fest und unbeweglich widerstehen können. Ein Schütze oder Schutzbret ist durch k, Fig. 1, gekennzeichnet. *Beyer* vermerkt, daß dadurch die Mühle nur gebremst werden kann. Zur gänzlichen Ruhe ist sie nur durch Hemmung des inneren Radewerkes zu bringen. Die Welle (h) liegt mit dem gesamten Rad im Wellschiff (f g) bei i auf (s. Fig. 1). Die eigentliche Mahleinrichtung, getragen von dem Mühlgerüst (t), besteht in dem Einfülltrichter mit dem Mahlgang (v) und dem Beutelkasten (u, s. Fig. 3). Die Mühlengebäude weisen im allgemeinen eine geringere Höhe auf, als das in der Abbildung der Fall ist.

Schiffmühlen mit zwei Rädern, auch »Radschiffmühlen« genannt, waren, wie mehrere Abbildungen beweisen, ebenfalls weit verbreitet. Noch um die letzte Jahrhundertwende arbeiteten in der Mainzer Gegend mehrere Schiffmühlen. Die letzte, bei Ginsheim gelegene, stellte 1929 ihren Betrieb ein und wurde damals als »einzigartiges Kulturdenkmal« unter den Schutz der Stadt Mainz gestellt. Diese Mühle, 1891/1892 in Ginsheim erbaut, war an die Stelle von zwei ursprünglichen, im Jahre 1898 gekenterten Schiffmühlen gesetzt worden. Trotz mancher Neuerungen und der wesentlich größeren Abmessungen verkörpert sie in der Grundkonstruktion den seit dem 15. Jh. bildhaft dargestellten Zweirädertyp. Von dieser Mühle sind uns aus einer alten Schrift ein Bauplan und einige technologische Angaben überliefert. Daraus ist zu entnehmen, daß die Schiffmühle aus einem 26 m langen und 6,30 m breiten Eisenblechkahn bestand, auf dem sich das aus Holz bestehende Mühlenhaus befand. Das hatte den

tief eingepaßt, ihre Stärke ist $3\frac{1}{2}$ Zoll, die Breite 5 Zoll, die Länge richtet sich nach der Höhe des Rades. Jede Schaufel n, Fig. 1 und 3, bekömmt 4 solche Arme, auf diese werden gedachte Schaufeln an den

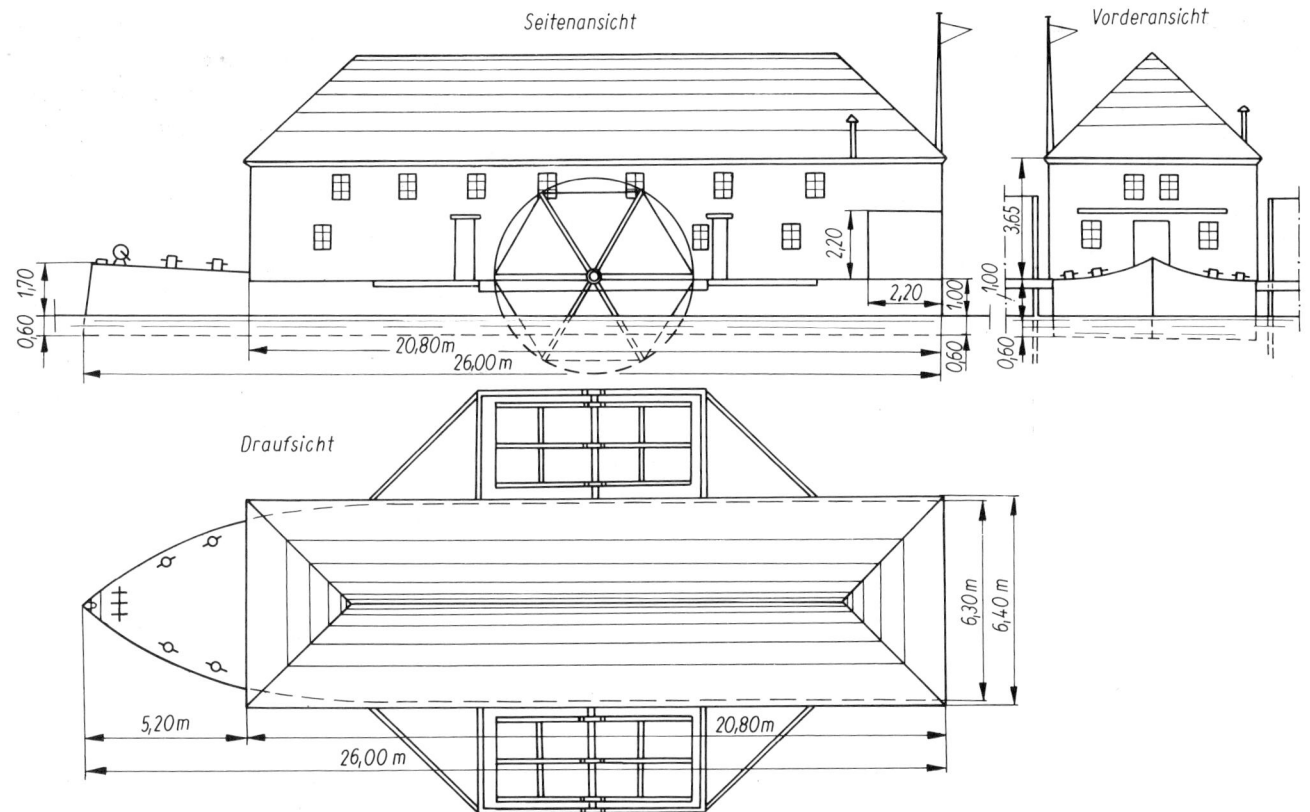

Seitenansicht

Vorderansicht

Draufsicht

Vorteil, daß es gegenüber den älteren Holzschiffen vor dem Kentern stärker gesichert war. Neben dem Mahlraum hatte man den Speicher und eine Müllerstube eingerichtet. Eine Treppe führte von der Mahlstube zum oberen Maschinenraum, der für die Vorbereitung des Getreides diente. An jedem Ende des Wellbaumes befand sich, wie im 18. Jh. üblich, ein breites Schaufelrad, das allerdings nicht von dem anderen getrennt laufen konnte. Während der Betriebszeit waren folgende Maschinen vorhanden: eine Putzanlage, eine Spitz- und Schälmaschine, ein Trieur, ein Aspirateur, zwei Walzenstühle, zwei Sichtmaschinen und ein Schrotgang. Die alte »klassische« Technik war also völlig durch neue ersetzt. Die Leistung betrug bei mittlerem Wasserstand in 24 Stunden für das Mahlen von Roggen 2000 kg, für Weizen 2600 kg. Bei hohem Wasserstand war die Leistung höher und betrug für Roggen 3000 kg, für Weizen 3600 kg.

Schiffmühlen waren früher auf vielen europäischen Strömen und Flüssen in unterschiedlicher Dichte anzutreffen. In der Nähe von Städten kam es vereinzelt sogar zu Mühlenballungen. Darüber informieren alte Karten, topographische Werke und Reisebeschreibungen. Eine Reihe von Abbildungen aus dem 19. Jh. vermittelt uns einen Einblick in die Mühlenromantik auf den Strömen im damaligen Deutschland. In der DDR ist nur eine Schiffmühle erhalten geblieben, die auf der Mulde bei Schwemsal stationiert war. Sie ist inzwischen als einzigartiges technisches Denkmal sichergestellt worden und hat im Wallgraben der Burg Düben als Schauanlage Aufstellung gefunden.

Man nimmt an, daß sie schon vor dem 30jährigen Krieg existiert hat. Da sie zum Alaunbergwerk Schwemsal gehörte, war deshalb zuerst die Bezeichnung »Bergwerks-Schiffmühle« gebräuchlich. 1748 wurde sie neu erbaut und verpachtet. Später kamen noch vier weitere Schiffmühlen hinzu, von denen um 1900 nur die »Bergschiffmühle« übrig geblieben war, die bis zum großen »Mulde-Hochwasser« 1954 arbeitete. 1967 war der Wiederaufbau (außer der Mahleinrichtung) abgeschlossen. Seither hat sie als Schauanlage von internationalem Rang an Bedeutung gewonnen. Lohnenswert ist ein Besuch des Heimatmuseums in der Burg Düben, wo der Besucher über das Thema »Schiffmühle« und die Geschichte von Handwerk und Gewerbe dieses Gebietes unterrichtet wird.

Auch außerhalb der DDR gibt es Schiffmühlen mit Denkmalcharakter. Auf den größeren Flüssen Rumäniens hat es 1957 noch 29 Schiffmühlen gegeben. Zwei davon (Munteni, Lucacesti) wurden restauriert und im Freilichtmuseum Sibiu wieder aufgestellt.

Horizontalräder

Die Horizontalräder gelten als die Vorläufer der späteren Turbinen. Die älteste Abbildung mit kurzer verbaler Beschreibung der turbinenartigen Wassermühle, fachlich besser »Stockmühle« genannt, stammt aus einer Bilderhandschrift vom Jahre 1430. Nachweisbar ist sie schon in archaischer Zeit, im illyrischen bzw. türkischen Raum. *Leupold* und seine Zeitgenossen beschrieben sie erstmals ausführlich. So ist in *Leupolds* »Theatrum machinarum generale« nachzulesen: Solche sind Räder, derer Welle oder Spindel perpendicular die Scheibe oder Rad aber horizontal stehet und herum lauffet; sie werden gebraucht an denen Orten wo wenig Wasser und doch hoch Gefälle ist, nemlich in bergichten Landschafften, wie theils in Schweden, Provence in Franckreich, und dergleichen Gegenden, da viel Quellen und kleine Bäche von denen Gebürgen herab kommen, und in einer geschlossenen Röhre schreg wider die Schauffeln stossen, und solche dadurch umtreiben.

Leupold stellt uns zwei solcher von Turbinenmerkmalen gekennzeichneten Horizontalräder vor. Er übernimmt die erste Konstruktion in veränderter Form von dem Architekten und Ingenieur *Georg Andreas Boeckler*, die er folgendermaßen beschreibt: Figura I. Tabula LXV. zeiget eine (andere) Structur eines horizontalen Rades, da A eine starcke Scheibe ist, auf deren Stirn Muschel-förmige Schauffeln K eingesetzt sind. B die Wasser-Röhre. C die stehende Welle. D der Dreyling oder Getriebe. E ein Stirn- und Kamm-Rad. F ein anderer Dreyling, so das Kamm-Rad G und dieses die stehende Spindel zum Mühl-Stein treibet . . .

Die zweite von *Leupold* wiedergegebene Kon-

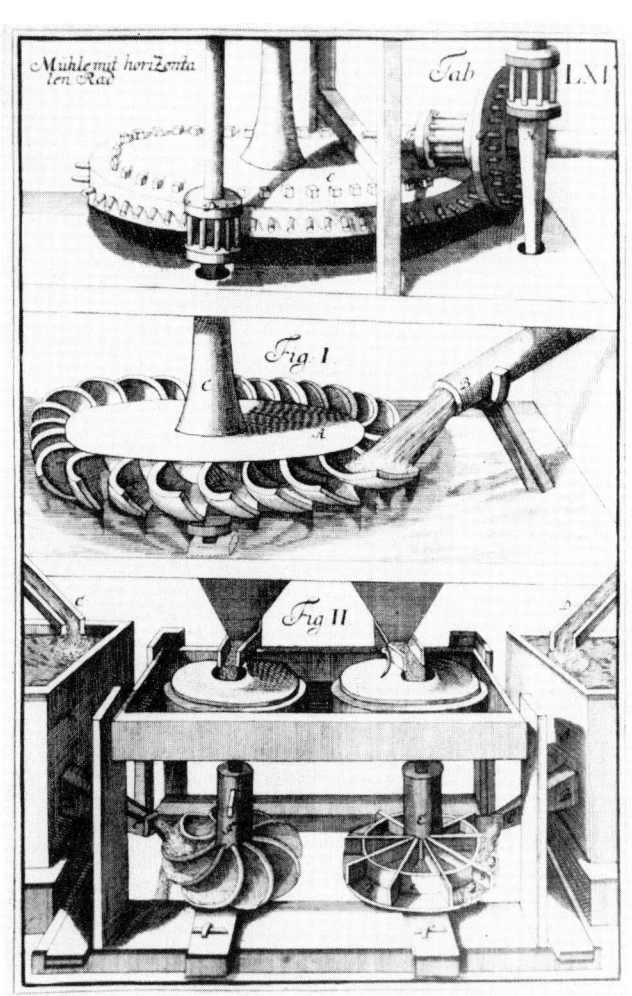

zwey getheilet, als C und D, das Wasser fället von dar auf ein hohes Gefäß oder Kasten A, und von dar durch Röhren C B auf das Rad. Hierbey ist zu mercken, daß die Röhren C B also müssen eingerichtet seyn, daß nicht mehr Wasser heraus lauffen kan, als zulauffet, weil das Faß allezeit voll seyn muß; denn je höher das Wasser steht, je stärcker der Trieb, drum wäre es gut, wenn man die Oeffnung in c enger und weiter machen könte. E ist das eine Rad, und sind in die Welle 10 starcke Breter, als a b perpendicular eingemachet, so etwa 6 bis 8 Zoll hoch, zwischen diese sind wieder Circkel-Stücken oder auch gleiche Breter, als c c eingesetzet, unten aber ein horizontales Rad, als d d. F ist das andere Rad mit Muschel-Schauffeln, deßwegen ein Muschel-Rad . . . Solche muschelförmigen Schaufeln bildeten den Ausgangspunkt für die Turbinenkonstruktion. Sie fanden noch Anfang des 20. Jh. bei den »Bauernmühlen«, hier zur Gruppe der Stockmühlen gehörend, als sogenannte Löffelräder Verwendung.

Ähnlich den von *Leupold* vorgestellten Konstruktionen dienen Löffelräder im Freilichtmuseum Sibiu (SR Rumänien) zum Antrieb von Mahleinrichtungen. Um 1950 soll es zwischen den Karpaten und dem Balkan Stockmühlen noch in großer Zahl gegeben haben. Ebenso sind in den Alpen und in Jugoslawien solche Objekte nachweisbar. Allgemein betrachtet sind diese Konstruktionen mehr als Zeugen einer alten Kultur anzusehen. Ihr praktischer Wert ist gering. Technikgeschichtlich sind die Horizontalräder als Übergang zwischen Wasserrad und Turbine zu werten. Jedoch treffen hier schon grundsätzliche Merkmale der Turbinenkonstruktion zu. Das Wasser bringt das Rad nicht durch Schöpfen oder einfache Beaufschlagung, also nicht durch seine Masse in Bewegung, sondern durch

struktion steht unter der Überschrift »Wie zwey Räder oder Mühlen in ein Werck zu bringen«. *Leupold* bezieht sich dabei auf das *Sturmsche* Mühlenbuch und erklärt den entsprechenden Kupferstich wie folgt: Das Wasser, so aus einer Röhre kommen kan, ist in

einen Wasserstrahl, der zielgerichtet die nach strö-
mungstechnischen Gesichtspunkten konstruierten
Schaufeln radial oder axial trifft. Nach diesem Prinzip
ergibt sich die Einteilung in Radial- oder Axialturbinen.
Doch hier ist das Grenzgebiet zu einer technischen
Spezialwissenschaft, auf die nicht eingegangen werden soll.

Abschließend sei auf eine Anlage von Seltenheitswert verwiesen. Es handelt sich hierbei um die Fernmühle Ziegenrück, das einzige Wasserkraftmuseum
der DDR. Dieses ursprünglich aus dem 13. Jh. stammende, mit Wasserrad betriebene Objekt nutzte man
wechselnd als Mahl-, Öl-, Schneide- und Lohmühle.
1900 wurde es zum Wasserkraftwerk mit Turbinenan-
rieb (Francis-Schachtturbine) umfunktioniert und
1965 wegen Unrentabilität stillgelegt. Als frühes Klein-
kraftwerk (150 kW) reiht es sich seit einigen Jahren
würdig in die Reihe der international bedeutenden mu-
sealen Kraftwerke ein.

Windmühlen

In der älteren Literatur kennt man generell zwei Grundtypen von Windmühlen: die Bockwindmühle (Bock-
mühle, »Teutsche Wind-Mühle«) und die »Holländische Wind-Mühl«. Technisch kurz gefaßt heißt das: die
Windmühle mit drehbarem Gehäuse und die Mühle mit
drehbarer Haube. Von diesen beiden Grundtypen lassen sich alle anderen Bauarten und die Vielzahl der
Varianten in verschiedenen Ländern und Landschaften ableiten.

Wo und wann man zuerst auf den Gedanken kam,
die Segelwirkung zum ortsfesten Betrieb von Werkzeugen und Pumpen zu gebrauchen, läßt sich heute
nicht mehr feststellen. Die Angaben hierzu sind sehr

unterschiedlich. Meist wird das Grenzgebiet zwischen
Persien und Afghanistan als Heimat der Windmühle
angegeben.

Windmühlenflügel

Allgemein gesehen bewegen die Windmühlenflügel
(Windflügel, Flügelwerk, kurz Flügel) das Getriebe,
daran schließen sich Werkzeuge oder Pumpen an. Die
ersten Windmühlen hatten horizontale Flügel. Noch
heute sind in Afghanistan Horizontalwindmühlen aus
späterer Zeit (meist als Ruine) anzutreffen.

In Europa hat sich die Windmühle bzw. Windkunst
mit horizontalen Flügeln nie recht durchgesetzt. Alle
Quellen nennen deshalb nur einzelne Objekte, wie die
Windmühlen in Nürnberg, auf der Festung Hohentwiel
und die Holzsägemühle in Augsburg sowie Einzelex-
emplare in Polen. Auch wird in den alten Maschinen-

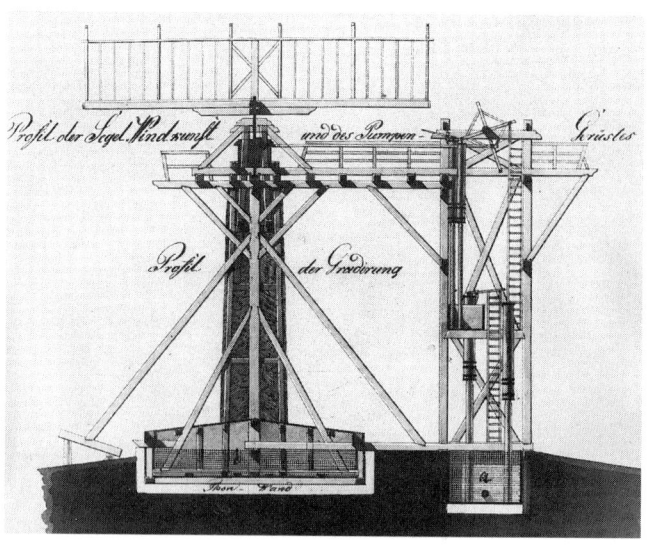

büchern viel darauf verwiesen. Jedoch handelt es sich hierbei meist um nie ausgeführte Konstruktionen. Des weiteren sind die von *Calvör* und anderen Autoren beschriebenen Leibnizschen Versuche mit Horizontalwindkünsten im Oberharzer Bergbau von Interesse. Ebenso bewährten sich diese Maschinen in der gradiertechnischen Praxis und waren zumindest zeitweilig auf den Gradierwerken der chemischen Fabrik Schönebeck/Elbe und der Nauheimer Saline (BRD) in Betrieb.

Von Bedeutung war nur die Windmühle mit senkrechtem drehbaren Flügelwerk. (Das nicht drehbare Flügelwerk soll hier außer acht gelassen werden.) Die Flügel bestanden in der Regel aus den sich kreuzenden Haus- und Feldruten mit Jalousieskeletten. Der Wind fing sich in den schräggestellten Jalousien bzw. in den Windbrettern. Der im mitteldeutschen Raum fast ausschließlich vorkommende Jalousientyp entwickelte sich seit dem 18. Jh. allmählich aus der Segelgatterform. Dadurch entfiel das mühevolle Segelraffen. Die Jalousien konnten nun durch eine Mechanik vom Inneren der Mühle aus verstellt werden. Früher waren die Windbretter ganz oder teilweise abnehmbar, wenn starker Wind drohte. Beim Mittelmeertyp ist das segelbespannte vielspeichige Windrad neben dem Vier- und Mehrflügelantrieb bis zur Stillegung der Mühlen unverändert geblieben.

Die Bemühungen um die vorteilhafteste Konstruktion der Windmühlenflügel reichen bis ins 18. Jh. zurück. Mühlenbauer, Kunstmeister, Mechaniker, Salinisten, Mathematiker waren an diesen Versuchen mit Erfolg beteiligt, die unter dem folgenden Leitgedanken standen: Das erste, was bey den Windmühlen in Betrachtung kommt, ist die Kraft, die sie treibt, und wie diese Kraft auf die Flügel der Mühle wirkt, damit man darnach die ganze übrige Einrichtung berechnen und anordnen könne. Man muß also Untersuchungen über die Wirkungen des Windes anstellen.

So beschäftigten sich mit diesem Problem der Mathematiker *Euler* und ein Schüler *J. G. Borlachs*, Bergrat *C. G. Schober*. Selbst *Langsdorf* schenkte der Berechnung und Konstruktion der Windmühlenflügel die gleiche Aufmerksamkeit wie den Wasserrädern und sah letztlich in den Windmühlenflügeln nur Sonderformen der Wasserräder. Seit der letzten Jahrhundertwende versuchten nochmals, voneinander unabhängig, der dänische Professor *La Cour* und der deutsche Aerodynamiker *Kurt Bilau* »Idealmühlen« mit ganz bestimmten Flügelformen und Abmessungen, soge-

nannte Ventikantenflügel, zu erbauen. So war es *Bilau* gelungen, in der mittel- und norddeutschen Tiefebene den Wind unter geringerem Verlust als bisher zu nutzen. Allerdings fanden auch seine Versuchsergebnisse keine allgemeine Anwendung, da die Müller lieber den relativ preiswerten Landstrom zum Antrieb eines Elektromotors nutzten.

Eine kuriose Erfindung stellt uns *Kunze* in seinem »Schauplatz der gemeinnützigen Maschinen« vor. Seine »holländische Mühle mit acht Flügeln« wird zwar nicht zur Nachahmung empfohlen, aber sie war Versuchsobjekt. Der Beschreibung nach ragte die völlig waagerechte Flügelwelle zu beiden Seiten aus der Haube. Es waren je vier Flügel angebracht, wobei die vier vorderen im Vergleich zu den vier hinteren um 45° versetzt waren. Die Haube war wie üblich drehbar. Um die Welle nicht zu sehr zu belasten, wurden die Flügel

kurz gehalten. Die Leistung dieser Mühle war nicht überzeugend, zumal, wie es heißt, der Wind, welcher durch die vier vordersten Flügel ziemlich in Unordnung gebracht war, keine sehr starke Wirkung auf die andern Flügel hervorbrachte. Da bei heftigem Wind die Gefahr eines Räderbruches bestand, hat man bald von dieser Erfindung Abstand genommen. Fünf- und Sechs-Flügel-Mühlen haben sich dagegen in der Praxis bewährt. So steht noch heute in Flemmingen (unweit von Naumburg) ein mächtiger Galerieholländer mit fünf Flügeln (heute inzwischen restauriert, aber nicht funktionstüchtig). Der Windbetrieb ist längst eingestellt, an seine Stelle trat im Mühlenkörper moderne, elektrifizierte Technik. Neben dem Holländer in Flemmingen gibt es noch eine weitere Fünf-Flügel-Windmühle in Wendhausen (BRD), die in letzter Zeit ebenfalls restauriert wurde. Sechs-Flügel-Windmühlen gab es in verschiedenen Varianten in der ungarischen Hochebene des Bakonygebirges, wovon noch eine bei Tès erhalten ist. Außerdem gibt es Sechs-Flügel-Turmwindmühlen auf Mallorca. Hierin ist die Vorstufe des Windrades zu sehen.

Vorrichtungen zur automatischen Einstellung der Windmühlenflügel bzw. Windräder in den Wind haben ihren Ausgangspunkt in den Erfindungen der englischen und schottischen Mühlenbauer des 18. Jh. Die älteste Erfindung dieser Art wird dem Schmied *Edmund Lee* zugeschrieben, dessen Windrosette 1745 patentiert wurde. Das Patent wurde ihm 1747 auch von Holland zugesprochen. Die Leesche Windrosette, die rechtwinklig zu den Flügeln steht, bewirkt deren automatische Einstellung gegen den Wind, indem das Windrad solange rotiert, bis es sich parallel zur Windrichtung einstellt und damit die Flügel quer zur Angriffsrichtung des Windes stehen. Die Windrosette hatte

Zylindrische Turmwindmühlen des Mittelmeertyps mit sechs segelbespannten Flügeln, auf Mallorca

sich trotz einer gewissen Trägheit bei der Paralleleinstellung gegenüber anderen Erfindungen im 19. Jh. am meisten verbreitet und war generell an den Hauben von Turmwindmühlen anzutreffen, aber auch bei Paltrockmühlen wurde sie allgemein verwendet. Diese Automatik ersetzte den Sterz. Gleichzeitig war mit dieser Erfindung eine Drehzahlregelung verbunden, die durch die Kraft eines Gegengewichtes erfolgt. Neben der Windrosette war vereinzelt die Windfahne in Gebrauch, die dann besonders bei den Windturbinen Anwendung fand.

Weiterhin ist die 1787 patentierte Erfindung der Fliehkraftpendel von *Thomas Mead* bemerkenswert. Er benutzte sie zur Drehzahlregelung der Windmühlenflügel, bevor *James Watt* diese Mechanik im Dampfmaschinenbau verwendete. Außerdem fand das Zentrifugalpendel zur automatischen Regelung des Mühlsteinabstandes Anwendung.

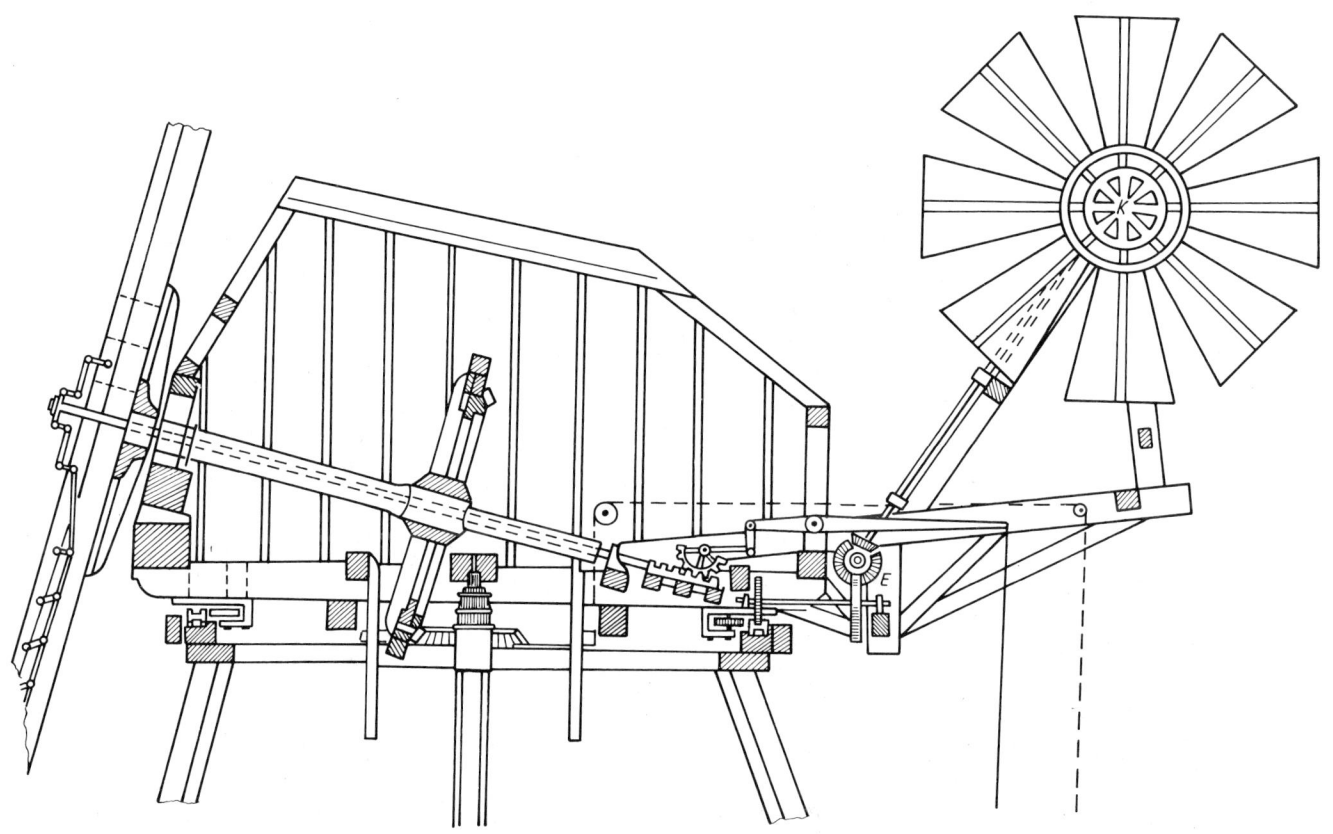

Bockwindmühle

Die Bockwindmühle war keinesfalls nur in Deutschland anzutreffen, wie der holländische Molinologe *Jannis C. Notebaart* nachweist, sondern in großen Teilen Europas der vorherrschende Mühlentyp. Erste Angaben über die Existenz von Bockwindmühlen sind aus der Normandie (12. Jh.), England (12. Jh.), Haarlem (13. Jh) und aus Venedig (14. Jh.) überliefert. Die erste deutsche Bockwindmühle soll 1222 auf der Kölner Stadtmauer gestanden haben. In Sachsen glaubt man in der urkundlich 1373 nachgewiesenen Stauchaer Windmühle bei Meißen die erste zu sehen, die aber vermutlich schon eine von vielen war. Die Bockwind-

mühle oder »Teutsche Windmühle«, wie sie *Leupold* auch bezeichnet, ist im mitteldeutschen Raum meistens eine Getreidemühle. Natürlich gab es auch Ausnahmen. Dazu gehört die mit Mahlgängen und Hirsestampfe ausgestattete Bockwindmühle in Luga.

In ihrem Aufbau und ihrer Arbeitsweise ist die Bockwindmühle höchst einfach. Der rein statische Teil umfaßt den Bock mit Ständer. Das Mühlengehäuse sitzt, durch den Sattel vermittelt, auf dem Bock und ist mit dem Mehlbaum (auch Mahl- oder Mehlbalken) verbunden. Dadurch wird die Drehung des Mühlenkörpers um den Ständer ermöglicht. Das geschieht mit Hilfe des herausragenden Sterzes von Hand bzw. mit einer Winde. Nach oben abgeschlossen wird der in der Regel

Eingängige Bockwindmühle mit
seitlich herausragendem Sterz
(aus Beyer, J. M., Tab. XXV)

Kammrad einer Bockwindmühle,
mit Bremse

Skelett einer Bockwindmühle

89

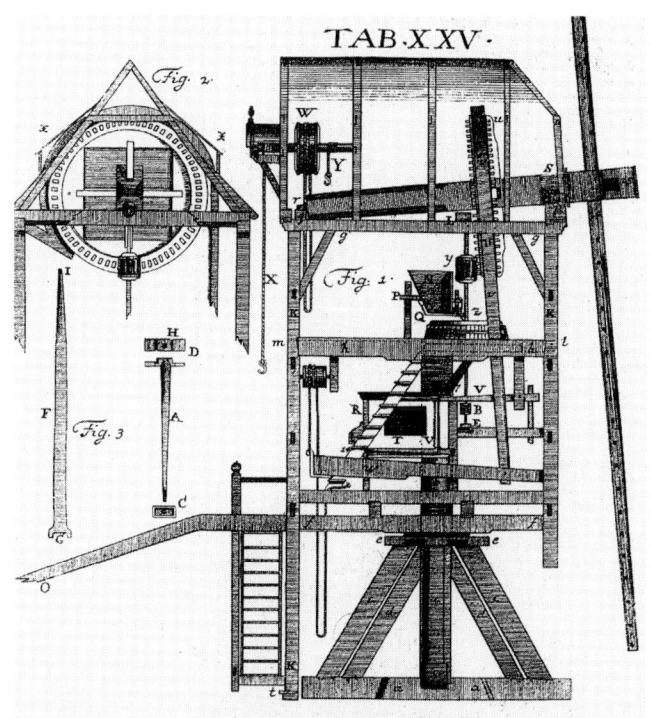

zweigeschossige Mühlenkörper durch ein Satteldach.
Zu den technischen Einrichtungen gehören die Flügel-
oder Rutenwelle (Wellbalken, Hauptwelle, Mühlen-
achse, Mühlenwalze), die etwas geneigt gelagert wird
(nach alten Angaben 12 bis 14 Zoll), damit die Flügel
unten dem Gebäude nicht zu nahe kommen. Ältere
Flügelwellen sind oft reich verziert und mit Schnitze-
reien versehen. Auf der Flügelwelle sitzt in der Regel
das Kammrad, das in ein mit dem Mahlgang verbunde-
nes Stockgetriebe (Trilling) eingreift und dadurch den
Läuferstein bewegt. Jedoch kann auch auf der Ruten-

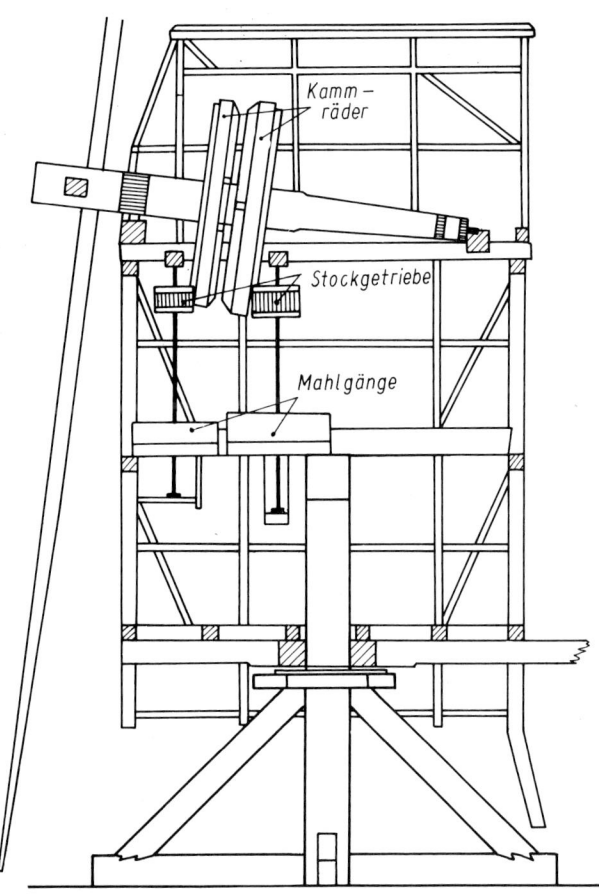

Kamm—
räder

Stockgetriebe

Mahlgänge

getriebe eingreifen und so zwei Gänge (Mahl- und Schrotgang) antreiben, gab es damals nicht. Dagegen sind Konstruktionen, wo zwei Mahlgänge durch je einen Trilling von einem liegenden Kammrad betrieben wurden, nachweisbar. Sie zählen allerdings zu den Sonderfällen, die um 1800 vereinzelt in Polen und vermutlich in Holland anzutreffen waren.

Rein typologisch zeigt die Bockwindmühle eine Vielzahl von Varianten, aus denen nur wenige herausgegriffen werden können. Nicht zu Unrecht wird dieser Mühlentyp auch oft als »Kastenmühle« bezeichnet. Der drehbare Mühlenkasten kann als Kubus oder Quader waagerecht bzw. senkrecht auf dem Bock aufsitzen. Er kann abgerundet, abgekantet und teilweise mit Anbauten (Müllerstube) versehen sein. Von der zweigeschossigen Regel abweichend, gibt es auch ein- oder mehrgeschossige Bauten. Ebenso können statt des Satteldaches das Walmdach mit Krüppelformen, das Haubendach sowie Spitzbogen- und Glockenformen auftreten. Selbst beim Baumaterial reicht die Variationsbreite von den Holzschindeln bis zu der in neuerer Zeit verwendeten Metall- und Kunststoffabdeckung. Ein besonderer Typ ist die »Flämische Bockwindmühle«, die *Jan Bruegel d. Ä.* auf vielen Gemälden dargestellt hat.

Ebenso können die Bockkonstruktionen recht unterschiedlich sein. In der Regel sitzen auf den unteren Schwellen (Kreuzschwellen) vier nach innen geneigte Balken (als innere und äußere Strebebänder ausgebildet). Sie münden in den unteren Sattel, der den Ständer umschließt. Jedoch gibt es auch andere Bockkonstruktionen, wo eine Vielzahl von Stützbalken vorhanden ist. Andererseits ist es möglich, daß der bis zum Erdboden reichende Ständer lediglich durch seitlich angelegte Kanthölzer abgestützt wird. Solche Beispiele sind

welle ein Kegelrad sitzen, das in ein zweites horizontales eingreift und so den Kraftfluß über ein darunterliegendes Stirnrad zum Trilling weiterleitet. Wie der alten Fachliteratur zu entnehmen ist, waren die Bockwindmühlen des 18. Jh. als Getreidemühlen generell eingängig. Die im Laufe des 19. Jh. eingeführte, heute noch häufig anzutreffende Form, daß zwei senkrecht auf der Rutenwelle sitzende Kammräder in Stock-

aus England bekannt geworden. In Finnland, Rumänien und Polen gibt es Bockformen, bei denen eine py-
ramidenförmige Steinaufschichtung den Ständer umschließt, so daß Holzverstrebungen wegfallen. In Bul-
garien, Rumänien und in der Sowjetunion kennt man
betont flache, rechteckige Kastenwindmühlen, die auf
quaderförmigen Stein- oder Holzsockeln gelagert
sind. Ähnliche Formen oder ganz aus Stein gemauerte
Mühlen gibt es auch in Gebieten mit konstanten Wind-

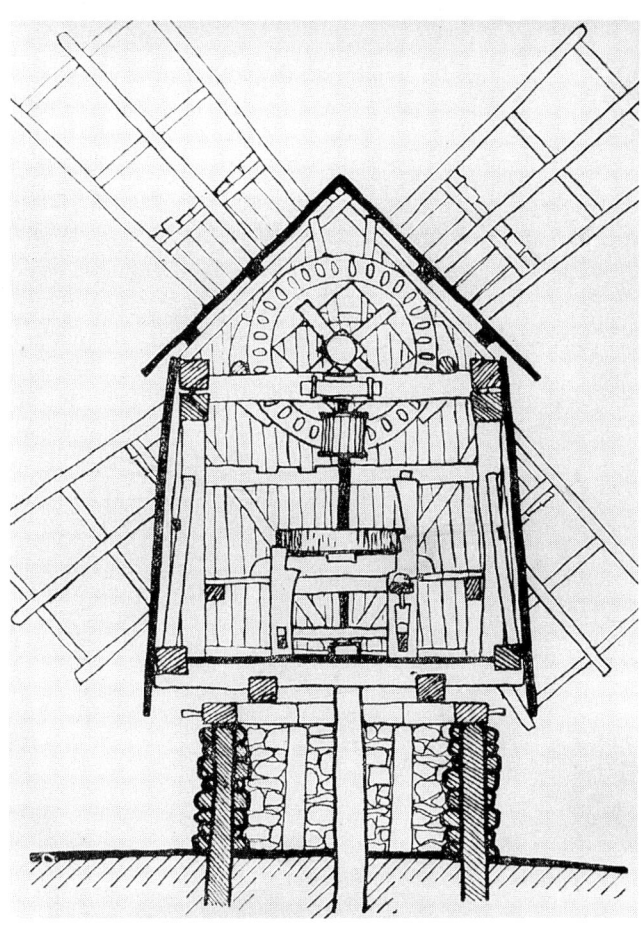

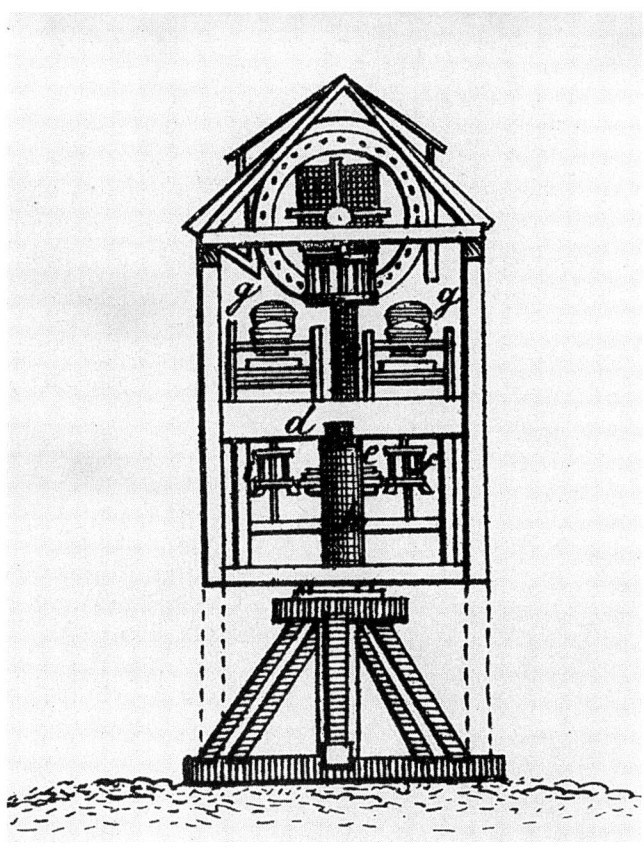

verhältnissen. Hier handelt es sich um nicht drehbare
Mühlen. Dort, wo die Geländeerhebungen fehlen,
kommt es vor, daß Bockwindmühlen auf einem hohen
pyramidenförmigen, mitunter formvollendeten Unter-
gestell drehbar gelagert sind. Dadurch lassen sich
auch die Flügel wesentlich verlängern. Solche Beispiele sind vor allem aus Belgien bekannt geworden.

Normalerweise wird der Sterz (Steert, Stert) von
Hand bedient. Jedoch kann auch in Richtung des Roll-
kreises die Drehung durch ein hölzernes Rad erfolgen.
Ebenso ist bereits am Sterz eine Windrose montiert
worden, die, wie bereits erwähnt, nach der Leeschen
Originalkonstruktion des 18. Jh. die automatische Drehung bewirkt. Das soll bei hochgelagerten Rollböcken
in England zur Anwendung gekommen sein.

Rollbockwindmühle

Die Rollbockwindmühle hat im Vergleich zur echten
Paltrockmühle einen hochliegenden Laufkranz. Der
Mühlenkörper ist in der Regel nicht eckig, sondern
rund. Nachweisbar ist dieser Typ auf den Azoren und
in Dänemark. In Brehna (DDR, Saalkreis) existiert eine
umgebaute Bockwindmühle, die auf einem Rollbock
gelagert ist.

Paltrockmühle

Bei der Paltrockmühle ist wie bei der Bockwindmühle
der gesamte hölzerne, aber meist wesentlich größere
Mühlenkörper drehbar gelagert. Er reicht aber bis zum
Erdboden und kann dort auf einem ringförmigen Steinfundament mittels eines Rad- oder Rollenkranzes bewegt werden. Nach dem Grimmschen Wörterbuch bedeutet paltrock zunächst allgemein langer Überrock
bzw. Faltenrock. In Schweden kennt man diese Bau-
form als »skenk-varn«. Das bedeutet »Mühle auf
Schienen«. In der deutschsprachigen Fachliteratur
des 18. Jh. wird sie nicht erwähnt, obwohl sie als niederländische Erfindung seit etwa 1600 bekannt sein
soll. Erst *Langsdorf* beschäftigte sich 1827 in seiner
»Maschinenkunde« mit diesem Konstruktionsprinzip.

Demnach handelt es sich um eine Abänderung der
altdeutschen Mühle, die mit dem gesamten Gebäude
auf einem grossen Kranz oder Ring ruht, der auf
Walzen in einem Rollring aufliegt. Im Saalegebiet
soll nach *Langsdorf* die erste Paltrockmühle in Kötzschau gestanden haben. Häufiger war sie in Niedersachsen anzutreffen und diente, wie auch in Holland,

Außen gelagerter Laufkranz
einer Paltrockmühle (Parey)

Paltrockmühle Kötzschau und
Fliehkraftregler (aus Langsdorf,
Maschinenkunde, Fig. 79 und
79a)

93

ursprünglich nur als Sägemühle. Heute sind noch Reste von Paltrockmühlen, die der Getreidevermahlung
gedient haben, in der sächsischen Ebene und im Saaleraum vorhanden. Meistens sind diese Objekte nicht äl-
ter als ein reichliches halbes Jahrhundert und entstanden in der Regel durch den Umbau alter Bockwindmühlen. Sie hatten eine wesentlich höhere Standsi-
cherheit und ein größeres Leistungsvermögen. Als
»Neopaltrockmühlen« werden sie nicht mit dem Sterz
gegen den Wind gedreht, sondern es wird ausschließlich die automatische Dreheinrichtung genutzt. Im Inneren ist der Aufbau ähnlich dem der Bockwindmühle
mit dem üblichen Kammrad-Stockgetriebe, oder er
gleicht dem der Turmwindmühle, wie das in Nordost-

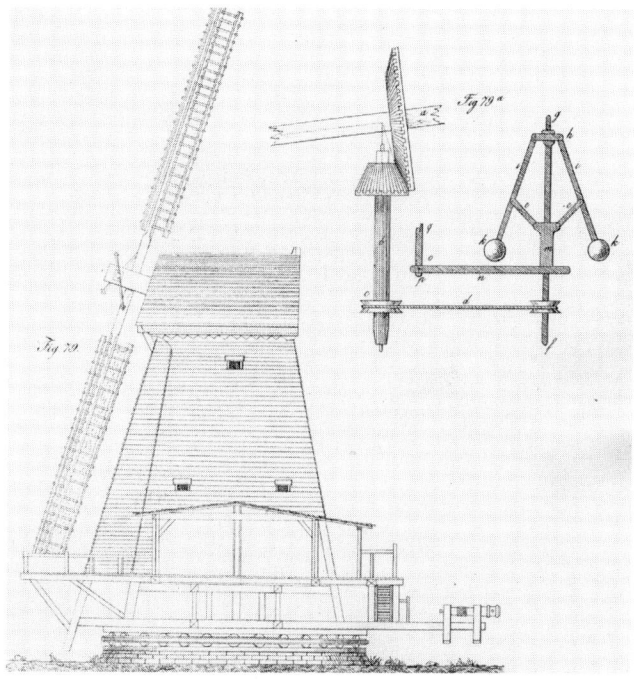

polen nachweisbar ist. Bei einigen erhaltenen Mühlen
läßt sich das Drehprinzip der Paltrockmühle heute
noch beobachten. Sie drehen sich mit Hilfe einer Windrosette, die durch eine unendliche Gelenkkette über
ein Winkelgetriebe mit dem Rollenkranz verbunden ist,
von selbst in den Wind. Paltrockmühlen gibt es noch in
mehreren europäischen Ländern.

Mächtige, als Paltrock-Sägemühlen ausgebildete
Objekte arbeiten auch heute in Holland, wo die Anzahl
einst sehr groß war. Ebenso existiert zwischen Elbe
und Saale eine Reihe von jüngeren Paltrockmühlen.
Hier sind die Funktions- bzw. Konstruktionsmerkmale
meist gut ablesbar. In Söhesten (nördlich von Hohen-
mölsen) ist das ringförmige Steinfundament z. B. als

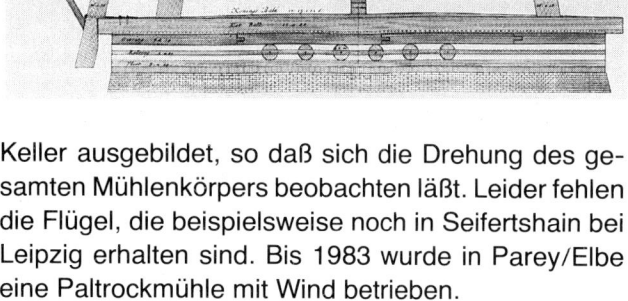

Wippmühle

Keller ausgebildet, so daß sich die Drehung des gesamten Mühlenkörpers beobachten läßt. Leider fehlen die Flügel, die beispielsweise noch in Seifertshain bei Leipzig erhalten sind. Bis 1983 wurde in Parey/Elbe eine Paltrockmühle mit Wind betrieben.

Ein weiterer, mit der Bockwindmühle verwandter Mühlentyp ist die Wippmühle (Koker, Köchermühle). Sie gilt als niederländische Erfindung des 15. Jh. Auch hier ist das gesamte obere Gehäuse (Oberhaus, Bobenhus) drehbar. In ihm waren grundsätzlich nur die Rutenwelle und das Getriebe (Kammrad-Bunkel) untergebracht, während das pyramiden- oder kegelförmige Unterhaus die Werkzeuge beherbergte. Da es sich bei die-

Zwickstellholländer (aus Linpergh). Typisch holländischer
Sterz mit Stützkonstruktion
(Schwerter), der von der Galerie
aus drehbar ist

95

sem Mühlentyp oft um Schöpfmühlen handelte, befand
sich hier die Wasserschnecke oder das seitlich angebrachte Wurfrad. Doch darüber soll im Abschnitt »Poldermühlen« näher berichtet werden. Außerdem fand
die Wippmühle in Holland als Holzsägemühle Verwendung. Als Mahlmühle wurde sie weniger genutzt. Jedoch gab es kombinierte Formen von Mahl- und Was-
serhebewerken. In dem Fall befanden sich im Oberhaus außer dem Getriebe die Mahlsteine und im Unterhaus das Schöpfrad.

Turmwindmühle

Das charakteristische Merkmal der Turmwindmühle ist
die drehbare Haube (Haubenwindmühle, Kappen-
windmühle, Holländerwindmühle sind hierauf bezogen). Die Drehung wird wiederum mit Hilfe eines eisernen Rollen- oder Räderkranzes bewirkt. Bis ins 18. Jh.
waren das sogar noch hölzerne Rollenlager, wovon die
Ölmühle von Zwijnaarde bei Gent noch heute ein Beispiel gibt. Die Verbreitung der Turmwindmühle konzentrierte sich erstrangig auf die Küstengebiete. Im
Mittelmeergebiet war die Haubenart oft in der zylindri-
schen Form weit verbreitet, so daß dafür der Ausdruck
»Mittelmeertyp« in Umlauf kam. Solche Mühlen sollen
hier schon im 14. Jh. gestanden haben. In Holland ist
die zylindrische Turmwindmühle seit dem 15. Jh. nachweisbar. Sie war aber im allgemeinen wenig verbreitet.
Typisch wurde für die Niederlande der hier beheimate-
te Achtkantständerbau.

Im allgemeinen kann die Turmwindmühle in zwei untergeordnete Arten unterteilt werden: den Mittelmeertyp und den holländischen Typ. Von dem ersteren ist
zu unterscheiden die zylindrische und leicht konische
Form. Die Flügel reichen meist bis in Erdnähe.

Erdholländer aus dem Mühlenensemble Woldegk (Achtkantständerbau). Dieser Bau dient
heute als Mühlenmuseum

Galerieholländer in Woldegk

96

Der holländische Typ, meistens als Achtkantständerbau ausgebildet, existiert als Erdholländer (die Flügel reichen fast bis zum Boden), als Kellerholländer
(Erdholländer über gemauertem Kellergeschoß) und
als Galerieholländer (auch Schwickgestell- bzw.
Zwickstellholländer genannt). Neben dem überwiegend vorkommenden Achtkantständerbau gibt es
eine runde, dem Mittelmeertyp ähnliche gemauerte
Form als Erd- und Galerieholländer. In Kinderdijk stehen sich noch heute beide Ausführungen (in Holz und
Stein) als Erdholländer gegenüber. Außerdem bringt

die niederländische Landschaftsmalerei seit dem
17. Jh. eine Fülle von Beispielen. Es sei nur an *Jacob
Isaacksz van Ruisdaels* (1629 bis 1682) »Mühle von

Nach unten sich verjüngende französische Turmwindmühle (Gemälde von Hermann Webster)

Wyk« erinnert, wo ein zylinderförmiger Galerieholländer in den gewitterschweren Himmel aufragt. Die mit Segeltuch bespannten Windmühlenflügel, der an der drehbaren Haube befestigte Sterz und das Schwickgestell sind technisch exakt wiedergegeben.

Jedoch gibt es auch Übergangsformen, die an das technologische Prinzip des Kokers erinnern. Die Mühle besteht dann aus zwei im Grundriß ringförmigen, gemauerten Geschossen stark unterschiedlichen Durchmessers, so daß ein Laufgang entsteht. Die Flügel reichen auch nur bis zur Ringfläche (Galerie) des Untergeschosses, von wo aus der Sterz gedreht werden kann. Solche Steinriesen sind auf den Azoren nachweisbar.

Im deutschen Raum fand die Turmwindmühle in mehreren Abarten seit dem 18. Jh. allgemein Eingang. Im Gebiet der DDR ist der holländische Typ besonders im Norden, vereinzelt in Thüringen, im sächsischen Flachland und im Saaleraum nachweisbar. Aber erst im 19. Jh. (besonders in der 2. Hälfte) traten öfters steinerne Turmwindmühlen an die Stelle von Bockwindmühlen. Dominierend blieb aber die Bockwindmühle, denn im mitteldeutschen Raum hatte man mit wenig Sturmschäden zu rechnen. Außerdem war die Bockwindmühle im Bau und in der Wartung preiswerter. Selbst die wesentlich größere Leistung der Turmwindmühle war nicht immer ausschlaggebend.

Im folgenden soll auf einige besondere Konstruktionen von Turmwindmühlen aufmerksam gemacht werden. So gibt es auf den Kanarischen Inseln leicht konisch geschwungene Turmwindmühlen, die um ein Viertel der Mühle einen Steintreppenlauf enthalten, der schließlich zum Eingang führt. Aus Frankreich sind Turmwindmühlen bekannt geworden, die sich nach unten verjüngen. Ein Beispiel einer überdimensional

hohen, 10geschossigen Turmwindmühle, die nach vorliegenden Grafiken als Galerieholländer ausgebildet ist, existiert in England. Dort soll es auch Turmwindmühlen mit zwei Galerien gegeben haben. Selbst Achtkantständerbauten brauchen nicht streng geometrisch zu verlaufen, sondern können in ihrer Seitengestaltung einen konkavkonvexen Schwung aufweisen. Interessante Formen von Turmwindmühlen sind auch in dem Gebiet zwischen Elbe und Harz nachweisbar, worüber das Bildmaterial Auskunft gibt.

Der grundsätzliche Getriebeaufbau der Turmwindmühle unterscheidet sich von dem der Bockwindmüh-

Ruine der Turmwindmühle bei Könnern/Saale. Als Vorbild diente der in unserer Gegend seltene Mittelmeertyp

Turmwindmühle Bachra, Kreis Sömmerda. Der massive Bruchsteinbau ist selten klobig und gedrungen

Turmwindmühle Syrau, Kreis Plauen; einzige Windmühle des Vogtlandes (Schauanlage und Museum)

Schema einer eingängigen
Turmwindmühle mit Obertrieb
(aus Langsdorf, Maschinenkunde, Fig. 217)

Mühlenmuseum Woldegk. Blick
in die Haube mit Flügelwelle und
dem darauf sitzenden Kammrad

Königswelle mit Stirnrad, das
vom Kammrad angetrieben wird;
unter dem Kammrad sichtbare
Bremsvorrichtung

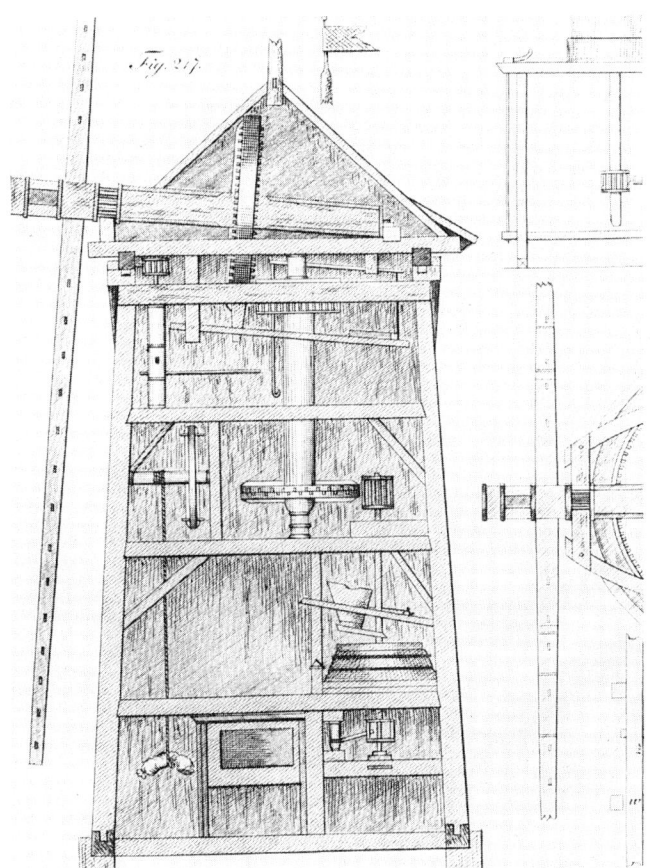

le: Auf der Flügelwelle sitzt nur ein Kammrad, das in
ein Stirnrad (Bunkler) greift. (Statt des Stirnrades kann
auch ein größerer Trilling stehen.) Die Königswelle
vermittelt den Kraftfluß vom oberen Stirnrad zum größeren unteren, das wiederum im Ober- oder Untertriebverfahren in einen oder zwei Trillinge eingreift, wo-
nach sich die Bezeichnung ein- oder zweigängige
Turmwindmühle richtet. Viergängige Turmwindmüh-

Zweigängige Holländermühle
mit Untertrieb; um den Mühlenkörper kunstvoll gestaltete
Galerie (aus Linpergh)

len kamen selten vor. Die Stockgetriebe bewegten aber nicht nur Steine zur Zerkleinerung von Mahlgut, sondern auch eine Reihe anderer Werkzeuge konnte betätigt werden. So wurden im 18./19. Jh. vor allem in Holland Papiermühlen betrieben. Auch als Sägemühle oder als Pumpwerk (Sole- bzw. Wasserhebekunst) konnte die Turmwindmühle (holländischen Typs) ausgebildet sein.

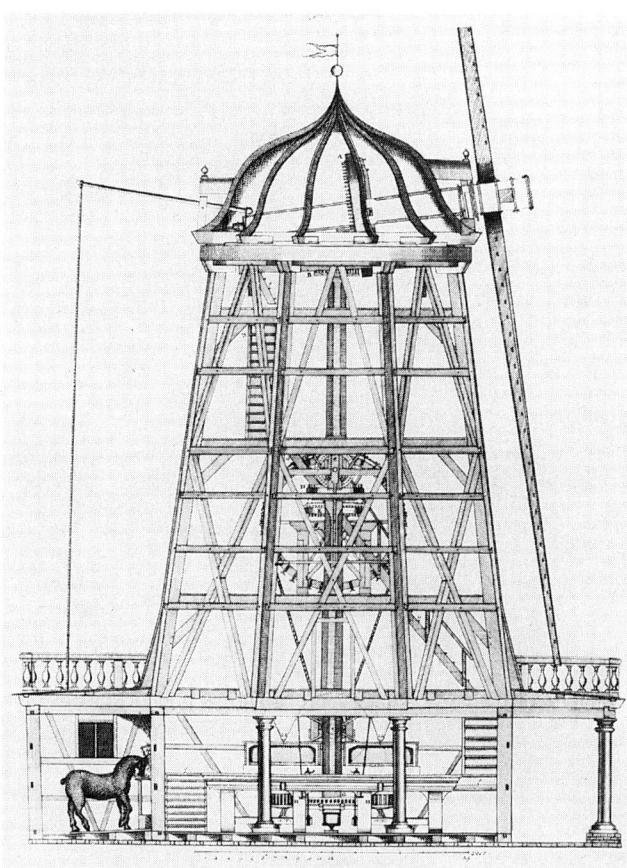

Windkünste

Die sole- bzw. wasserhebenden Windmühlen, wie *Langsdorf* sie bezeichnete, nannte man auch Windkünste oder Kunstmühlen. (Nicht zu verwechseln mit den englisch-amerikanischen Kunstmühlen.) Sie stellten auf den Salinen wichtige Kraftmaschinen zur Solehebung dar, wie sie einst in Dürrenberg, Salzelmen, Rothenfelde, Bad Sülze, Bad Nauheim und Königsborn durchgeführt wurde. 1855 betrieb letztere Saline noch 14 solehebende »Mühlen« auf ihren Gradierwerken. Windkünste, die Kolbenpumpen oder andere Hebewerke zur Wasserförderung betrieben, waren weit verbreitet, wobei der Anteil an der Gesamtzahl in den einzelnen Ländern unterschiedlich war. In Holland wurden die Windmühlen als Kraftmaschinen, besonders als Wasserhebewerke (Poldermühlen) am stärksten genutzt (s. Abschn. Hebewerke für Wasser und Sole).

Windkünste galten gegenüber den Wasserrädern als weitaus weniger verläßlich arbeitende Kraftmaschinen, denn der Wind war im Binnenland keine konstante Energiequelle. Deshalb benutzte man sie im Bergbau und Salinenwesen meist als Hilfsmaschinen.

Windturbine

Auch die alte Windmühle bekam wie die Wassermühle einen würdigen Nachfolger, das war die Windturbine (Windrad, Windmotor, Windkraftanlage). Sie hat, im Gegensatz zur Windmühle mit ihrer geringen Zahl von drei bis fünf Flügeln, zahlreiche Flügelschaufeln. Während bei der Windmühle als Baumaterial hauptsächlich Holz verwendet wird, besteht die Windturbine aus

Windkunst des ehemaligen Gradierwerkes V in Bad Dürrenberg (vor dem Abbruch)

Königswelle mit Stirnrad der abgebauten Windkunst von Bad Dürrenberg

Stahl. Sie eignet sich ganz besonders zum Antrieb von Pumpenwerken für Bewässerung, Wasserversorgung und Entwässerung. Windturbinen haben neben der großen Steuerfahne in der Regel noch eine Hilfsfahne. Sie soll beim Auftreten von Sturm das Flügelrad aus

dem Wind herausdrehen und Beschädigungen verhindern. Sobald der Sturm nachläßt, geht das Flügelrad durch eine Federkraft wieder in die ursprüngliche Lage zurück.

Nach wie vor spielen die Windturbinen, besonders im Hinblick auf die schwindenden Energievorräte, eine beachtenswerte Rolle, und das vor allem in der Landwirtschaft und im Meliorationsbau (Be- und Entwässerung mit Hilfe von Pumpen), in der Teich- und Fischwirtschaft, in der Viehtränke, zur Belüftung von Gewächshäusern u. a. Das sind nur einige Beispiele, die die Verwendung von Windturbinen veranschaulichen sollen. Der Grundgedanke ist dabei, die natürliche Windenergie, die kostenlos zur Verfügung steht, zu nutzen. Jedoch ist die Erstellung der Windkraftanlage kostenaufwendig, was zum Teil durch die geringen Aufwendungen zur Wartung, Bedienung und Instandhaltung aufgewogen wird. Der große Nachteil der Energieschwankung, der Flauten und der Bruchgefahr bei Sturm kann auch wie bei den alten Windmühlen nicht restlos durch Speicherung und Sicherung beseitigt werden.

Über Perspektiven zur Windenergienutzung (Pumpstationen, Kraftwerke) in den verschiedenen Staaten der Erde ließe sich ein ganzes Buch schreiben. Es sei deshalb nur auf Holland verwiesen. Hier sollen die alten Windmühlen neue Nachbarn bekommen. Man versucht, dem Energiemangel durch den Einsatz von Windkraftwerken zu begegnen, da der Wind unbegrenzt und relativ konstant zur Verfügung steht. Die niederländische Regierung ließ sogar ein »Windenergieprogramm« ausarbeiten. Danach sollen in sogenannten Windmühlenparks (auch Windkraftparks genannt) 5000 Windturbinen in Hundertergruppen aufgestellt werden. Dieser »Windstrom« würde dann dem

Wind-Wasser-Mühle von Hüven
(BRD). Mit der unterschlächtigen
Wassermühle ist ein typischer
Galerieholländer (Achtkantstän-
derbau) verbunden

102

Energieverbundnetz zugeleitet. Jedoch stehen dem
Riesenprojekt noch Schwierigkeiten entgegen, die besonders den Standort und den Lärm der künftigen Anlagen betreffen.

Schon lange haben aber neben der Elektroenergie
surrende Windräder von Pumpstationen die Aufgabe
der alten Poldermühlen übernommen.

Doppelmühlen

Eine Sonderform im Mühlenbau sind die durch mehrere
Antriebskräfte betriebenen Mühlen. Dabei handelt es
sich um einen Gedanken, der schon in alten Maschinenbüchern auftaucht und in Holland sowie im westdeutschen Raum in die Tat umgesetzt wurde. Das tref-
fendste Beispiel gibt die Wind- und Wassermühle Hüven. Diese im Emsland in der Nähe von Schloß Cle-
menswerth (BRD) gelegene Mühle wurde angeblich im
17. Jh. als Wassermühle erbaut und erhielt Anfang des
19. Jh., weil das Raddeflüßchen nicht genügend Wasser lieferte, als Aufstockung die Windmühle. Dieser
Bau ist als schindelbedeckte Holzkonstruktion im Stile
eines Galerieholländers auf sechseckigem Grundriß
errichtet. Die Wassermühle ist ein mit Ziegel- und
Lehmausfüllung schlicht gestalteter Fachwerkbau, der
mit einem ziegelgedeckten Krüppelwalmdach ab-
schließt, auf dem sich unmittelbar der Galerieholländer
erhebt. Das Wasserrad ist giebelseitig angebracht. Die
Kraftübertragungsanlagen der Wasser- und Windmühle sind ein- und auskuppelbar mit den Gängen
verbunden.

Gegenüber dieser Doppelmühle lag früher noch
eine kombinierte Öl- und Walkmühle, die allerdings nur
durch ein unterschlächtiges Wasserrad angetrieben
wurde. Damit bot Hüven wohl das prächtigste Beispiel

eines Mühlenensembles in Niedersachsen. Heute gilt die übrig gebliebene Wind- und Wassermühle als erstrangiges technisches Denkmal, das von der »Vereinigung zur Erhaltung der Wind- und Wassermühlen in Niedersachsen« betreut wird. Ein zweites ähnliches, aber flügelloses Objekt befindet sich in Petershagen-Lade (BRD).

Doppelmühlen, die als Kombination einer Wind- und Roßmühle (Göpelwerk) arbeiteten, waren im Bergbau und Wasserbau anzutreffen. Auch gab es Doppelmühlen, die aus Rädern verschiedener Beaufschlagung bestanden. In späterer Zeit arbeiteten vereinzelt Objekte, wo die alten Windmühlen mit Lokomobilen gekoppelt waren.

Technologie der Mühlen in Handwerk und Gewerbe

Technologie

Verstand man anfänglich unter Technologie, wie 1744 bei *Zedler* nachzulesen ist, die Kunstwörterlehre, so erhebt bereits 1777 *Beckmann* die Technologie zur Wissenschaft. Seine Definition sollte in der Folgezeit richtungweisend bleiben: Technologie ist die Wissenschaft, welche die Verarbeitung der Naturalien, oder die Kenntniß der Handwerke, lehrt. Anstatt daß in den Werkstellen nur gewiesen wird, wie man zur Verfertigung der Waaren, die Vorschriften und Gewohnheiten des Meisters befolgen soll, giebt die Technologie, in systematischer Ordnung, gründliche Anleitung, wie man zu eben diesem Endzwecke, aus wahren Grundsätzen und zulässigen Erfahrungen, die Mittel finden, und bey der Verarbeitung vorkommenden Erscheinungen erklären und nutzen soll.

So gilt *Beckmann* als Begründer der allgemeinen und chemischen Technologie, wie er es selbst ausdrückt. Er hatte als erster gewagt, die Bezeichnung Technologie statt Kunstgeschichte (die seit der zweiten Hälfte des 19. Jh. eine ganz andere Sinndeutung hat) für handwerkliche und manufakturmäßige Produktionsabläufe zu gebrauchen. Diesem Definitionswandel ist nach dem Erscheinen des Ständebuches von *Johann Christoph Weigel* (1698) und der »Handwerke und Künste in Tabellen« (1767 bis 1774) von *P. N. Sprengel* und *O. L. Hartwig* besondere Bedeutung beizumessen. Jedoch hat damit *Beckmann* keinesfalls das Wort »Kunst« aus seinem Vokabular gestrichen. Er setzt »Kunst« gleich »Können«. Jede handwerkliche Tätigkeit ist also eine Kunst. Hieraus resultiert seine Definition des Handwerks: Die Kunst, die rohen oder schon bearbeiteten Naturalien zu verarbeiten, heißt ein Handwerk. Der, welcher diese Kunst besitzt, und als ein Gewerb treibt, heißt ein Handwerker. Meister heißt der, welcher ein Handwerk für eigene Rechnung treiben, und es andere lehren darf. In den weiteren Ausführungen *Beckmanns* wird dieser Gedanke noch einmal aufgegriffen und wie folgt formuliert: Kunst wird jedes Geschäft genannt, welches nach gewissen Vorschriften oder Regeln, mit einer durch Uebung erlangten Fertigkeit, verrichtet wird. Jedes Handwerk ist eine Kunst, aber nicht jede Kunst ist ein Handwerk.

Den Begriff »Gewerbe« sieht *Beckmann* wesentlich umfassender: Gewerb heißt ein jedes Geschäft, welches in der Absicht getrieben wird, um dadurch Unterhalt zu gewinnen. So zählt er u. a. neben dem Handwerk den Bergbau, die Landwirtschaft, auch die Musik und die Wissenschaften dazu.

Beckmanns Schüler, der spätere Technologie-Professor *Poppe*, gibt 1837 folgende Definition: Technologie, Kunstlehre oder Manufakturenlehre ist die Wissenschaft, welche die Verarbeitung und Veredlung der Naturprodukte lehrt, oder alle Mittel angibt, wodurch die Naturprodukte (die Materialien) in Waaren umgeschafft werden können. Sie beschreibt also die Handwerke, Fabriken und übrigen Gewerbe, welche jene Verarbeitung vornehmen mit allen dazu gehörigen Mitteln und Geräthschaften. Er präzisiert und erweitert damit die Ausgangsdefinition seines großen Lehrers. Ebenso unterscheidet er die schönen oder freyen Künste (»Malerkunst«, »Bildhauerkunst«) von den technischen Künsten. Die Technologie selbst unterteilt er in Allgemeine Technologie und in Besondere oder Specielle Technologie.

Die im folgenden zu besprechenden Mühlen sind im

Poppeschen Sinne greifbare spezielle Technologie,
denn sie lehrt die verschiedenen Arbeiten in den
Produktionsstätten mit den dazu dienenden Mitteln,
Werkzeugen und Maschinen nach der Stufenfolge
ihrer Anwendung. Das ist ein sehr weites Feld, wenn
man bedenkt, daß die meisten Produktionsabläufe für
den Antrieb das Wasser und zum Teil die Windkraft be-
nötigten.

Alle handwerklichen und gewerblichen Tätigkeiten
zu berücksichtigen oder gar zu behandeln, hieße, ein
umfassendes Kompendium über die »Werk- bzw. Industriemühlen« – wie sie in der Fachliteratur bezeichnet werden – zu schreiben. Deshalb konnten nur, von
den Werkzeugen ausgehend, einige Grundtechnolo-
gien mit ihren Besonderheiten ausgewählt werden. Die
Mahlmühle wird dabei als Ausgangspunkt und »Va-
riante« der »Industriemühlen« gesehen.

Es war keine Seltenheit, wenn Mühlen ihre Ausstat-
tung und damit ihre Technologie total veränderten. So
war im Mansfeldischen z. Z. der »Kipper und Wipper«
(Münzverschlechterer durch Umprägung) im 16./
17. Jh. aus mancher Mahlmühle ein Prägewerk geworden. An der Pegnitz im Gebiet der Fränkischen Alb
wurden schon im 15. Jh. Mahlmühlen zu Drahtziehmühlen umgestellt. Umgekehrt vertauschten Kupfer-
mühlen die Pochstempel gegen Mahlsteine. Der Antrieb blieb also grundsätzlich erhalten, die Technologie
konnte sich dagegen innerhalb des gleichen Gebäu-
des völlig ändern. Auf weitere Beispiele wird noch an
anderen Stellen verwiesen.

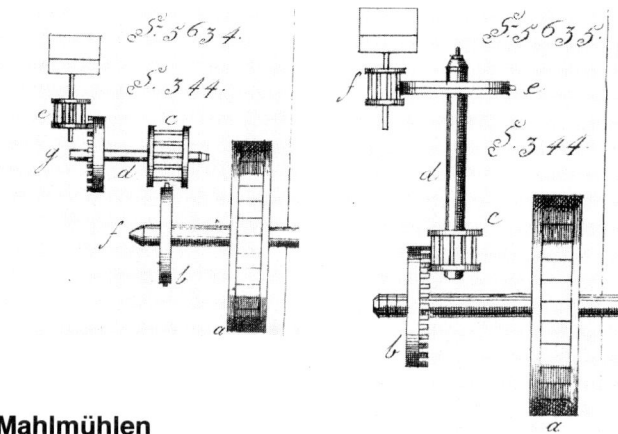

Mahlmühlen

Unter Mahlen versteht man nach *Poppe*, die verschiedensten harten Produkte, wie Getreide, Gewürze, getrocknete Eichenrinde (zum Gebrauch in der Lohger-
berei), gebrannten Kalk, Gips, Knochen, Farben, Erze,
Pfannen- sowie Dornstein u. a., mittels harter, rauher
oder schneidender Werkzeuge in kleinere Stücke
oder in Pulver zu verwandeln. Einige dieser Produkte sind im Poch- oder Stampfwerk vorzerkleinert und
werden dann im Mahlwerk weiter verarbeitet. Als
Mahlwerkzeuge dienen meist die Mahlsteine, wobei ein
Stein (Bodenstein) feststeht und der zweite (Ober-
stein) als sogenannter Läufer bewegt wird. Der Antrieb
erfolgt mit Wind- oder Wasserkraft. Zur Kraftübertragung bei Wasserradantrieb werden in der Regel liegende oder stehende Vorgelege zwischengeschaltet.

Getreidemühle

Im folgenden soll in kurzer Form die Technologie der
Mehlgewinnung, wie sie noch im frühen 19. Jh. üblich
war, dargelegt werden. Generell sind dazu zwei Ar-

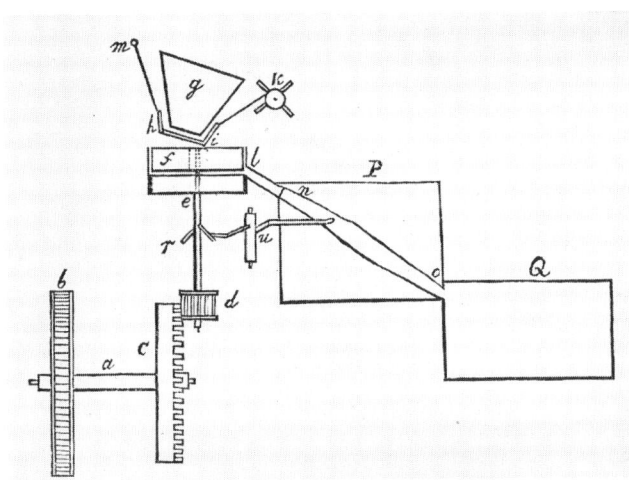

beitsgänge erforderlich: das eigentliche Mahlen und das Beuteln. Das erste geschieht im Mahlwerk und das zweite im Beutelwerk der Mühle. Über den Aufbau und die Funktion dieser beiden Werke unterrichtet uns *Poppe* durch eine übersichtliche Prinzipskizze, die durch einige Erklärungen erläutert werden soll: Vom Wasserrad (oder von anderen Antriebsmaschinen) (b) wird über die Radwelle (a) die Kraft zum Kammrad-Stockgetriebe (c, d) und von diesem nach dem Mahlgang übertragen. Die Getriebewelle (e) heißt Mühlspindel oder Mühleisen, das mittig durch den Bodenstein geht und den Läufer (f) trägt und bewegt. Das Mühleisen ist deshalb über die »Haue« fest mit dem Läufer verbunden. In diesem befindet sich das Läuferauge, durch das das Getreide fällt, um zwischen den Steinen vermahlen zu werden. Das Getreide wird in einen trichterförmigen Behälter (g), den Rumpf, geschüttet und gelangt über den Schuh bzw. Rüttelschuh (h, i) durch eine Öffnung zum Läuferauge. Das Rütteln des Schuhs wird von dem umlaufenden Mühlstein (f) durch

einen Mechanismus ausgelöst, der den mit dem Schuh verbundenen Rührnagel bewegt und dadurch das Rütteln bewirkt. Die Zarge, ein faßartiger Behälter, umschließt die Mahlsteine und hält das zermahlene Getreide so beisammen, daß es nur durch das Mehlloch abfließen kann. Da der Schuh schwebend mit Riemen an der Rumpfleiter (m) und an einer kleinen Winde (k) befestigt ist, kann er gehoben und gesenkt werden. Dadurch verändern sich auch die Größe der Auslauföffnung und die Menge des zwischen die Mahlsteine einfließenden Getreides. Ebenso kann der Abstand zwischen den beiden Mahlsteinen durch eine Schraubenspindel mit Mutter vergrößert oder verkleinert werden. In der Fachsprache nennt man diese Veränderung »die Mühle stellen«.

Von guten Mahlsteinen erwartete man Härte und Porosität. Nur dann gibt es, nach Meinung der alten Mühlenbauer, eine Menge scharfer schneidender Ecken und Kanten, welche durch das Rauhhauen der einander zugekehrten Flächen noch mehr hervorgelockt werden. Die Andernacher-Mühlsteine (von Andernach am Rhein) und die Champagner-Mühlsteine (aus Frankreich importiert), beide vulkanischen Ursprungs, besitzen jene Eigenschaften in vorzüglichem Grade. In die Flächen solcher Steine brauchen auch nicht einmal Rinnen, die von der Mitte des Steins, geradlinig oder bogenförmig nach der Peripherie hin laufen, eingehauen zu werden, welches sonst geschieht, um das Getreide besser nach der Peripherie hinzuleiten und zugleich kühlende Luft nach demselben hinzuführen. Ergänzend zu diesem Zitat aus *Poppes* Technologischem Wörterbuch ist auf die historischen Mühlsteinbrüche bei Jonsdorf, Crawinkel, Rothenburg/Saale und am Kyffhäuser zu verweisen.

Je größer der Stein, um so geringer ist die zumutba-re Drehzahl; das war früher eine allgemeine Regel. *Poppe* gibt dazu folgende Richtwerte für den Läufer an: Beträgt der Durchmesser 3 Fuß, dann kann die Umdrehungszahl 200 je Minute betragen, bei 4 Fuß sind es 120 je Minute und bei 6 Fuß 82 je Minute. Eine Unterscheidung von Mahl- und Schrotgang war zu die-ser Zeit noch nicht üblich, da man die Mehlgewinnung reichlich unwirtschaftlich betrieb.

Zur eigentlichen Mehlgewinnung diente das Beutel-werk, das ebenfalls auf der Skizze dargestellt ist. Dem-nach gelangt das Mahlprodukt durch das Mehlloch (I) der Zarge und eine Röhre bzw. einen Schlauch in den Mehlbeutel (n, o). Dieser besteht aus einem Spezial-gewebe, dem Beuteltuch, wovon es in besonderen Manufakturen hergestellte feinere und grobere Sorten gab. Der Mehlbeutel ist mit den Öffnungen (n oder o)

im Mehlkasten (P) ausgespannt und wird von einem durch die Zacken der Trillingswelle in Bewegung ge-setzten Hebelsystem ständig geschüttelt. So fällt das feine Mehl durch das Gewebe des Beuteltuches in den Mehlkasten. Der Rest gelangt in den »Kleyenkasten« (Q). Will man ein feines weißes Mehl erhalten, dann muß der Abstand zwischen den Mahlsteinen groß sein. Die Kleie enthält dann aber noch viel Mehl, das im »Kleyenkasten« aufgefangen und noch einmal zu einer minderwertigeren Mehlsorte vermahlen werden kann. Angestrebt wurde, das Getreide zu zerschnei-den und nicht zu zerquetschen, um ein Heißlaufen der Mahlsteine zu vermeiden. Das Befeuchten des Mahl-gutes wird hierbei abgelehnt, weil dadurch eine Qualitätsverminderung des Mehls unvermeidbar ist. Längst ist in der alten handwerklichen Mahlmühle der Beutelkasten durch den Plansichter ersetzt. Was ge-

Kammrad (mit einer Kette fest-
gelegt) und Mahlgang der ab-
gebrannten Paltrockmühle bei
Parey/Elbe

108

blieben ist, sind die Mahlgänge, die neben den Walzenstühlen noch lange in Betrieb waren und noch heute in Wind- und Wassermühlen anzutreffen sind. Gelegentlich werden die alten Mahlgänge zum Schroten
genutzt.

Poppe beschreibt neben der altherkömmlichen
Mehlgewinnung auch die damals modernen englisch-
amerikanischen Mühlen, die sogenannten Kunstmühlen, die in der ersten Hälfte des 19. Jh. im deutschen
Raum Fuß faßten. Sie gewährleisteten gegenüber der
alten Mahlmühle eine Ausbeute von 94 bis 96 %. Die

Grundtechnologie blieb aber zunächst unverändert.
Als Antriebsmaschine dienten wiederum Wasserräder, die später durch die Dampfmaschinen abgelöst
wurden. Die Technologie der Mahlmühle des 19. Jh.
wurde vor allem durch die Kunstmühle bestimmt.

Poppe beschreibt die englisch-amerikanische Mühle nur allgemein. In einem Aufsatz von *Buschendorf*
aus dem Jahre 1797 im Leipziger »Journal für Fabrik,
Manufactur, Handlung und Mode« ist über die erste
mehrstöckige, großräumige amerikanische Kunstmühle, die 1785 von *Thomas Elicott* erbaut wurde, zu
lesen. Sechs Mahlgänge wurden von drei Wasserrädern betrieben. Die Mehlfabrikation ging auf mehreren
Ebenen vor sich, wobei der Transport des Getreides
und Mahlgutes von Elevatoren bzw. Förderschnecken
übernommen wurde. Dieser durchgreifenden Techni-
sierung war die alte Mahlmühle weit unterlegen.

Zehn Jahre später wurde die Konstruktion von dem
bedeutenderen Berufskollegen *Oliver Evans* übernommen. *Evans* ist vor allem durch sein für den Mühlenbau richtungweisendes Werk »The Young Mill-
wright Guide« bekannt geworden. Die von ihm und *Elicott*
stammenden Zeichnungen stimmen in den Grundzügen überein.

Zur historischen Technik der Getreidemühlen gehören auch Walzenstühle. Die Idee, neben dem Mahlstein eine Walze zu benutzen, ist nicht neu, denn der
walzenförmige Mahlstein wurde schon in archaischer
Zeit verwendet. Nun kehrte man zur Walze zurück.
Walzenstühle traten an die Stelle der alten Mahlgänge
oder wurden gleichzeitig betrieben. Viele Wind- und
Wassermühlen enthalten noch eine Reihe solcher Objekte der verschiedensten Fabrikate und Baujahre, die
heute schon Denkmalwert haben. Eine erste transpor-
table »Walzenmühle« beschreibt bereits *Ramelli* im

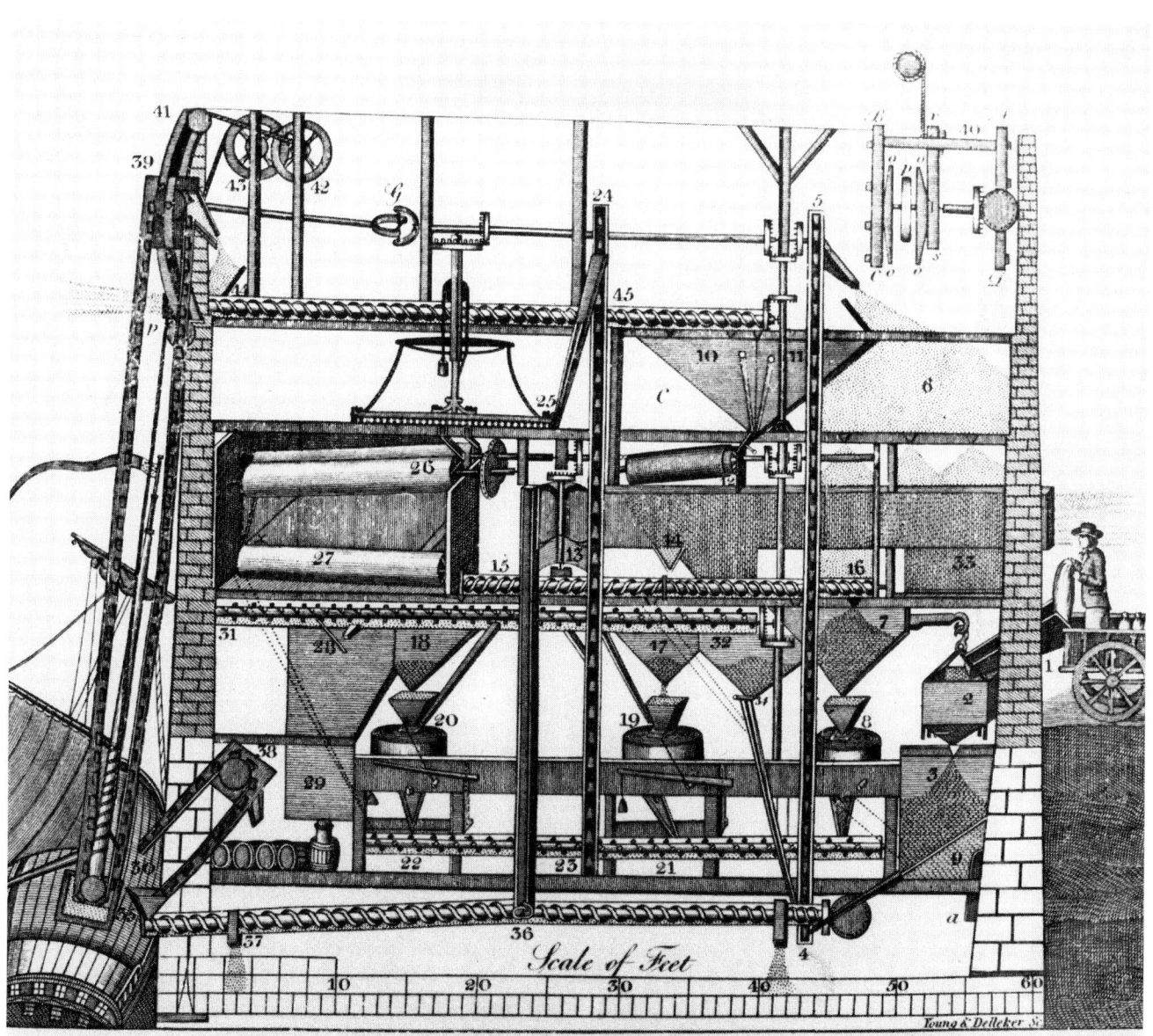

160   SchatzKammer

Das ein vnd sechtzigste Capitel.

Dieses ist eine art einer Mühlen/welche fort=
getragen werden mag/auch an allen Orten vnd
jederzeit dienstlich ist/bevorab weil ein Mann
alleine gantz leichtlichen mit der derselbigen
mahlen kan.

Nemlichen/er treibet mit einer Handheben vmb das
eiserne Rad in der Decke K. derer besser verständ=
nis zu haben dienlichen ist/zuvor zubeschreiben/wie
sie nebenst dem Rade gemachet sey. Ist derowegen solche
Decke von eisen gemachet/verschlossen/vnd ringes herumb
wol versperret/hat nur eine öffnung vber jhrer circumfe=
rentz/zu welcher das Korn hienein geschittet wird/vnd auff
einer Seiten eine andere/zu welcher das Mehl herausser fel=
let/sie ist inwendig rings herumb gereifft/wie der Abriß I L.
ausweiset/vber das auch fest vnd vnbeweglich/Das Rad so in
gemelter Decke stecket/ist (inmassen oben angedeutet) von
eisen zugerichtet/vnd gleichsfals ringßherumb gereifft/Ver=
schleift sich auch inwendig solcher Decke mit den Schrauben/
vnd verfüget oder vereiniget sich mit derselben Seidtwerts/
doch von einer Seiten mehr als der andern/damit das Mehl/
vmb deme es nicht auff die andere Seiten kommen kan/zu
den Canälen P. in den Kasten/so man vntersetzet heraus=
falle/Wann nun obberührter Mann/wie gesaget/das Rad
in der Decke vmbtreibet/mählet sich das Korn/so aus
dem Rumpff R. in gemelte Decke/durch die
Spalte I. herein fellet.

Mechanischer Künste.   161

Die ein vnd sechtzigste Figur.

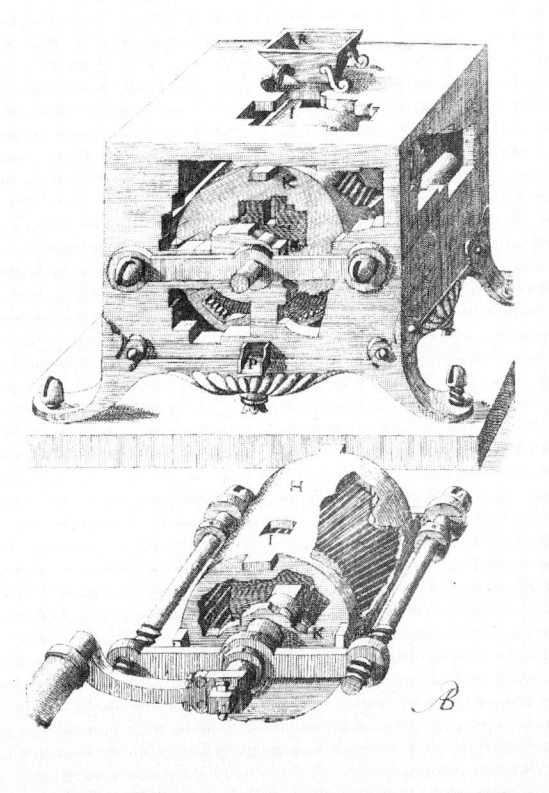

Jahre 1588. Im 18. Jh. sollen in England vereinzelt eiserne Walzen zur Herstellung von Hausmehl und Futterschrot verwendet worden sein. Im allgemeinen schreibt man aber die Erfindung des Walzenstuhls dem Züricher Ingenieur *Sulzberger* zu, der 1834 die allmähliche Einführung der Walzenmüllerei in Gang gebracht haben soll. Das war die wichtigste und bahnbrechendste Neuerung in der Technologie der Ver-

Walzenstuhl nach Sulzberger
(Schnitt)

Erzmühle (aus Agricola). Die
Wasserradwelle A. Das Was-
serrad B. Das Kammrad C. Das
Getriebe D. Seine eiserne
Welle E. Der obere Mühlstein
F. Der Trichter G. Das höl-
zerne Gerinne H. Der Aus-
trag I.

111

mahlung. Erste Walzenmühlen sind in Budapest,
Warszawa, Triest, München, Szczecin, Mainz und
Leipzig nachzuweisen. Im Jahre 1873 erfindet *Friedrich Wegemann* die Porzellanwalzen und wird damit
zum Wegbereiter für die allgemeine Nutzung des
Walzenstuhls. Heute kommen meist geriffelte Hart-
gußwalzen zur Anwendung. Die weitaus rationeller ar-

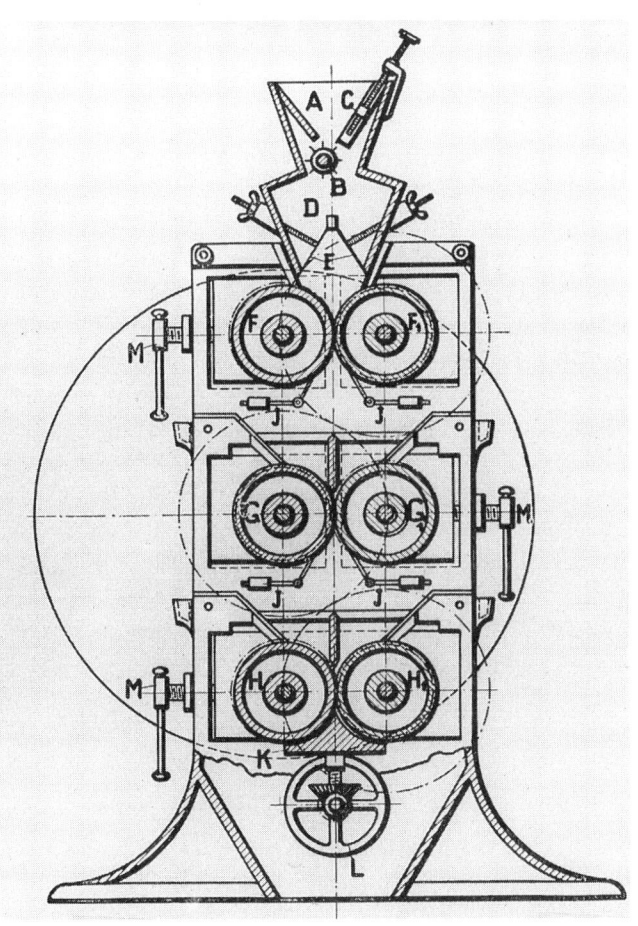

beitenden Walzenstühle verdrängten immer mehr die
alten Mahlgänge.

Wie manches Novum der Mühlentechnik wurde
auch der Walzenstuhl in anderen Produktionsstätten
genutzt. So findet man ihn z. B. in Salinen zur Zerkleinerung des Speisesalzes und in Farbenfabriken als
Farbenreibmaschinen.

Erzmühle

Von den weiteren Möglichkeiten, Mahlwerkzeuge zur
Zerkleinerung von Naturprodukten einzusetzen, verdient die bei *Agricola* im »De re metallica« abgebildete
und mit einem Wasserrad betriebene Erzmühle be-

sondere Beachtung. Dazu gibt *Agricola* folgende Erklärung: Das Golderz und auch die Zinnerze (Zwitter) werden mit Hämmern zerkleinert oder gepocht und dann zu Mehl gemahlen. Die erste Mühle, die durch Wasserkraft betrieben wird, ist folgendermaßen gebaut: Die Welle wird nach dem Zirkel gerundet oder eckig hergestellt, ihre eisernen Zapfen laufen in offenen eisernen Pfannen, die in das Mühlgerüst eingebaut sind. Die Achse wird durch ein Rad angetrieben, dessen am Umfange angebrachte Schaufeln durch das strömende Wasser getroffen werden. Auf der Achse sitzt ein Kammrad, dessen Kämme seitlich befestigt sind; diese treiben das Getriebe, dessen Kämme aus sehr hartem Holz hergestellt sind. Letzteres sitzt auf einer eisernen Welle (Mühleisen), die unten einen Zapfen hat, der sich in einer eisernen Pfanne des Mühlgerüstes dreht, oben trägt sie die Haue (ein Querstück, das in die untere Fläche des Mühlsteines eingelassen ist), welche den Mühlstein hält. Wenn die Kämme des Kammrades das Getriebe antreiben, läuft die Mühle um, auf die der darüberhängende Trichter durch einen Austrag das Erz aufträgt. Das zu Mehl gemahlene Erz tritt aus dem runden, kreisförmigen Gerinne in den Austrag, fällt auf den Boden, häuft sich dort an und wird zur Wäsche geführt. Da diese Art zu mahlen es erfordert, daß der Mühlstein höher oder tiefer gestellt werden kann, wird das Lager der stehenden Welle von zwei Hölzern unterstützt, die mittels Hebebäumen und durchgesteckten Bolzen höher oder tiefer verlagert werden können. Es folgen weitere Beschreibungen von Roß- und Tretmühlen, die Mahlwerke betreiben, aber hier nicht von Interesse sind.

Poch- und Stampfwerke

Die Pochwerke (Pochmühlen, Pochzeuge) unterscheiden sich von den Stampfwerken (Stampfmühlen, Stampfmaschinen) nur durch einige konstruktive Varianten und ihren praktischen Einsatz. Pochwerke wurden seit *Agricola* (und früher) im Bergbau zur Erzzerkleinerung und später auf den Salinen zur Zerkleinerung des Dorn- und Pfannsteins eingesetzt. Der grundsätzliche Aufbau der Poch- und Stampfwerke besteht aus einer Reihe von hölzernen Pochstempeln (Stampfen), die meistens unten mit Eisen beschlagen sind. Sie werden durch eine mit oder ohne Vorgelege vom Wasserrad betriebene Daumenwelle (Welle mit Hebearmen) gehoben, um durch freien Fall in den Pochtrog bzw. in die Grube zurückzufallen. Dabei wird das Material zerkleinert. Das Gewicht der Pochstempel wird von *Poppe* in der Größenordnung von 70 bis 225 Pfund angegeben. Bezüglich des Einsatzes dieser Zerkleinerungsmaschinen wird auf Pulvermühlen, Lohmühlen (Zerkleinerung der Gerbstoffe), Ölmühlen, Tabakmühlen, Kalk- und Gipsmühlen, Flachsstampfen u. a. verwiesen. Des weiteren unterscheidet *Poppe* ober- und unterschlächtige Poch- bzw. Stampfwerke und innerhalb der Pochwerke trockene und nasse. Außerdem wird in der alten Literatur auf die den »Stampf-Pochwerken« konstruktiv ähnlichen »Hammer-Pochwerke« verwiesen, wie überhaupt ein ähnlicher Aufbau zwischen allen Poch-, Stampf- und Hammerwerken besteht. Ein Pochwerk ist in der Zinnwäsche Altenberg (Erzgebirge) zu besichtigen. Des weiteren sei auf das Pochwerk am Tobiashammer Ohrdruf verwiesen.

Die Papier-, Öl- und Pulvermühlen sind neben anderen Werkzeugen durch Stampfwerke gekennzeichnet.

»Holländer« (aus Sturm, Tab.
XXVI, Fig. 1 und 2)

Papiermühle mit Stampfen und
»Holländern« (aus Beyer, J.M.,
Tab. XXXII)

113

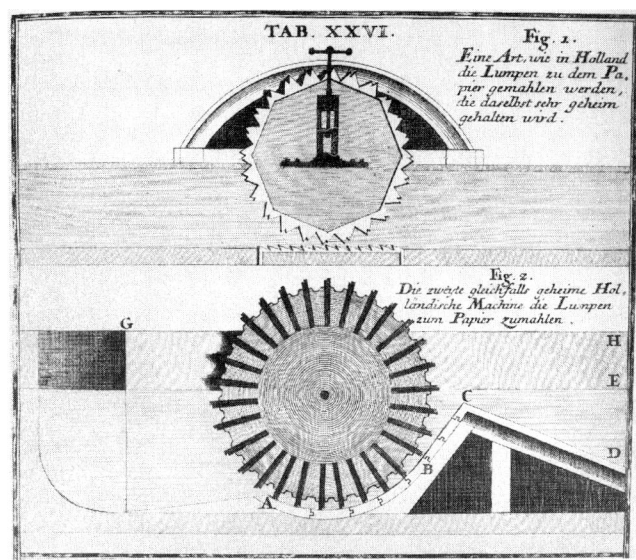

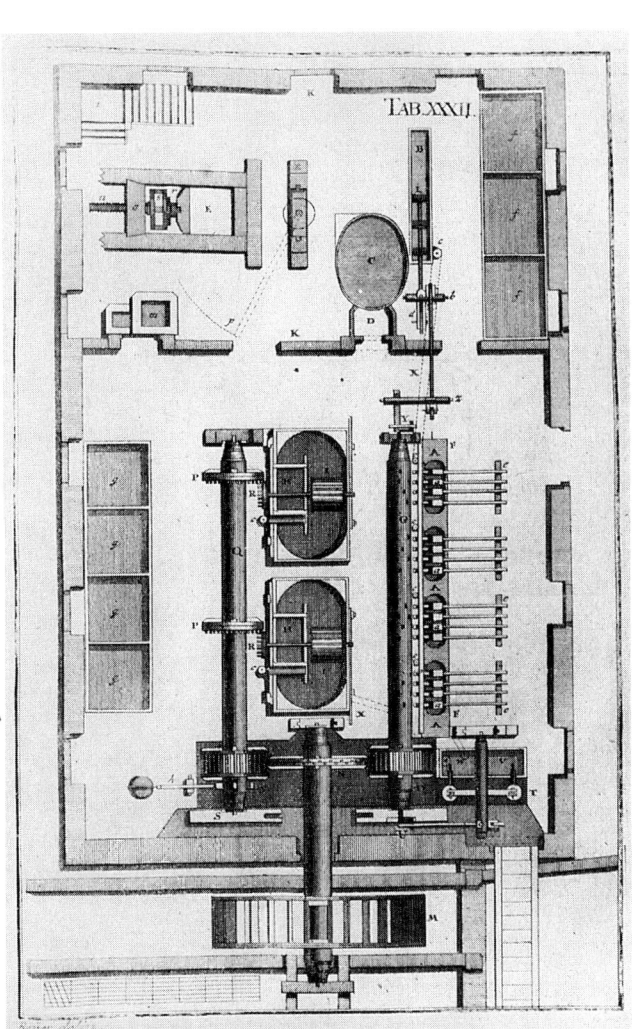

Papiermühle

Das Rohmaterial für die Papierherstellung bildeten bis zur Erfindung des Keller-Völterschen Holzschliffverfahrens die Lumpen, worüber *Beckmann* folgendes berichtet: Die angefaulten Lumpen werden feucht ins Geschirr, oder in die Stampfmühle, gebracht. Die Theile der Mühle sind: das Wasserrad, die Daumenwelle; die mit Eisen beschlagenen Stampfen oder Hämmer (Aufwerfhämmer, der Verf.), welche mit ihren Schwingen in den Hinterstauden, Hinterständern, hängen, und zwischen den Vorderstauden niederfallen. Weiterhin berichtet *Beckmann*, daß der waagerecht liegende Löcherbaum 5 bis 10 ovale Löcher enthält, in denen sich die Lumpen befinden, in jedes Loch fallen drey oder vier Hämmer. Eine Rinne leitet Wasser in den Löcherbaum, welches durch das Sieb (oder den Kas) wieder abläuft.

Das in viereckige Haufen geschlagene und im Zeugkasten getrocknete Halbzeug wurde früher

Ehemalige Windpapiermühle Leipzig-Stötteritz (aus Ludwig, J. Chr.: Beschreibung u. Abbildung meiner unweit Leipzig i. J. 1804 durch den Zimmermeister Lüders erbaueten Windpapiermühle nach holländischer Art. Leipzig 1820)

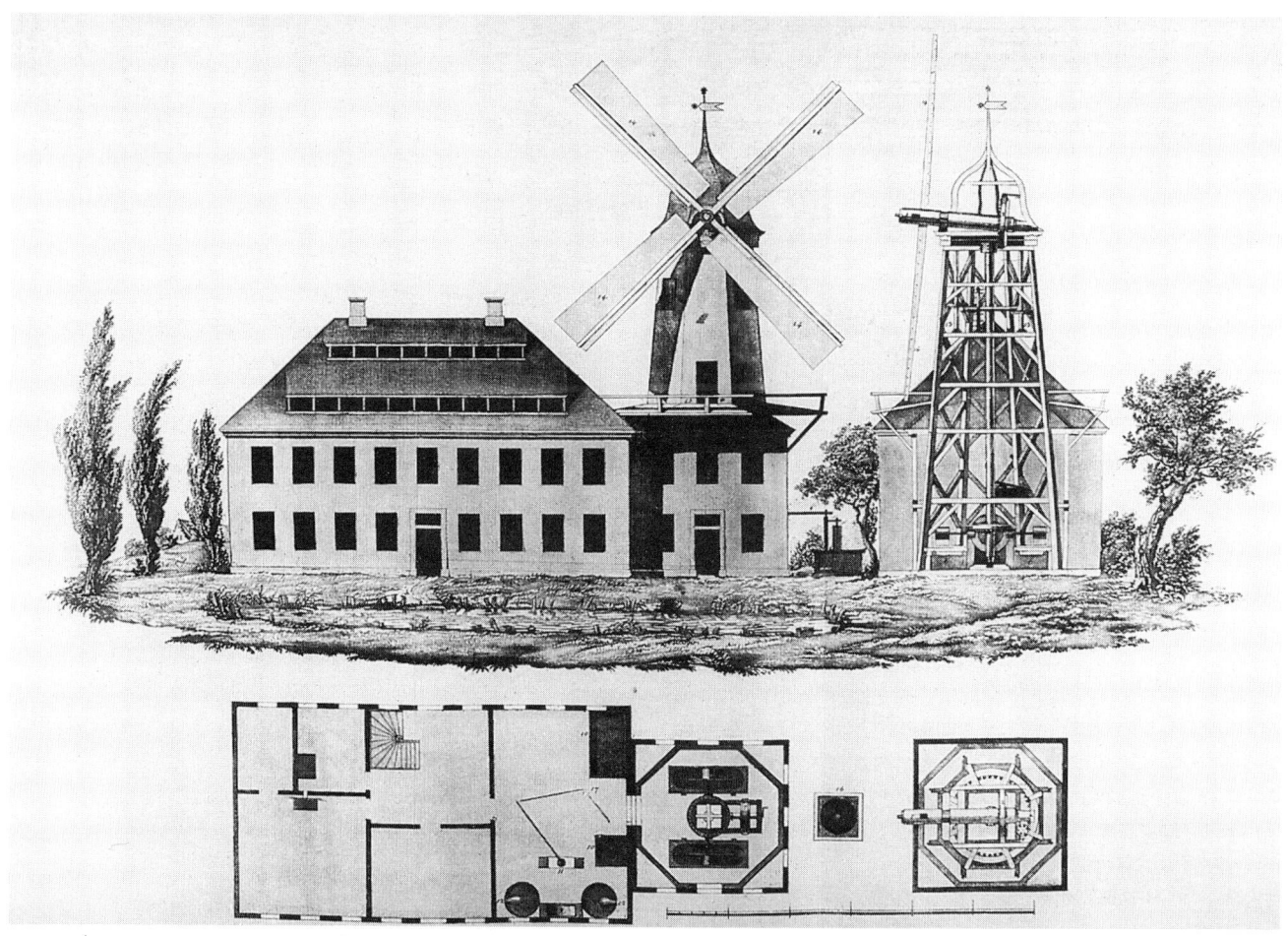

nochmals im Geschirr zerkleinert. Vermutlich um die Mitte des 17. Jh. erfanden die Holländer ein neues Geschirr, das man kurz den »Holländer« nannte (nicht zu verwechseln mit der Turmwindmühle gleichen Namens). Die erste bildhafte Darstellung ist aus *Sturms* Mühlenbaukunst bekannt geworden. Wie *Beckmann* mitteilt, soll dieses Geschirr Anfang des 18. Jh. auch in deutschen Papiermühlen (neben den Stampfen) Verwendung gefunden haben. Das beschreibt *Beyer* sehr gründlich. Demnach geschah die Weiterverarbeitung des getrockneten Halbzeugs im »Holländer«. Hier betrieb wieder der Wellbaum des Wasserrades über ein rechtwinklig ineinandergreifendes Kammradgetriebe das Geschirr, das sich von den deutschen Stampfen wesentlich unterschied. Es handelte sich dabei um eine mit meist 36 metallenen Messern beschlagene hölzerne Walze, die in einem ovalen, mittig geteilten Trog auf einer Seite drehbar gelagert war und über metallenen Schienen lief. Der im Wasser aufgeweichte Halbzeugbrei wurde beim Umlauf zwischen den Messern zermalmt. Die aus Stahl bestehenden »Holländer« waren bis vor kurzem überall im Einsatz.

Über die Weiterverarbeitung des Ganzzeuges zu Papier erfahren wir von *Beckmann*: Aus dem Holländer wird der Ganzzeug in den Ganzzeugkasten geleitet, wo er bis zur Verarbeitung aufgehoben wird. Weil er unter dieser Zeit etwas abtrocknet, oder sich wenigstens niederschlägt, so wird er in dem Rechen, einem Kasten, worin eine gezackte Stange vom Mühlwerke hin und her gezogen wird, gequerrelt, oder wieder mit Wasser vermischt, und alsdann in die Butte (auch Bütte, der Verf.) gebracht ... Aus dieser Butte schöpfet der Buttgesell oder Schöpfer, der im Buttenstuhl, oder frey auf einem Tritt steht, mit der Form so viel aufgelösten Ganzzeug, als zu einem Bogen nöthig ist.

Die Bogen werden anschließend gepreßt, um das Wasser herauszudrücken, dafür finden Hand- und durch das Wasserrad betriebene Pressen Verwendung. Das Trocknen geschieht auf dem luftigen Trockenboden.

Wie *Beckmann* mitteilt, wurden Papiermühlen, besonders in Holland, mit Wind betrieben. Aber auch in Leipzig und Dresden gab es mit Wind betriebene Papiermühlen. Über solche Mühlen existieren ganz exakte Bauanleitungen, die uns die alte Literatur überliefert hat. Papiermühlen sollen im 14. Jh. in Süddeutschland (1390 Nürnberg, 1393 Ravensburg, heute BRD) in Betrieb gewesen sein. Zu verweisen ist weiterhin auf die Papiermühlen »na kameni« (Prag) aus dem Jahre 1524 und die Papiermühle Haynsburg, Bezirk Halle, gegründet um 1700, woran noch einige alte Gebäude erinnern.

Heute sind Papiermühlen, die völlig nach der alten Technologie Papier herstellen, höchst selten. Besonders erwähnenswert sind die alte, durch Wasserrad betriebene Papiermühle im Freilichtmuseum Arnhem (Niederlande) und die seit 1692 mit Wind betriebene Anlage »De Schoolmeester« in Westzaan (Niederlande). Ein bemerkenswertes museales Objekt (auch mit neuerer Technologie) ist die Papiermühle in Zwönitz/ Erzgebirge. Außerdem beherbergt das in der Bertholdsburg untergebrachte Heimatmuseum Schleusingen, Bezirk Suhl, die Arbeitsgeräte der ehemaligen Papiermühle Dietzhausen (1674 bis 1939).

Weitere produzierende Papiermühlen mit Handschöpftechnik befinden sich in Duszniki Zdroj (VR Polen) und Velké Losiny (ČSSR). Nachbildungen von Papiermühleninterieurs bzw. Restanlagen alter Papiermühlen befinden sich in mehreren Freilichtmuseen, u. a. Hagen (BRD), Toruń (VR Polen).

Ölmühle

Neben der Getreidemühle spielte die Ölmühle im Nahrungsmittelsektor der vergangenen Jahrhunderte eine entscheidende Rolle. Maschinentechnisch ist sie wie die Papier- und Pulvermühle in die Gruppe der Stampfmühlen einzuordnen. Die Stempel (Stampfer) werden, wie das bei allen Mühlen dieser Art der Fall ist, durch die auf der Wasserradwelle sitzenden Nocken (Däumlinge) gehoben und fallen durch ihr Eigenge-

wicht wieder in die Grube des Grubenstocks (Grubenbaumes) zurück, wo sich die ölhaltigen Produkte befinden. Die Gruben sind rund und in ihrer Wandung oval gewölbt, damit die nach oben steigenden zerstampften Produkte wieder zurückfallen können. Die Tiefe der Grube gibt *Poppe* mit 16 Zoll und den Durchmesser mit 10 Zoll an. Der Boden ist mit einer eisernen Platte belegt, ebenso ist der Stampfer am unteren Ende eisenbeschlagen. Ähnlich wie bei anderen Stampfwerken können mehrere Stampfer in eine Grube fallen. Wie *Beckmann* über die weitere Verarbeitung berichtet, werden die zerquetschten Samen in Haartücher gepackt und in der Keilpresse gepreßt, worauf das Oehl aus einer Oeffnung im Boden der Oehllade, in die unten gesetzten Gefässe rinnet. Die einmal ausgepressten Samen werden noch einmal gestampft, nach alter Weise angefeuchtet, in einem Kessel erwärmt, und wiederum in der Oehllade ausgepresset. Bey der Erwärmung müssen die Samen umgerührt werden, welches von einem Quirl, der von einem leichten Kammrade an der Daumwelle, umgetrieben wird, geschehen kann. *Beckmann* verweist weiterhin auf die »Holländischen Oelmühlen«, die meistens als »Windölmühlen« im holländischen und norddeutschen Küstengebiet im 18. Jh. in großer Zahl anzutreffen waren. In Holland soll es 1815 noch über 500 gegeben haben. In diesen Mühlen wurde das Mahlgut zuerst in einem Kollergang zerquetscht, dann zerstampft und schließlich in der Keilpresse das Öl gewonnen. Im Kollergang hat man eine Weiterentwicklung der alten Walzenmühlen zu sehen, auf die im Abschnitt »Pulvermühle« näher eingegangen werden soll. Die Unterscheidung zwischen der deutschen (Schlägel) und der holländischen Keilpresse (Rammpresse) wurde auch später beibehalten.

Eine vorbildlich restaurierte Ölmühle aus dem 18. Jh. befindet sich als Schauanlage in Pockau (Erzgebirge). Hier sind die Teile dieser Ölmühle, die Antriebsmaschine (Wasserrad, Getriebe), das Stampfwerk (10 Stampfen, 5 Stampfgruben), der Ofen mit Pfanne und die Keilpresse und damit die gesamte Technologie klar ablesbar. Außerhalb der DDR gibt es eine Reihe restaurierter und wieder aufgebauter Ölmühlen, die besonders in Freilichtmuseen anzutreffen sind, z. B. in Arnhem (Niederlande), Sibiu (SR Rumänien), Opole Bierkowice (VR Polen), Hagen (BRD). Eine Ölmühle mit Wasserradantrieb aus dem Jahre

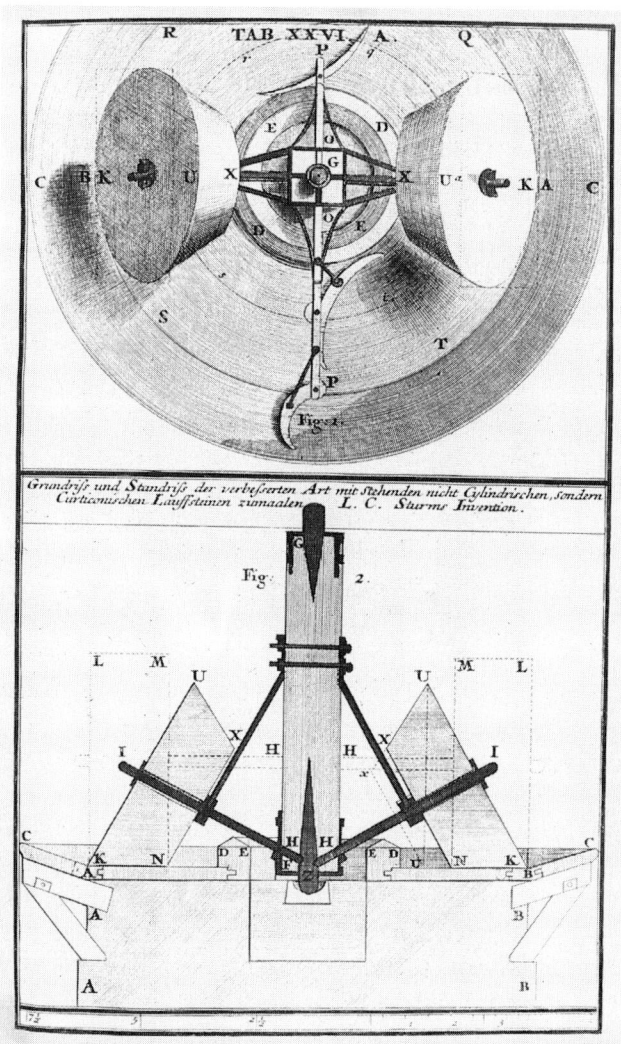

1845 ist noch in Brenscheid (BRD) erhalten. Prächtig
ist die mit Wind betriebene Ölmühle »De Zoeker« an
der Zaanse Schans (Niederlande).

Pulvermühle

Über den technischen Aufbau der Pulvermühle erfahren wir vom Begründer der Technologie, *Beckmann*, folgendes: Die gemeinen Pulvermühlen sind Stampfwerke, die den Oehlmühlen gleichen. Über die Besonderheit der Stampfarbeit in Pulvermühlen berichtet *Poppe* genauer: In einer Grube arbeiten gewöhnlich zwei Stampfer, welche aber, wegen der Gefahr, eine Entzündung zu bewirken, unten nicht mit Metall beschlagen sein dürfen. Auch die Gruben dürfen nicht mit Metall belegt seyn; ein Futter aus Hainbuchenholz ist für sie am zweckmäßigsten; ein solches Futter kann man nach geschehener Abnutzung herausnehmen und mit einem neuen vertauschen. Ein Stampfer soll mit einem buchenen Klotz beschuhet sein, den man nach Abnutzung auswechselt. Auch sollen die Stampfer weit über dem unteren Ende mit einem Messingring gesichert sein, um ein Bersten des Holzes zu verhüten.

Schon vor *Beckmann* hatte sich *Daniel Elrich* in seinem »Artillerie- und Feuerwerksbuch« mit den Pulvermühlen beschäftigt. Darüber berichtet *Zedler*: Dergleichen Mühle muß man an einen solchen Ort setzen, der von andern Gebäuden gantz abgesondert ist, damit wenn sie durch einen unglücklichen Zufall, als Ungewitter oder üble Aufsicht derer Arbeiter entzündet wird, es andern Gebäuden ohnschädlich seyn möge. Uebrigens kan selbige, wo man einen fliessenden Bach oder andern Wasser-Fall hat, angeordnet werden. Des Wasser-Rades Well-Baum treibet zugleich mit seinen Heb-Arm noch einen neben sich liegenden Well-Baum, welche beyde Well-Bäume alsdenn auf beyden Seiten die Stempel heben, und wieder fallen lassen; folg-

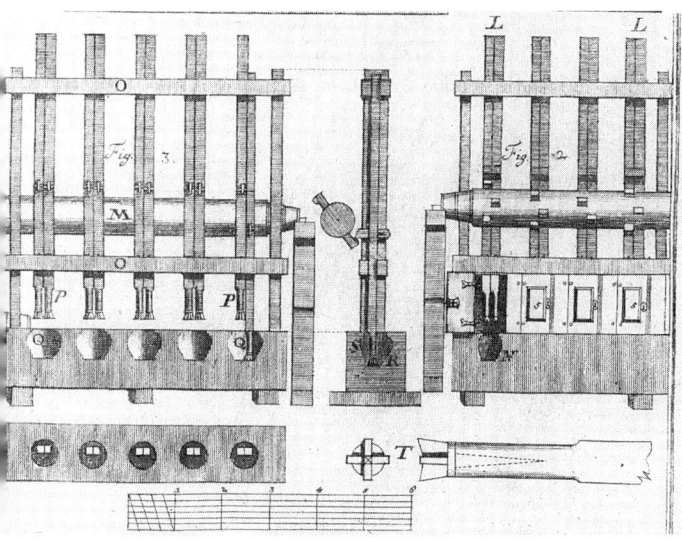

Die Arbeiten in der Pulvermühle waren also nicht ungefährlich, zumal dann, wenn die »Materialien«, woraus damals das Schießpulver bestand, Schwefel, Salpeter und Holzkohle, nicht nur zerkleinert, sondern gemischt wurden. Man stampfte 24 bis 30 Stunden und setzte immer etwas Wasser zu, damit nicht zu trocken gestampft wurde und das Verstäuben sowie die Gefahr des Entzündens weitgehend beseitigt waren. Bei zu viel Feuchtigkeit litt allerdings die Qualität des Pulvers. So wurde schon im 18. Jh. statt der Stampfmühle eine Walzenmühle benutzt. Darüber berichtet *Beckmann* folgendes: Mit weniger Gefahr, aber mit einigem Zeitverluste, erhält man ein Pulver von mehrerer Güte, auf den Mühlen, wo die Materialien durch Zerdrücken, nicht durch Stampfen, mit einander vereinigt werden. Diese sogenannten Walzenmühlen (nicht zu verwechseln mit Walzenstühlen) fanden auch als »Öl-Walzenmühlen« Verwendung. Meistens waren es flach zylindrische Marmorsteine, die, durch ein Wasserrad betrieben, in einem kreisförmigen Kanal umliefen und die Pulvermaterialien nicht zerstampften, sondern zerdrückten und miteinander mengten. Ein Arm an der senkrechten Welle bewegte außer dem rollenden Stein ein Gefäß mit Wasser, das langsam auf die Pulvermasse tröpfelte. Diese »Pulverwalzenmühlen« – wie sie damals genannt wurden – verminderten zwar die Gefahr des Entzündens und Verstäubens bei geringer Befeuchtung erheblich, aber die Stampfen – so meinten die damaligen Fachleute – hatten einen größeren Effekt. Deshalb gab es Mühlen, die beide Formen kombinierten, indem die Materialien zuerst in der Walzenmühle aufbereitet und nach etwa sieben Stunden in der Stampfmühle weiter verarbeitet wurden.

Pulver verwendete man auch im 17./18. Jh. nicht nur

lich kan man zugleich eine oder vielerley Materie auf einmahl bearbeiten. Man kan auch , woferne keine Gelegenheit ein Wasser-Rad anzuordnen vorhanden, eine Pulver-Mühle mit einem Tret-Rade anlegen, welche durch eine Person umgetrieben wird. An des grossen Rades Achse ist noch ein ander gezahntes Rad befestiget, welches mit seinem Kamm in die Spindeln eingreifft, und damit den Well-Baum herum führet, welcher alsdann mit seinen Heb-Armen den Stempel aufhebet und wieder fallen läst. Man kan an dem Well-Baum so viel Heb-Arme samt denen dagegen stehenden Stempeln anrichten als man will, wie es des Orts Beschaffenheit erfordert. Die Stempel sollen unten metalle Schuhe haben, die mit einen Zwerch-Nagel an die aufrechten Höltzer leicht zu befestigen sind, und kan man auf dieser Mühle auch andere Sachen zerstossen.

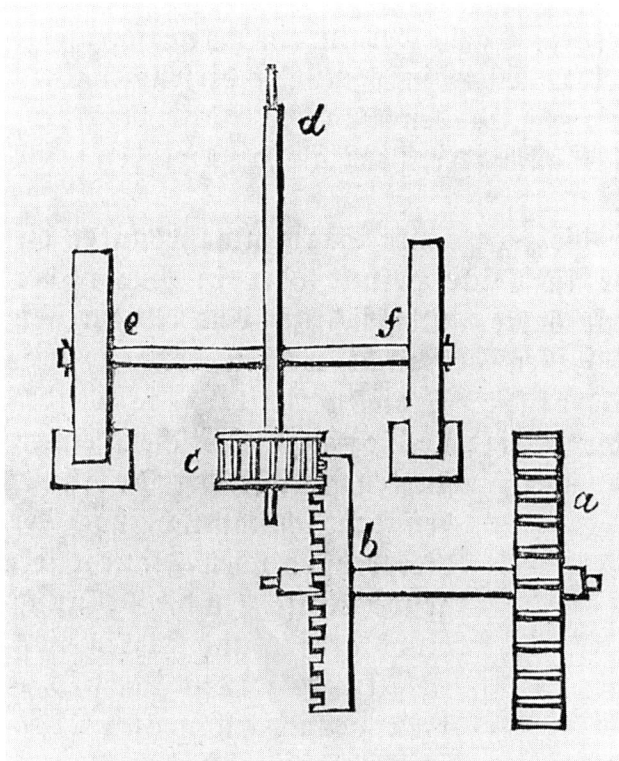

für Kriegs-, sondern auch für Jagd- und Feuerwerkszwecke sowie für Sprengungen in Steinbrüchen und Bergwerken. Im alten Kursachsen arbeiteten Pulvermühlen u.a. in Bärenstein, Olbernhau, Dresden, Freiberg, Mitteldorf bei Stollberg, Niederbobritzsch, Potschappel, Zwenkau und Zwickau. Die Zwenkauer Pulvermühle sollte ursprünglich nicht dort, sondern in Leipzig erbaut werden, um die Pleißenburg mit dem notwendigen Pulver zu versorgen. Jedoch konnte sich der Rat der Stadt gegenüber dem kurfürstlichen Befehl durchsetzen. Als Begründung wurden angeführt die

Gefährdung des Meßhandels, der Aufschlagwasserentzug bei den Getreidemühlen und die hohen Kosten des Pulvermühlenbaus.

Knochenstampfe

Eine Stampfe besonderer Art befindet sich noch heute in Dorfchemnitz (Kreis Stollberg/Erzgebirge). Diese sogenannte Knochenstampfe diente seit 1750 zum Zerkleinern der Knochen zu Mehl, das als Düngemittel Verwendung fand. Ehemals war die Stampfe mit einem Sägewerk gekoppelt. Das oberschlächtige Wasserrad treibt noch heute über ein Räderwerk die Nokkenwelle der Stampfen. Als typische Schauanlage dieses Produktionszweiges hat das Objekt auf Grund seiner Einmaligkeit hohen Wert. Im Ort bzw. in der Umgebung soll es noch weitere Knochen- und Ölstampfen gegeben haben.

Metallgewinnung und Verarbeitung

1777 belehrt der Eisenhüttenmann Freiherr *v. Hofmann:* Ein Eisenwerk, welches auf das beste eingerichtet seyn, und seinem Eigenthümer allen möglichen Vortheil einbringen soll, muß nicht allein aus einem Hochofen und einer Eisengießerey, sondern auch zugleich aus einem Stabhammer, Zainhammer, Blechhammer, Eisendrahtzug und einer Stahlhütte bestehen. Dieser eine Satz, der in der Aufzählung noch weitere Werke enthalten könnte, genügt, um zu erkennen, wieviel Wasserräder notwendig waren, damit der Produktionsablauf eines Hüttenwerkes der damaligen Zeit gewährleistet werden konnte. Einleitend wurde schon auf die Ilsenburger Hütte verwiesen, die mit ihren vielen Nebenbetrieben, das Wasser

Turmwindmühle von Ebersroda, Kreis Nebra, mit achtkantpyramidenstumpfförmiger Haube (linke Seite)

In Ebersroda befindet sich diese leicht konische, gedrungene Turmwindmühle mit zeltdachförmiger Haube in Bruchsteinmauerwerk

Silhouette der Turmwindmühle Leipzig-Knauthain

Die kleinste Turmwindmühle der DDR steht in Reichstädt (inzwischen wurde das Flügelkreuz restauriert)

Blick in die Turmwindmühle Reichstädt. Zu sehen ist die Verzimmerung der drehbaren Haube, das Getriebe (Kamm- und Stirnrad) sowie das umgebende Bruchsteinmauerwerk (rechte Seite)

Ölmühle Pockau/Erzgebirge. Im Vordergrund Doppelkeilpresse aus Mildenau, im Hintergrund Wohnhaus des Ölmüllers (linke Seite)

Ölmühle Pockau mit Freilicht-ausstellung

Folgende Seiten:
Die Neue Hütte (Happelshütte) bei Schmalkalden während der Wiederherstellung

Kupferhammer Grünthal bei Ol-
bernhau/Erzgebirge; im Vordergrund Schwanzhämmer

Gesamtansicht des Hammer-
werkes »Tobiashammer« bei
Ohrdruf (1980 bis 1982 restauriert) (rechte Seite)

Schleifscheibe der Märbelmühle im Schloß Eisfeld/Thüringen

Holzschleifanlage vor der Kellergedenkstätte in Krippen/Sächsische Schweiz

Neumannmühle/Sächsische Schweiz (Sägemühle und Holzschleifanlage) (rechte Seite)

Gebäudekomplex des Reifen-
drehwerkes Seiffen/Erzgebirge.
Im Vordergrund aufgestapelte
Holzreifen (linke Seite)

Aufgespaltener Reifen mit
sichtbarer Tierform

Abspalten der Figuren

Mit einem Wasserrad betriebene
Drehbank im Reifendrehwerk
Seiffen/Erzgebirge

Folgende Seite:
Historischer Wasserbehälter auf
dem Ruinenberg in Potsdam-
Sanssouci

Stampfwerk in der Knochenstampfe Dorfchemnitz (Kreis
Stollberg)

Knochenstampfe Dorfchemnitz;
Übersetzung zur Daumenwelle

137

der Ilse nutzend, als Beispiel auch für andere metallgewinnende Werke gelten darf. Sinngemäß trifft das ebenso für die Kupferhütten zu, wofür Sangerhausen ein Beispiel gibt. Aber nicht immer gruppierten sich Hammerwerke, Drahtmühlen, Walzwerke und Schmiedewerkstätten um das Hüttenwerk. Oft gab es im Flachland, weitab von Gebieten, wo der Erzbergbau betrieben wurde, ganze Hammerwerk-Distrikte, z. B. die Kupfer- und Eisenhammer-Werke sowie das Walzwerk in Eberswalde-Finow. Es existierten aber auch einzelne, z. T. recht abseits liegende Hammer- und Walzwerke (Rothenburg/Saale, Thießen, Weida-Liebsdorf, Ohrdruf u. a.).

In den folgenden Abhandlungen sollen wieder im Blickwinkel der alten Literatur die Gebläse (Blasemüh-len), Hammerwerke (Hammermühlen), Eisenschneid-mühlen und Drahtmühlen betrachtet werden.

Gebläse

Nach *Poppe* sind Gebläse diejenigen Vorrichtungen, wodurch Luft, in den gewöhnlichen Fällen atmosphärische Luft, aufgefangen und durch Druck als Wind, zum Anfachen von Feuer, in einen Ofen oder auf einen Heerd getrieben wird. Schon die gewöhnlichen Handblasebälge, welche man in Haushaltungen gebraucht, machen ein solches Gebläse aus. Generell läßt sich sagen, daß der Blasebalg schon seit prähistorischer Zeit ein wichtiges Werkzeug jedes Metallarbeiters war. Spätere mittelalterliche Abbildun-

gen beweisen seine weitere Verwendung (u. a. im Hausbuch aus dem Jahr 1482). Seit *Agricolas* »De re metallica« ist er in vielen Folianten des Maschinenbaus sowie des Berg- und Hüttenwesens zu finden.

Zuerst waren die Bälge nur aus Leder, die laufend mit Tran geschmiert werden mußten, damit sie nicht so schnell brüchig wurden. Sie hatten eine Einsatzdauer von höchstens sechs bis sieben Jahren. Weitaus stabiler waren die sich seit dem Ende des 18. Jh. durchsetzenden hölzernen Bälge, die sogenannten Kasten- oder Schachtelgebläse, die wenigstens zehnmal länger gebraucht werden konnten als die ledernen. Sie bestehen aus dem Ober- und Unterkasten, wobei der Oberkasten mit seinen Rändern den Unterkasten beweglich umfaßt. Biegsame Leisten und eiserne Federn bewirken in der Regel die Abdichtung.

In Hammerwerken bzw. auch Hammerschmieden wurden die Blasebälge von einem besonderen Wasserrad über ein Hebelsystem oder bei Direktanschluß mit Hilfe einer Nockenwelle in Gang gebracht. Im ersten Fall bewegt die Kurbel des Wasserrades über eine Pleuelstange ein auf zwei Walzen lagerndes Gestänge, das die Blasebälge hebt, die schließlich durch ihr Eigengewicht wieder zusammenfallen und dabei die angesaugte Luft in das Holzkohlenfeuer blasen. Im zweiten Beispiel entfallen die Zwischenglieder, und das Blasrohr (z) mündet direkt in den Feuerherd (w). Der Blasebalg ist als typisches Kastengebläse ausgebildet. Auf der Blasewelle (d') sitzt das Blaserad (f'), das mit den Nocken (e') den Oberkasten bewegt. Darüber ist die Welle (g') mit ihren Nocken (h') im Profilriß dargestellt. Links daneben ist der achteckige eiserne Wellkranz mit eisenbeschlagenen Nocken gekennzeichnet.

Über die Blasebalgkonstruktionen im Berg- und Hüt-

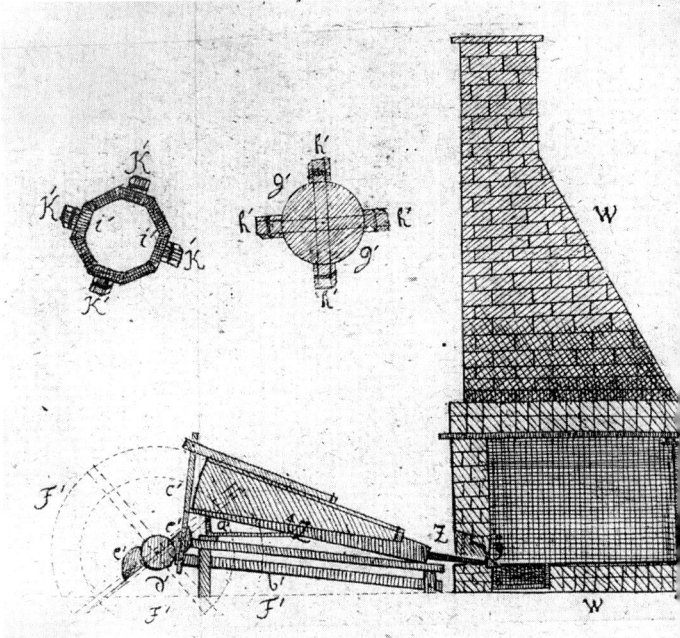

tenwesen des 16. Jh. gibt *Agricola* in seinem »De re metallica« gründliche Beschreibungen, auf die hier nicht eingegangen werden kann. Es sei nur bemerkt, daß Blasebälge nicht nur dem Schmelzprozeß, sondern auch der Grubenbewetterung dienten. Ihren bedeutendsten und technologisch notwendigsten Einsatz fanden sie aber im Hüttenwesen und in den Hammerwerken.

Wenn ein Wasserrad mehrere Blasebälge betrieb, dann sprach man (u. a. bei *Zedler*) von einer Blasemühle. In diesem Falle drehte das Wasserrad (evtl. durch ein Vorgelege vermittelt) eine Kurbelwelle, die über Ziehstangen und Walzen oder Hebel die Blasebälge auf- und abbewegte. Eine solche Blasemühle stellt uns *Ramelli* in seiner »Schatzkammer mechani-

Hammerwerke

Im Hammerwerk (auch Hammermühle, kurz »Hammer« genannt) überträgt sich die Kraft und Bewegung des Wasserrades (Hammerrades) direkt oder über ein Vorgelege auf die Hammerwelle, die mit Däumlingen, Hebdaumen, Wellfüßen, Hebe- bzw. Zieharmen, wie es in der alten Fachsprache heißt, versehen ist. Die Däumlinge setzen die Hämmer zeitlich verschieden in Tätigkeit. Je nach der Art, wie die Hammerwelle die Kraft überträgt, handelt es sich um Schwanz- oder Aufwerfhämmer. Der Schwanzhammer ist der Regelfall. Sein Stiel, ein ungleicharmiger zweiseitiger Hebel, wird am Ende des kurzen Hebelarmes, am sogenannten stählernen Schwanzring, vom Däumling der umlaufenden Welle niedergedrückt, wodurch sich der lange Hebelarm mit dem Hammer hebt, um danach auf den Amboß zurückzufallen. Beim Niederdrücken schlägt der Schwanzring auf ein starkes viereckiges Stück Eisen, den Preller, der durch seinen Widerstand – nach Meinung der alten Hammermeister – die Kraft des Hammers verstärkt. Der Drehpunkt des Hebels (des Hammerstiels) ist in einer besonderen Balkenkonstruktion gelagert und als »eiserne Hülse« ausgebildet. Dieses Balkengerüst muß ziemlich tief in der Erde verankert sein, damit das Ganze eine möglichst große Stabilität erhält und die Erschütterungen abfangen kann. Im Stillstand werden die zeitweilig nach oben stehenden Hämmer abgestützt. Bei Inbetriebnahme werden die Stützen entfernt und das Staubrett des generell oberschlächtigen Wasserrades über ein Hebelsystem, das im Hammerwerk betätigt wird, gehoben. Der freiwerdende Wasserstrom setzt das Rad und damit die Hammerwelle in Bewegung. Die meisten Hammerwerke hatten drei Hämmer, die aber in der Regel

scher Künste« im Jahre 1620 vor. Das Strauberrad (H) betreibt über einen Exzenter (G) und die Pleuelstange (F) eine Walze (D), die waagerecht hin- und hergehende Hebel bewegt, die ebenfalls über Walzen mit den Pleuelstangen der Blasebälge verbunden sind und die Auf- und Abwärtsbewegung der ledernen Bälge bewirken.

nicht gleichzeitig betätigt wurden, da sonst – wie es in
den alten Schriften heißt – das Werk Schaden erleiden könnte. Über die Hämmer erfahren wir: Das vornehmste Handwerkszeug aller dieser Hammerwerke besteht in dreyerley großen, und mehrentheils 2, 3, auch mehr Zentner schweren Hämmern, als: in einem großen Streckhammer, einem
mittelmäßigen Abrichthammer, und einem kleinen Zainhammer. Diese Hämmer werden vom
fließenden Wasser, an welchem dergleichen Hammerwerke allemahl erbauet werden müssen,
durch das Hammerrad, und durch die an den Wellen
befindlichen Hebearme aufgehoben, und durch
deren schweres Niederfallen wird hernach das auf
grossen Amboßen untergelegte Eisen, Stahl, Garkupfer, Messing etc. geschmiedet. Jedes Metall
mußte aber vor der Bearbeitung durch den Hammer
erwärmt werden. Um der sogenannten Wärmesse,
dem Schmiedefeuer, die notwendige Temperatur zu
verleihen, wurde wie bei den Schmelzöfen ein Blasebalg mit Hilfe eines Wasserrades in Tätigkeit gesetzt.
  Über die eigentliche Aufgabe des Hammerwerkes
erfahren wir von *Krünitz*, daß die vom Wasser betriebenen Hämmer die großen Stücke verschiedener Metalle teils zum Dienste der Handwerksleute zuberei-
teten, teils schon Produkte liefern, welche die Handwerker mit ihrem Handfeuer, kleinern Hämmern
und andern Werkzeugen, entweder gar nicht, oder
doch nicht anders, als mit vieler Mühe und Zeit-
verlust, zu zwingen vermögend sind. Über das zu
verarbeitende Material ist nachzulesen: Die Metalle,
welche auf den Hammerwerken verarbeitet zu
werden pflegen, sind, gewöhnlicher Maßen, nur
Eisen, Stahl, Kupfer und Messing; wiewohl auch
zuweilen, jedoch selten, Silber auf dieselben zur

Arbeit kommt. Nach der Verschiedenheit dieser
Metalle, und nach der verschiedenen Art, wie dieselben auf diesen Hammerwerken entweder zu
Stäben oder Stangen, oder aber zu Blechen und
Platten, geschmiedet und geschlagen werden, bekommen diese Hämmer oder Hammerwerke
ebenfalls verschiedene Namen.

Aufwerfhammer; Antriebswelle
mit Däumlingen und Federbalken ist gut sichtbar

141

Rund 50 Jahre später sieht *Poppe* diesen Begriff bei Anerkennung der üblichen Definition umfassender; demnach sind die Hammerwerke, auch Hammermühlen genannt, im weitläuftigen Sinne alle diejenigen großen mechanischen Anstalten, bey denen große, von Wasser, von Dampfmaschinen etc. getriebene Hämmer durch Schlagen irgend ein Produkt verarbeiten müssen. In diesem Sinne würden also nicht blos die Hammer-Schmiedwerke, welche Metalle, wie Eisen, Kupfer, Messing, Zinn etc. durch Schmieden zu einer bestimmten Größe und Gestalt ausdehnen, zu den Hammerwerken gehören, sondern auch die Papiermühlen (nämlich das sogenannte Geschirr derselben), die Walkmühlen, die Hammer-Pochwerke etc. Im engern Sinne aber versteht man blos die Hammer-Schmiedwerke darunter, nämlich die Eisenhammerwerke, die Kupferhammerwerke, die Messinghammerwerke, die Stahlhammerwerke, die Zinnhammerwerke oder Stanniolwerke etc. Alle diese Hammerwerke unterscheidet man wieder in Zain- oder Stabhämmer und in Blechhämmer; auf jenen werden die genannten Metalle (Zinn ausgenommen) zu Stäben, auf diesen aber zu Blechen geschlagen.

Im Gegensatz zum Schwanzhammer ist der Aufwerfhammer ein einseitiger Hebel. Der Hammerstiel ist am Ende drehbar gelagert, die Hammerwelle (Nokkenwelle, Daumenwelle) aber seitlich unmittelbar vor dem Hammer oder an einem durch das Hammerauge verlängerten Stiel am Eingriff. Der Hammer wird angehoben, um dann mit seiner Masse zu fallen. Bei größeren Aufwerfhämmern befindet sich über dem Hammer noch ein Federbalken. Neben der Metallbearbeitung fand diese Hebeform bei den als krumme Hämmer ausgebildeten Zerkleinerungswerkzeugen Verwen-

dung, die auch als Stampfwerke in Walk- und Papiermühlen eingesetzt wurden. Aufwerfhämmer sind noch heute als technische Denkmale vereinzelt anzutreffen.

Hammerwerke (Hammermühlen) und die kleineren, mit einem Schwanzhammer arbeitenden Schmieden hat es in großer Zahl gegeben. In manchen Gegenden waren sie zahlenmäßig den Mahl- und anderen Mühlen überlegen. Viele Hammerwerke waren, die Flußläufe nutzend, mit ihren Zuführungs- und Stauanlagen (Hammergräben, Hammerteiche) weit über das Land verstreut oder bildeten ganze Zentren der metallischen Weiterverarbeitung. Noch heute sind einzelne Hammerwerke als technische Denkmale und Schauanlagen erhalten geblieben. Von anderen sind Hammerwerksgebäude, Herrenhäuser, Hammerschlösser und einzelne Restanlagen vorhanden.

Erste Nachrichten über Hammerwerke im sächsischen, preußischen, thüringischen, süd- und west-

Hammerwerk in Frohnau bei
Annaberg/Erzgebirge

Das Gebäude des Eisenham-
mers Frohnau bei Annaberg/
Erzgebirge mit weit herunter-
gezogenem Schindeldach und
Butzenscheiben in den Fen-
stern

142

deutschen Raum sind aus dem 14. und 15. Jh. überliefert. Eine der bekanntesten Schauanlagen ist der
Frohnauer Hammer bei Annaberg/Erzgebirge. Angeblich soll um 1500 an seiner Stelle eine Münzpräganla-
ge bestanden haben, die durch teilweisen Umbau
einer Getreidemühle entstand. Nach dem in der Nähe
gelegenen Fundort des Silbers wurden die Münzen
»Schreckenberger« genannt. Die Bezeichnung »Mühlsteine« erhielten sie zur Erinnerung an die Mahlmühle.
Das Prägebild führte auch zu der Bezeichnung »En-
gelsgroschen«. Dieser Vorgängerbau wurde in der
Folgezeit wieder als Mahlmühle, Scherenschmiede,
Silber- und Kupferhammer verwendet. Um 1650 wurde er zum Eisenhammer ausgebaut, der 1692 ab-
brannte und später als bessere Dorfschmiede Verwendung fand. Die heutige Schauanlage vermittelt

trotz der wechselvollen Baugeschichte zumindest eine
Vorstellung von einem Hammerwerk in seiner technologischen Gesamtaussage. Eine ähnliche Anlage mit
zwei Hämmern aus dem 19. Jh. (Gründung im 16. Jh.)
besteht in Dorfchemnitz (Osterzgebirge). Ein weiterer
stillgelegter Eisenhammer, der im wesentlichen dem
18. Jh. entstammt, befindet sich in Weida-Liebsdorf/
Thüringen. Der Freibergsdorfer Hammer wird restauriert.
    Wie aus einem »Inventarium von dem Kgl. Eisen
Hütten Werck bey Peitz . . .« mit dazugehörigem Lage-
plan aus dem Jahre 1778 hervorgeht, setzte der »kleine Graben« vier Wasserräder in Umlauf, die vermutlich
nach dem Pansterprinzip arbeiteten. Ein Rad trieb die
Gebläse des Hochofens. Das zweite befand sich an
der benachbarten Hammerschmiede. Die Luppen-

Grundriß des Hütten- und Eisenhammerwerkes Peitz (1778). 1 Hochofen mit zwei Blasebälgen und einem Wasserrad, 2 »Hammerhütte«, 3 »Luppenhütte«, 4 »Roß-Kunst« (Nutzung, wenn Wasserräder eingefroren), 5 bis 7 Kohlen-schuppen, 8 »Factorhaus«, 9 und 10 »Familienhaus«, 11 »Das kleine Haus«, 12 Brunnen, 13 Pferdestall, 14 Kuhstall

Gebäudekomplex des Eisenhammers Weida-Liebs-dorf/Thüringen

143

schmiede benötigte zwei Räder, womit die Blasebälge und der Frischhammer angetrieben wurden. Die ehemalige Hütte und Luppenhütte dieser im alten Preußen so bedeutenden Anlage sind gegenwärtig museal genutzt, und es bestehen Vorstellungen, auch die Hammerhütte wieder aufzubauen.

Eine ähnliche, außenarchitektonisch auffallend prachtvolle klassizistische Anlage befindet sich bei Schmalkalden. Suhl und Schmalkalden waren schon im Mittelalter und noch bis ins 18. Jh. bedeutende Zentren des deutschen Eisengewerbes. Lange wurde die alte Technologie in der Schmalkalder »Neuen Hütte« beibehalten. Der mit Holzkohle gespeiste Hochofen (daneben existiert noch ein kleinerer) war bis weit in die zweite Hälfte des 19. Jh. in Betrieb. Zum Betreiben des Zylindergebläses diente ein unterschlächtiges Wasserrad von 3,6 m Durchmesser.

Durch glückliche Umstände bedingt, konnte die Anlage in jüngster Zeit als »ungewöhnliches technisches Kulturdenkmal« Ruf gewinnen. Inzwischen wurde dieses einmalige, landschaftlich herrlich gelegene Objekt als letzter Zeuge einer Reihe von hüttentechnischen Anlagen, zu denen Hammerwerke und Schmiede gehörten, vorbildlich restauriert.

Im Tal der Schmalkalde waren einst noch viele Wassermühlen und im 18. Jh. eine Saline (ein Gründungswerk des Salinisten *Waitz v. Eschen*) lokalisiert. Glücklicherweise hatte man bei der Stillegung der Hammerwerke und Schmieden wichtige Sachzeugen gerettet und im Exerziersaal des Schlosses Wilhelmsburg in Schmalkalden wieder aufgebaut. So befanden sich dort die Nagelschmiede aus Unterschönau, ein Stahlofen, ein Zainhammer mit Wasserrad, eine Reihe von Modellen und viele Erzeugnisse der Schmalkalder Metallindustrie. Inzwischen sind diese Objekte im Hochofentrakt eingelagert und sollen hier zur Gestaltung einer großartigen Schauanlage der Eisengewinnung und -verarbeitung dienen.

Von den Touristen meist unbeachtet, liegen manche Reste bedeutender Hüttenanlagen in den Tälern des Harzes, wofür die aus dem 18. Jh. stammende »Nagelhütte« im Ilsetal als Beispiel gelten kann, die zu den weiterverarbeitenden »Mühlen« der »Gräflich Stolberg-Wernigeröder Eisenhüttenwerke« Ilsenburg ge-

hörte. Auch hier ist das Klappern der Räder verstummt, und von der alten Technik, wovon wenigstens das Hüttenmuseum Ilsenburg eine Vorstellung vermittelt, ist nichts mehr erhalten geblieben. Angesichts der großen Bedeutung, die diesem eisengewinnenden Zentrum zukam – die Hüttenerzeugnisse reichten von den gußeisernen Ofenplatten bis zu Ketten und Nägeln –, wird die »Nagelhütte« als technisches Denkmal erhalten.

Neben Silber wurde im Erzgebirge mit Erfolg Kupfer gewonnen und verarbeitet, worauf der heute z. T. noch vorhandene, mit der alten Umfassungsmauer umgebene Bereich der Saigerhütte Grünthal bei Olbernhau verweist. Sie hatte über Jahrhunderte ihre zentrale Bedeutung bewahrt und galt als eines der bedeutendsten metallverarbeitenden Unternehmen des Erzgebirges. 1537 durch *Hans Lienhardt* aus Annaberg zur Verarbeitung von Schwarzkupfer bei Olbernhau errichtet, war sie 1567 von Kurfürst *August* aufgekauft worden und seitdem im Besitz der Landesherrschaft verblieben. 1873 ging sie wieder in Privatbesitz über und produzierte zuletzt als volkseigener Betrieb. Außerhalb des eigentlichen Hüttenbezirkes liegt der »Althammer«. Einst einer von vielen, zählt er heute zu den bedeutenden technischen Denkmalen des Erzgebirges. In seinem Grundaufbau folgt er mit seinen drei Hämmern ganz den Regeln des »klassischen Hammerwerkes«. Hier wurde, wie in jedem Kupferhammer, das Garkupfer zu Halb- und Fertigfabrikaten verarbeitet. Vor allem ist auf die Produktion von Dachkupfer zu verweisen. Es diente zur Deckung von mehr als 400 europäischen Architekturbauten.

Ergänzend ist der Thießener Kupferhammer zu nennen. Hier liegt ein Hammerwerk mit zwei Geschlägen vor. Das Werk bestand nach Meldungen mit urkundlichem Charakter schon im 16. Jh. Die jetzigen techni-

Hammerwerk mit zwei Geschlägen im Kupferhammer Thießen

Hofseitige Ansicht des Kupfer-
hammers Thießen bei Roßlau/
Elbe (Industriebau des frühen
19. Jh.)

Hammerwerk im »Tobiasham-
mer« bei Ohrdruf während des
Wiederaufbaus

145

schen Einrichtungen entstammen laut Inschrift der
zweiten Hälfte der 19. Jh. Allgemein gesehen hat sich
der Aufbau eines Hammerwerkes grundsätzlich über
Jahrhunderte nicht verändert. Das trifft auch für Thießen zu. So konnte dem Hammerwerk eine Kupfer-
bzw. Eisenschmiede angeschlossen sein. Hier wurde
dann z. T. mit Wasserradantrieb (Hammerschmiede)
die weitere handwerkliche Verarbeitung der Hammer-
werkserzeugnisse vorgenommen.

Die bedeutendste Schauanlage unter den Hammerwerken der DDR ist der nach dem Besitzer *Tobias Albrecht* benannte »Tobiashammer«. Der bei Ohrdruf,
nahe der Bahnstation Luisenthal am Fuße des Thüringer Waldes gelegene Hammer befand sich bis 1972 in
Privatbesitz. Als Eisen- und Kupferhammer wurde er
noch bis 1977 unter der Rechtsträgerschaft des VEB
Stahlverformungswerk Ohrdruf betrieben. In den Jahren 1980 bis 1982 erfolgte eine vorbildliche Restaurie-

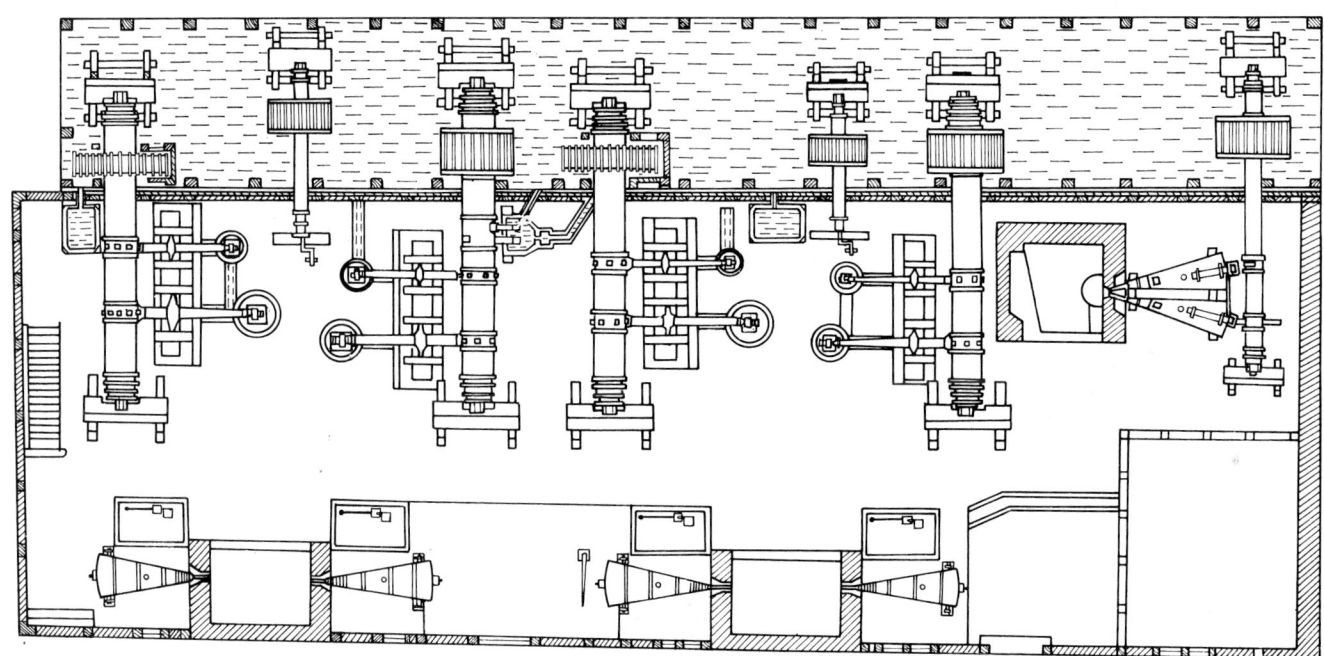

rung der gesamten Anlage. Sie sprengt als Kombination von Hammer-, Walz- und Pochwerk, mit vier Wasserrädern betrieben, die Grenzen des üblichen und
wurde im 19. Jh. nur von den heute nicht mehr vorhandenen Hammerwerken in Eberswalde-Finow (Mark)
übertroffen. Fünf Hämmer, in zwei Hammergestellen
gelagert und von zwei oberschlächtigen Wasserrädern
betrieben, bilden das Zentrum der Ohrdrufer Anlage.

Es soll nicht übersehen werden, daß die Hütten- und
Hammerwerke gleichzeitig als Zeugen früher Indu-
striearchitektur gelten. Bei den einfachen Hammerwerken und Schmieden dominiert die schlichte Bruch-
stein- oder Fachwerkbauweise. Dafür sind z. T. die genannten Objekte im Erzgebirge, im Harz und in Thüringen typisch. Daneben gab es vor Jahren vereinzelt

einsam gelegene Hammermühlen, die mit ihrem unter
der Last der pochenden Hämmer gebogenen Fach-
werk, bemoosten Radstuben und flackernden Schmie-
defeuern ähnlich wie die Mahlmühle wahre Idylle an
rauschenden Bächen darstellten. Nicht selten haben
auch territorial bedingte ländliche Bauweisen die
Außenarchitektur des Hammerwerkes geprägt.
Schauobjekte in Oberbayern (BRD), in der ČSSR sowie in den skandinavischen und den Balkanländern
sind dafür beispielgebend. Mitunter waren Hammerwerke Bestandteil von großartigen architektonischen
Ensembles, wie den Hammerschlössern. Solche Anlagen gab es vor allem in der Oberpfalz (BRD). Einige
davon, z. T. noch erhalten, sind Schmidmühlen
(11. Jh.), Amberg (14. Jh.) und Diessfurth (14./15. Jh.).

Besondere außenarchitektonische Gestaltung zeigen die zum Hammerwerk gehörenden Herrenhäuser, wovon Quint als Barockbau wohl das prächtigste ist.

Eisenschneidmühle

Seit dem 18. Jh. waren nicht selten der Eisenhütte Eisenschneidmühlen angeschlossen, oder sie existierten als selbständiger Hüttenkomplex, evtl. in Verbindung mit einem Hammerwerk und anderen Einrichtungen, wie das in Neustadt-Eberswalde der Fall war. Die älteste ausführliche Beschreibung einer Eisenschneidmühle stammt aus dem Jahre 1683. *Calvör* berichtet darüber, daß ein gewisser *Johann Friedrich Müller*, ein Fremder, diese Mühle in Vorschlag gebracht und sie auf dem Harze anzulegen gedachte. *Calvör* zitiert wörtlich den mehrere Folioseiten umfassenden Text, der unter folgender Überschrift steht: Entwurff einer Eisenschneidmühle, was zu deren Erbauung eigentlich gehöret, wie durch solche Machiene ein geschmiedet Stück Eisen in einem einzigen Durchschnitt und großer Geschwindigkeit in unterschiedlich kleine Stäbe zerschnitten werden kann, und was vor Nutzen und Gewinn davon zu erwarten. Die kürzeste zeitgenössische Beschreibung gibt knapp 100 Jahre später der Hüttenmann Freiherr *v. Hofman*. Darin heißt es: In Eisenschneidemühlen wird das Eisen durch Scheiben, die auf gegen einander treibenden Walzen befestigt, glühend geschnitten. Das Eisen wird zuvor in gewöhnlichem Frischfeuer, aber ohne besonders schwere Hämmer vorbereitet, und die nochmalige Glühung geschiehet beym Flammenfeuer. Das Werk gehet mit unglaublicher Geschwindigkeit, und verthut eine grosse Menge Eisen; Es werden auf solchem die Reifen zu den Weinfässern geschnitten und andere Bestellungen gearbeitet . . .

Die älteste überlieferte Abbildung eines mit einem Wasserrad betriebenen Eisenschneidwerkes stammt allerdings erst aus dem Jahre 1734 und ist in dem Folianten »De ferro« des berühmten schwedischen Hüttenmannes *Emanuel Swedenborg* wiedergegeben. Diese Eisenschneidmühle zeigt gegenüber der Müllerschen Beschreibung einen schlichteren Aufbau. Jedoch sind alle Konstruktionsglieder und die Technologie klar erkennbar.

Mit Wasserrädern betriebene Eisenschneidwerke haben sich recht lange in ihrer Grundkonstruktion erhalten. Das belegt eine umfassende Beschreibung aus dem Jahre 1839, worin es auszugsweise heißt: Bei den Schneidwerken verfährt man auf folgende Weise. Das bis zur starken Rothglühhitze oder schwachen Weißglühhitze erwärmte Materialeisen wird unter glatten Streckwalzen zu der verlangten Stärke und so lang als möglich (bis zu 40 Fuß Länge) ausgestreckt und die fertigen Plattinen werden alsdann, wenn sie aus dem Walzwerke kommen, also bei derselben Hitze, zwischen das wie ein Stabeisenwalzwerk mit einer Einlaßplatte versehene Schneidwerk gebracht und beim Durchgange durch die Schneiden zerspalten. Die zerspaltenen Stäbchen müssen in dem Augenblick, wo sie zwischen den Schneiden zum Vorschein kommen, mit einem Haken aufgefangen und zusammengehalten werden. Das Glühen des Materialeisens geschieht entweder in Flamm- oder Glühöfen.

Eisenschneidmühle (aus Swedenbourg, E.: De Ferro. Dresden und Leipzig, 1734)

Drahtziehmühle

Wer das Wort »Drahtziehmühle« hört, denkt wohl zuerst an *Albrecht Dürers* Federzeichnungen bzw.
Aquarelle. Obwohl die Dürerschen Darstellungen von
Drahtziehmühlen wenig von der Technologie erkennen lassen und mehr die Landschaft zeigen wollen, hat
doch der Künstler mit seinen Zeichnungen dieses
Handwerk bekannt gemacht. Die Nürnberger Drahtziehmühlen, auch Drahtmühlen genannt, wurden zum
weltweiten Begriff. Erste Werkstätten gab es in Nürnberg schon im 14. Jh. Nach 1400 sollen hier die ersten,
umfunktionierten, mit Wasserrad betriebenen Mahlmühlen dem Drahtziehen gedient haben. Die Mahlsteine waren also durch das Zieheisen ersetzt worden.

Seit der Mitte des 15. Jh. hatten sich längs der Pegnitz eine Reihe von Drahtmühlen angesiedelt, die
sich als wasserkraftnutzende ländliche Kleinbetriebe
gut in das Landschaftsbild der Fränkischen Alb einfügten.

Zuerst wurde das Drahtziehen, schon vor der Zei-
tenwende praktiziert, bei den Edelmetallen Gold und
Silber, später bei Kupfer, Messing, Eisen und Stahl angewendet. Seit dem 14. Jh. wurde es auch in Deutschland betrieben. Diese ersten Drahtziehereien waren
zunächst nur in unmittelbarer Nähe der Hüttenwerke
zu finden. Vorher schmiedete man Draht, der vornehmlich zur Herstellung von Kettenpanzern diente,
mit dem Hammer auf dem Amboß. Wohl zuerst faßte
das Drahtziehgewerbe neben der Nürnberger Gegend
auch in Augsburg außerhalb der Hüttenbetriebe Fuß.
Im 17. Jh. verlagerte sich der Produktionsschwerpunkt
nach Iserlohn und Altena (BRD), da die Eisenherstel-
lung des Sauerlandes (bedingt durch den stärkeren
Einsatz von Wasserrädern) einen erhöhten Stellen-

wert einnahm. In Altena besteht heute noch ein Draht-
museum.

Funde von Drahtzieheisen sind aus der Wikingerzeit
bekannt geworden. Die erste Beschreibung eines
Werkzeuges wird dem Mönch *Theophilus Presbyter*
(11./13. Jh.) zugeschrieben. In seinem berühmten
Werk »Diversarum Artium Schedula« heißt es in deutscher Übersetzung: Zwei Eisen von drei Finger
Breite, oben und unten verjüngt, durchweg flach
und mit drei oder vier Reihen von Löchern, durch
die die Drähte gezogen werden sollen. Im 16. Jh. erwähnt *Eobanus Hessus* in seiner »Urbs Norimbergia«
vom Jahr 1532 das Ziehen des Eisendrahtes. Eine

Drahtziehmühle, wobei das Strauberrad gleichzeitig einen Blasebalg und einen Schmiedehammer betätigt

Stelle beschreibt die Kraftübertragung, die in deutscher Übersetzung etwa folgende Aussage enthält: Eine waagerechte Welle, von einem ungeschlachten (unterschlächtigen, der Verf.) Wasserrad durch die Pegnitz in Umlauf gesetzt, trägt ein gewaltiges Zahnrad, das mit einem kleineren Zahnrad auf senkrechter Königswelle (machine pendens) kämmt. Mittels dieser Übersetzung werden die Maschinen des oder der oberen Stockwerke in Gang gesetzt.

Zur Technologie des Drahtziehens selbst ist zu sagen, daß man bei Edelmetallen und Kupfer zunächst die Ziehbank, auf der das wichtigste Werkzeug der Drahtmühle, das Zieheisen, befestigt war, mit Schleppzange benutzte. Zum Ziehen des härteren Eisens diente die Schocke. Das war eine von der Decke herabhängende Schaukel, auf der früher der Schockenzieher saß. Vor ihm befand sich das fest in einem Holzklotz eingesetzte Zieheisen. Indem er sich mit dem Fuß nach hinten stemmte und den Körper zurückwarf, zog er den mit der Zange gefaßten Draht mit jedem Ruck etwa 25 bis 30 cm vor. So konnte er das vor-

her vom Drahtschmied gezainte, als Rund- oder Vierkanteisen gelieferte Material unter dauerndem Nachgreifen mit der Zange in mehreren Zügen zu einem 10 bis 15 m langen Draht von 2 bis 3 mm Durchmesser auszuziehen. Während der Arbeit wurde der Draht wiederholt geglüht. Der Schockenzieher übergab dann den Draht zum Feinziehen dem »Leirenzieher«. Seit 1350 wurde, noch vor Nürnberg, in Augsburg die Wasserkraft eingeführt. *Weigel* schildert uns 1698 die weitestgehend von Handarbeit befreite Technologie in der kombinierten Schneid-, Hammer- und Drahtmühle wie folgt: *Weil aber aller Drat im Anfang / sonderlich aber der Messinge / Kupferne / Stahl- und Eiserne /sehr schwer an der Scheibe zu ziehen sind / also hat man die Drat-Mühl erdacht / auf selbiger wird der Messing / wann er zuvor in breitlichte Blatten oder Tafeln gegossen / und auf der gemeiniglich dabey befindlichen besonderen Seege-Mühl / in beliebige Stücke / der Länge nach geschnitten werden / so wohl als die Kupffer- Stahl- und Eisenzaine / denen Hämmer untergeleget / welche durch den vermittelst des Wasser-Rades beförderten Umtrieb der Wellen / steigen und fallen / und der untergelegte Metallene Zaine dergestalt ausstrecken / daß sie die gehörige Dicke bekommen / und zum Ziehen tüchtig sind / dann werden sie auf die Ziehe-Banck gebracht / an dem einen Ende etwas dinn gefeylet / daß sie durch das Loch des Ziehe-Eisens gestecket / und von der Zangen gefasset werden können. Wann solches geschehen /wird dem Rad Lufft gemacht / durch solches die Wellen umbgetrieben / von denen Armen aber der Steg nieder gedrucket / der Drat mit der Zangen aufwerts gezogen / und wann die an den eisernen Zangen befestigte höltzerne Stange in die Höhe*

schnappet / wiederumb einwärts gerucket / der Drat aber an der sich zugleich selbst durch besondere Triebe umbdrehenden so genannten Leyern auf / von dem Haspel aber im Gegentheil abgewunden. – Noch im frühen 19. Jh. wurde diese Technologie des Drahtziehens fast unverändert praktiziert.

Säge- und Schleifmühlen

Sie bilden technologisch oft eine Einheit. Die Schleifmühle braucht die Zuarbeit der Sägemühle. Das ist, wie die folgenden Ausführungen zeigen, bei der Holz- und Steinbearbeitung der Fall. Deshalb waren in solchen Fällen Säge- und Schleifmühle zu einer Anlage vereinigt. Die meisten Sägemühlen lieferten Bauholz. Ein Exportland dafür war Holland. Hier gab es als Sägemühlen arbeitende Galerieholländer und Paltrockmühlen in großer Zahl, die gesägtes Holz in mehrere Länder Europas lieferten.

Sägemühle

Die Sägemühle gehört zu den wichtigsten Maschinen des täglichen Bedarfs, denn der Mensch stand schon immer vor der Aufgabe, z. B. Holz zu trennen. Die frühesten Sägemühlen dienten dem Zerschneiden von Baumstämmen zu Brettern, Balken und Latten. *Poppe* bemerkt zur technischen Notwendigkeit des Einsatzes von Sägemühlen: Die Beschwerlichkeit, große Bäume der Länge nach mit Handsägen zu durchschneiden, wurde mit der Zeit immer fühlbarer. Man dachte daher auf Mittel, welche schneller und leichter zu demselben Zweck führten, und erfand endlich die sogenannten Sägemühlen, worin die Sägen durch die Kräfte des Wassers oder des Win-

Getriebe einer Windsägemühle mit senkrechtem Gatter (aus Langsdorf, Maschinenkunde, Fig. 265)

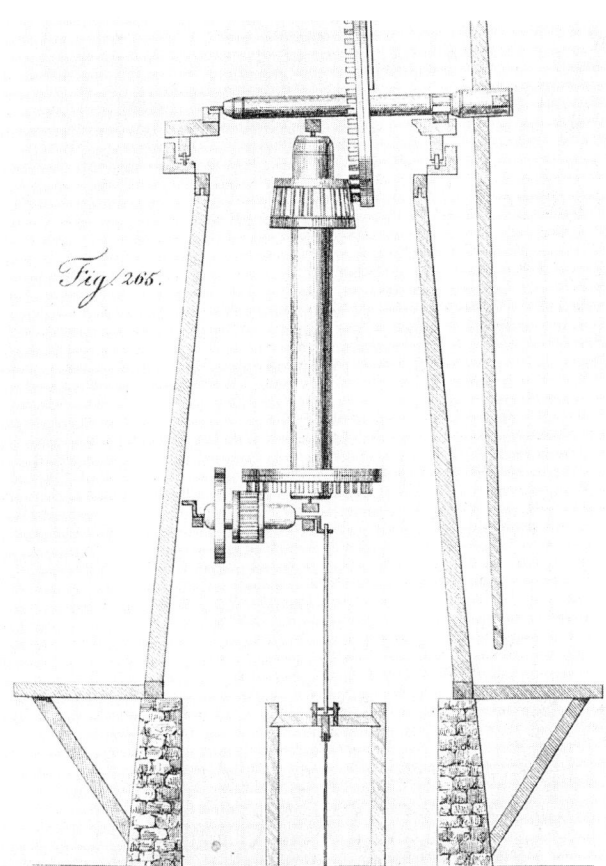

Der Engländer Charles Daubigny hat 1871 diese als Galerieholländer ausgebildete holländische Sägemühle des Zaangebietes realistisch in einer Kohlezeichnung erfaßt

Die Technologie des Zersägens von Holzstämmen war im 18. und bis weit ins 19. Jh. unverändert geblieben. Es hatten sich aber mehrere Konstruktionsvarianten herausgebildet, was *Poppe* in einer allgemeinen Form zu erfassen sucht. Er unterscheidet beim Sägen zwei Hauptbewegungen: Die Säge muß sich mit gehöriger Geschwindigkeit vertikal auf und nieder bewegen und der Baumstamm oder Sägeblock muß sich auf einem horizontalen Lager der schneidenden Säge langsam und gleichmäßig entgegen be-

des in Wirksamkeit gesetzt werden. – Ort und Land, worin die Sägemühlen zuerst aufkamen, sind ebenso unbekannt, wie der Erfinder selbst. Jedoch erklärt er an anderer Stelle, daß bereits im 4. Jh. die Stein- und Holzsägemühlen bekannt gewesen sein sollen. Von *Leonardo da Vinci* (1452 bis 1519) ist bekannt, daß er schon 1494 Sägewerke entworfen hatte. Im 16. Jh. waren sie häufig in Gebrauch.

Zeichnung einer Schneit
Windmühle, welche vier Sägen bewegt (Galeriehollländer)

153

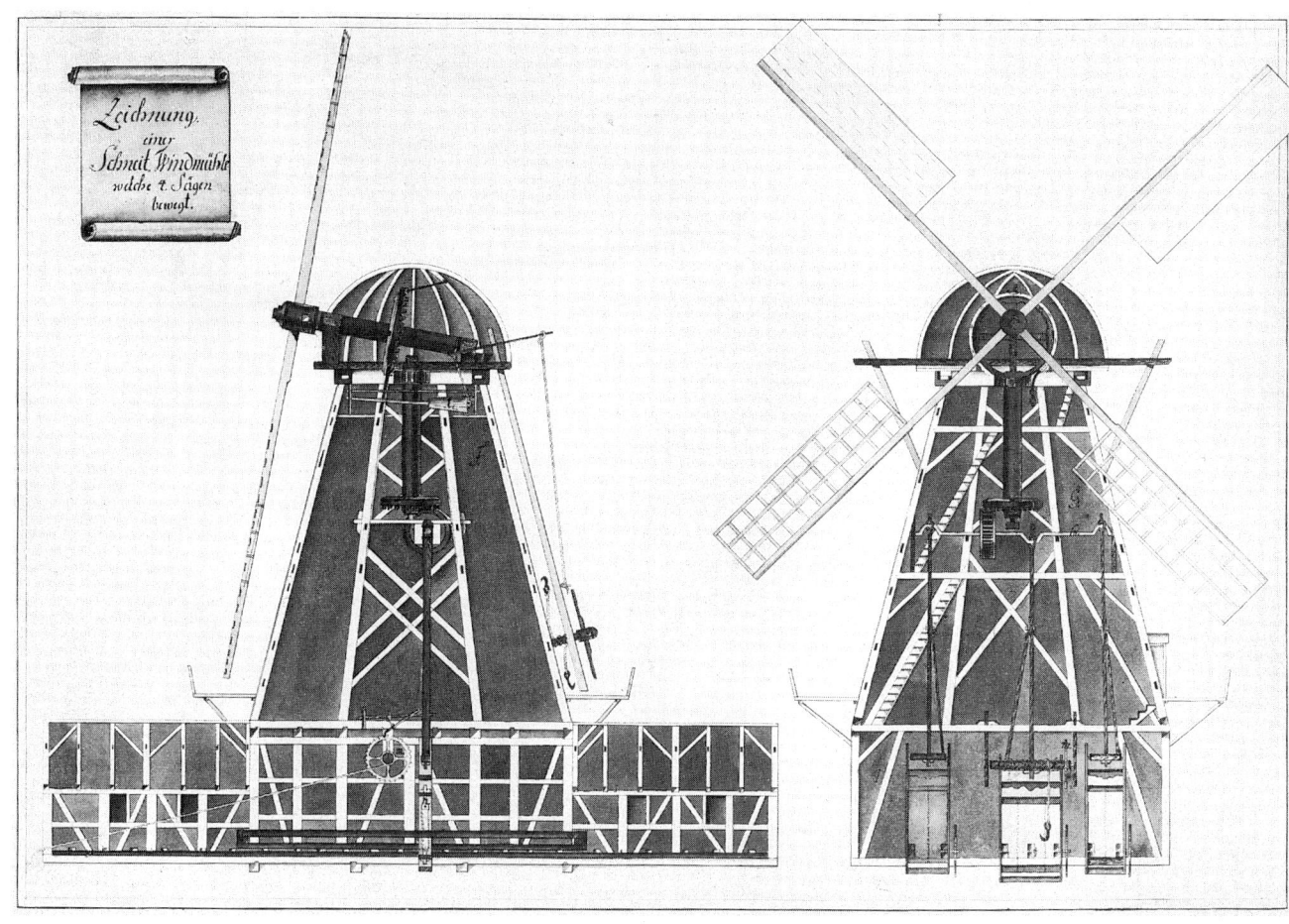

wegen. Um das zu ermöglichen, wird von *Poppe* folgende Grundkonstruktion einer mit Wasserrad betriebenen Sägemühle angegeben: Das Wasserrad (p) betreibt über ein Stirnrad (r), welches in einen Trilling (m)
eingreift, eine Kurbel (f, e). Diese ist mit einem Leitarm
(e, d) verbunden, der den Sägerahmen (Sägegatter)
(d, c) auf und ab bewegt. Durch Schraubengänge kann

das im Rahmen mittig eingesetzte Sägeblatt straff ge-
spannt werden. Jeder Abwärtsgang der Säge bewirkt
einen Schnitt, während die Aufwärtsbewegung unwirk-
sam ist. In dieser Zeit muß der durchzusägende Klotz
um die Breite eines Schnittes der Säge entgegenge-
schoben werden. Das wird durch ein Sperrad (n) bewirkt, in das eine Stoßstange (h, l) eingreift. Diese wird

Prinzipskizze eines Sägewerkes
(aus Poppe, Technologisches
Wörterbuch)

Vertikalvollgattersäge mit acht
Sägeblättern, von einem oberschlächtigen Wasserrad betrieben (Wilthen/Lausitz)

154

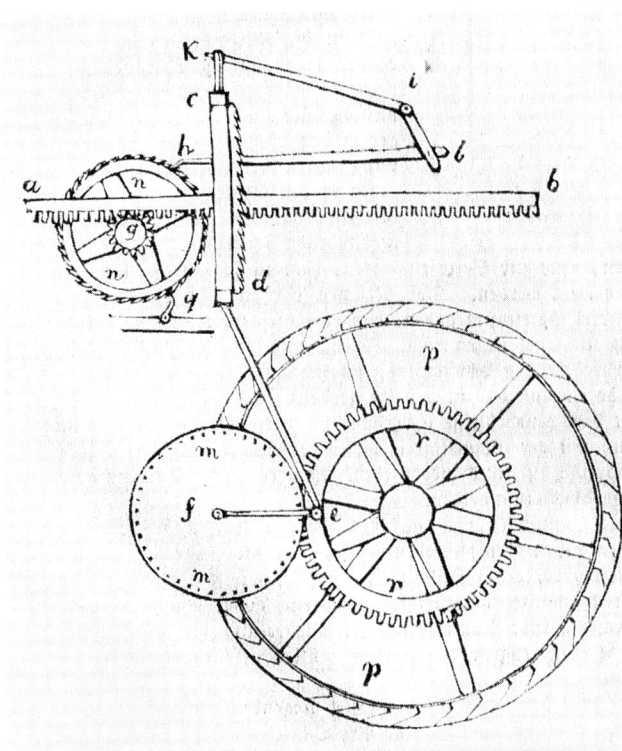

und eine von unten nach oben schräg verlaufende
Zahnfront enthalten, damit alle Zähne genutzt werden.
Dieser spitze Winkel der Säge wird Anlauf oder Busen
genannt.

Poppe verweist darauf, daß bei kräftigem Zug des
Wasserrades mehrere Sägeblätter im Gatter wirksam
werden können und damit gleichzeitig mehrere Bretter
von bestimmten Stärken geschnitten werden. Auch
können mehrere Gatter durch Kurbelantrieb gleichzeitig von einem Wasserrad bewegt werden. Ebenso
nennt *Poppe* schon 1837 Mühlen mit kreisförmigem
Sägeblatt, sogenannte Cirkelsägen, während Hori-
zontalsägegatter zu dieser Zeit noch keine Erwähnung
finden.

wiederum über einen mit dem Sägegatter verbundenen Winkelhebel (k, l), der drehbar gelagert ist (i), beim
Abwärtsgang der Säge rückwärts bewegt und gibt dadurch das Sperrad kurzzeitig frei, um es beim Hoch-
gang des Gatters zwischen den nächsten Zähnen mit
dem klauenförmigen Ende (h) wieder zum Stillstand zu
bringen. Damit wird gleichzeitig durch beiderseitigen
Eingriff von kleinen Zahnrädern (g) in die unter dem
Schlitten (Klotzwagen) befindlichen Zahnstangen (a,
b) ein Weiterrücken des auf dem Wagen verkeilten
Klotzes bewirkt. Ein Sperrhaken bzw. Sperrkegel dient
als Sicherung. Jedes Sägeblatt muß geschränkt sein

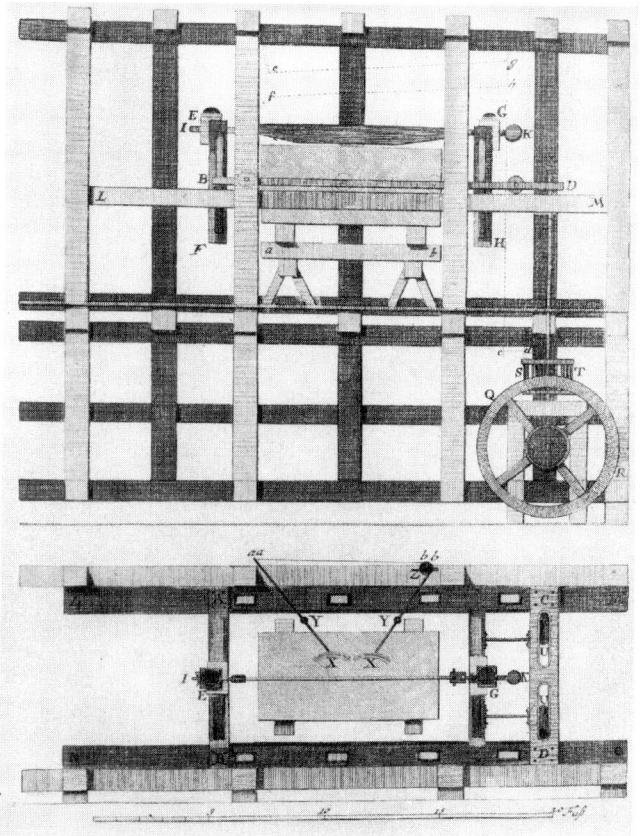

unter sich drücken werde, . . . Solcher Gestalt darff
niemand bey dem Schneiden beiständig seyn,
wenn einmahl der Stein aufgebracht worden, sondern die Machine wird ohne weitere Beyhülffe immer stille fortarbeiten, biß der gantze Stein durch-
geschnitten ist, daher man durch Ab- und Zugehen
allein Achtung zu geben hat, daß jemand zugegen
sey, wenn der Schnitt zuende gehet. Die zahnlose
Säge arbeitete sich also unter Druck bei ständiger Zu-
gabe von Wasser und Sand durch den Stein. Die ge-
schnittenen Steine wurden dann in der Schleifmühle
weiter verarbeitet.

Schleifmühle

Poppe definiert 1837 den Vorgang des Schleifens wie
folgt: Wenn man harte Körper, z.B. Metalle, Glas,
Steine und dergl. so aneinander oder an anderen
Körpern, oft mit Hinzufügung eines Zwischenmit-
tels (irgendeiner sand- oder pulverartigen schar-

Über die Arbeitsweise einer Steinsäge unterrichtet
uns *Beyer* 1735 wie folgt: In dieser Machine nun . . .
schneidet die Säge, welche aber keine Zähne hat,
und wird hin- und wieder getrieben, vermittelst
eines Rahmens ABCD, der auf Rollen über den Hölzern LM und NO hin und wieder gehet, . . . Es wird
aber diese Säge bei E und G mit zwey Centnern so
beschwehret, daß sie . . . eben mit solcher Kraft unter sich drückt . . . und daß sie von selbsten immer

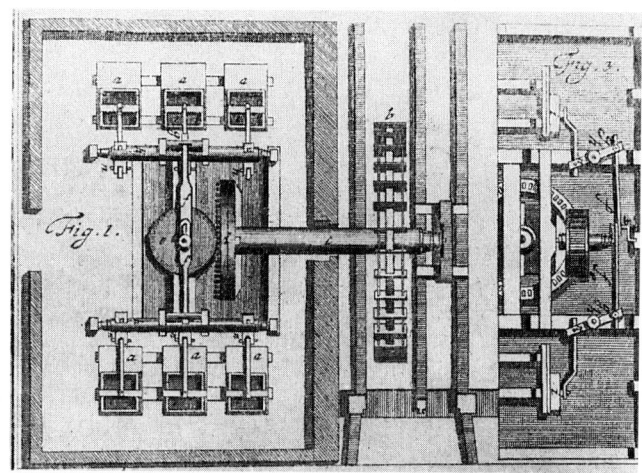

fen Substanz) reibt, daß sie entweder eigne Gestalten oder auch nur eine glatte Oberfläche bekommen, so schleift man sie. Das Schleifen selbst erfolgte durch wasserradgetriebene Schleifmühlen. Diese können folgende Einrichtung haben: Ein auf der Wasserradwelle sitzendes Kammrad greift in einen Trilling, der mit seiner Kurbel ein Hebelsystem links- und rechtsseitig so bewegt, daß die daran angeschlossenen kurbelartigen Hebel auf beiden Seiten mehrere Schleifsteine in Drehung versetzen können. Andere Möglichkeiten der Kraftübertragung bestehen durch Winkelgetriebe, die mit Riemenscheiben verbunden sind; die drehende Bewegung wird dann durch Keilriemen zu den Schleifsteinen übertragen. Mühlen dieser Art dienten der Steinschleiferei und Metallschleiferei, als Klingenschleiferei war das Gewerbe besonders im Tal der Wupper (BRD) ausgeprägt. Hier waren die »Schleifkotten« seit dem 16. Jh. in großer Zahl anzutreffen. Beim Spiegelschleifen wird ein Kasten mit den zu schleifenden Scheiben über Kurbel und Leitarm durch das Wasserrad hin- und herbewegt.

Für feinere Arbeiten benutzte man rotierende Polierscheiben aus Blei oder Holz (Nußbaum, Eiche, Mahagoni), das auch mit weichem Leder oder Filz überzogen sein konnte. Als Schleif- bzw. Poliermittel dienten Schmirgel und Öl oder Zinnasche und Wasser; für Gold wurde gepulvertes Hirschhorn verwendet.

So entstanden in den Schleif- und Poliermühlen gesägte, gedrechselte, geschliffene Marmor- und Graniterzeugnisse für Schlösser und Kirchen, desgleichen schliff und polierte man Spiegel, Gläser sowie metallische Gebrauchsgegenstände.

In Schwerin existiert noch heute eine Schleifmühle aus dem 18. Jh. Sie soll als Schauanlage wieder aufgebaut werden.

Märbelmühle

Auch die Märbelmühlen gehören im weiteren Sinne zu den Schleifmühlen. Sie waren neben anderen Mühlen in den Flußtälern am Südhang des Thüringer Waldes seit dem 18. Jh. lokalisiert. Unter Märbeln versteht man Steinkugeln, die aus feinkörnigem Muschelkalk hergestellt wurden und als Kinderspielzeug dienten. Die Technologie ist einfach: Der Stein wird in kleine Würfel gebrochen, die ein grobmaschiges Sieb passieren müssen und dann zur Weiterverarbeitung kommen. Diese aussortierten Steinwürfel gelangen zur Schleifscheibe, die aus gleichmäßigen, der künftigen Kugelgröße entsprechenden Rillen besteht. Die Drehbewegung des Steines bewirkt das Abschleifen der Würfel zu Kugeln, die dann im Färbefaß poliert und gefärbt werden. Der Antrieb entspricht dem einer mehrgängigen Mahlmühle. Die letzte Märbelmühle arbeitete bis 1954 in Truckenthal. Ihre technische Einrichtung ist im Otto-Ludwig-Museum Eisfeld ausgestellt. Auch im alpinen Raum hat es Märbelmühlen (»Schussermühlen«) gegeben. Eine wird noch in Berchtesgaden betrieben.

Holzschleifmühle

Eine Schleifmühle besonderer Art ist die Holzschleifmühle. Sie geht letztlich auf eine Erfindung des aus Hainichen gebürtigen *Friedrich Gottlob Keller* (1816 bis 1895) zurück, dem es 1843/1844 als erstem gelang, aus Holzstoff oder Holzschliff (beide Bezeichnungen werden gleichberechtigt verwendet) unter Zusatz von 40 % Hadersubstanz ein brauchbares Papier herzustellen. Als ursprünglich gelernter Weber und späterer Webmeister hatte sich *Keller* nebenher mit Mechanik beschäftigt. Von dem Bau eines Wespennestes angeregt, kam er auf die Idee, Papier aus Holzfasern herzustellen. Seine erste »Handschleifmühle« war äußerst primitiv. Davon steht noch je eine Nachbildung in den Museen Hainichen und Krippen. Der Grundgedanke war einfach: Auf einem normalen Schleifstein wird Holz naß geschliffen. Um diese Erfindung nutzbar zu machen, erwarb *Keller* 1845 eine Papiermühle in Kühnheide/Erzgebirge. Da er den kapitalistischen Marktbedingungen nicht gewachsen war,

mußte er aus wirtschaftlichen Gründen seine Erfindung dem Direktor der Bautzner Papierfabrik *Heinrich Völter* verkaufen. Auch sein Kühnheider Anwesen gab er 1853 auf und zog sich nach Krippen bei Bad Schandau zurück, wo er am 8.9.1895 verstarb. Erst in den letzten Lebensjahren fand er Anerkennung und Unterstützung. *Kellers* Erfindung leitete umwälzende Veränderungen in der Papierindustrie ein, war man doch nun nicht mehr einzig und allein auf die Textilabfallstoffe (Lumpen, Hadern) angewiesen.

Der Aufbau der von *Keller* erfundenen und von *Völter* wesentlich verbesserten Holzstoff- bzw. Holzschliffanlage ergibt sich technologisch aus folgenden Schritten: Schleifen, Sortieren und Raffinieren des abgeschliffenen Stoffs; daran schließt sich die Entwässerung an. Als Antriebsmaschine diente ein Wasserrad.

Das zum Holzschliff verwendete Material besteht meist aus Nadelhölzern, vorrangig Fichte und Tanne. Es wird in kurze Stücke von maximal 0,5 m Länge geschnitten, maschinell geschält und von Ästen befreit. Zur Gewinnung des Holzstoffs selbst dient der Schleifapparat oder Defibreur. Sein Hauptbestandteil ist ein größerer Schleifstein, der sich mit 120 bis 160 Umdrehungen je Minute bewegt. Parallel zur Achse wurde ursprünglich das Holz durch an Seilen hängende Gewichte mit konstanter Kraft gegen die Reibefläche des Schleifsteins gepreßt. Das geschah später auch durch Ketten oder hydraulischen Druck.

Der stark mit Wasser verdünnte Holzschliff gelangt nun auf den Splittenfänger, der alle gröberen Teile des Stoffes zurückhält. Er besteht aus einem eisernen Trog, in dem ein hölzerner, mit konisch gelochten Metallplatten versehener Kasten durch Exzenter schüttelnd bewegt wird. Der dadurch von groben Splittern befreite Holzstoff wird dann zu dem Sortierapparat

Sägewerk der Neumannmühle/ Detail des Sägewerkes der
Sächsische Schweiz (Konstruk- Neumannmühle
tionsprinzip des 18. Jh.)

oder Epurateur weitergeleitet. Dieser enthält zwei oder mehr übereinanderliegende, aus gelochtem Kupferblech bestehende Flachsiebe, die von einer Exzenterwelle mit etwa 500 Hüben je Minute in Schüttelbewegung versetzt werden. Der grobe Holzschliff bleibt auf dem oberen Sieb liegen, während der feinere Holzstoff abfließt. Daneben gibt es noch Zylindersortierer. Hier hält ein mit feinem Messinggewebe bezogener Zylinder die gröberen Splitter zurück, während der feine Holzschliff mit dem Wasser durch die Maschen des Siebes dringt. Dieser Apparat liefert drei verschiedene Sorten von Holzschliff. Der grobe, der vom oberen Sieb zurückgehalten wurde, gelangt zum Raffineur oder Verfeinerer, der aus einem typischen Mahlgang mit zwei scharfen Steinen (Bodenstein und Läufer) besteht. Hier wird der Holzschliff verfeinert und nochmals den Sieben zugeleitet. Er wird dann in einer Papiermaschine bzw. Holzpappenmaschine entwässert und in dünne pappenähnliche Lagen von 30 bis 40 % Stoffgehalt geformt. Diese Maschine besteht aus einem großen Behälter, in den der Holzschliff einfließt. In dem vorderen Teil des Behälters ragt ein liegender feiner Drahtzylinder etwas über die Oberfläche der Maschine hervor. Bei der Drehung dieses Drahtzylinders bleiben die Holzfasern in ganz dünnen Schichten auf demselben hängen, worauf sie an ein über mehrere Walzen gehendes Filztuch abgegeben und nach einer Presse geleitet werden, die aus zwei übereinanderliegenden starken eisernen Walzen besteht.

Dieses »klassische« Verfahren der Holzschliffherstellung wird auch als Kaltschliff oder Kurzschliff bezeichnet. Die Faserlänge beträgt nur 0,288 bis 1,238 mm. Später trat der Längsschliff (Tangensschliff) mit der wertvolleren Faser von 0,432 bis 2,160 mm Länge hinzu.

Andere, vor allem auf chemischer Grundlage fußende großtechnische Verfahren lösten schrittweise diese alte Technologie ab.

Eine komplette Kaltschliffanlage in der Keller-Völterschen Urform ist uns etwa aus dem Jahre 1870 in

der Neumannmühle (Sächsische Schweiz) erhalten geblieben. Hier beginnt der Prozeß bereits mit dem Zersägen des Holzes, wofür eine vertikale Eingattersäge eingesetzt ist, die in ihrer Grundkonstruktion aus dem Jahre 1800 erhalten blieb. Kegelradgetriebe und ein weit ausgebautes Transmissionssystem von Riementrieben bewegen die beschriebenen Arbeitsmaschinen zur Holzschliffherstellung. Als Antriebsmaschine dient ein unterschlächtiges Wasserrad von 4,60 m Durchmesser, das sein Aufschlagwasser von einem Mühlgraben erhält, der von der Kirnitzsch abgeleitet ist. Die Holzschliffherstellung wurde hier noch bis 1945 betrieben. Abnehmer des Produkts war eine in der Nähe gelegene Papierfabrik.

Die Neumannmühle zählt zu den einmaligen technischen Denkmalen eines Industriezweiges, die als Schauanlage öffentlich zugänglich ist. Als historische Sägemühle (erste Erwähnung als Mahl- und Schneidemühle 1379) für das auf der Kirnitzsch angeflößte Nutzholz hat sie lokale Bedeutung. Ihr internationaler Ruf liegt in der originalen Bewahrung einer kompletten mit Wasserrad betriebenen Keller-Völterschen Holzschliffanlage.

Reifendreherei

Das im oberen Erzgebirge praktizierte Reifendrehen war eine handwerkliche Kunst, die an keinem anderen Ort so beherrscht wurde wie in der Seiffener Gegend. Als besondere Drechseltechnik war sie hier im Laufe des 18. Jh. bodenständig und an Stelle des zurückgehenden Bergbaus zur Erwerbsquelle geworden. Manches Pochwerk wurde, den Wasserradantrieb nutzend, zum Drehwerk umgebaut. Die Kunstfertigkeit des Reifendrehens besteht darin, den Reifen aus leicht zu bearbeitendem Holz so zu drechseln, daß er im Querschnitt Spielzeugfiguren (Tiere und dergl.) aufweist, die dann mit dem Schnitzmesser abgetrennt werden können.

An diese alte Technik erinnert das 1758 bis 1760 erbaute sogenannte Preißlersche, oberschlächtig betriebene Wasserkraftdrehwerk. Es wurde nach seiner Stilllegung seit 1953 an ursprünglicher Stelle als Schauanlage im Seiffener Freilichtmuseum erhalten. Als ältestes und einziges erhaltenes Wasserkraftdrehwerk der DDR zählt es zu den bedeutenden technischen Denkmalen von internationalem Rang.

Hebewerke für Wasser und Sole

Im Gegensatz zum vorangegangenen Kapitel werden hier nicht wie in der Mühle Produkte bearbeitet, sondern Hebewerke angetrieben. Letztlich aber geht es wieder erstrangig um die alten »Kunstbauten«, die, abgesehen von wenigen noch erhaltenen Anlagen, längst vergessen sind. Das Werk der alten Kunstmeister, vergegenständlicht durch ihre aufgeschriebenen Gedanken, Risse und Zeichnungen, soll in den folgenden Ausführungen lebendig werden. Wert wurde auch auf die Konstruktion der Poldermühlen, das Werk der holländischen Mühlenbauer, gelegt.

Aus dem umfangreichen Gebiet der historischen bergbaulichen Anlagen zur Grubenentwässerung, die heute meistens nicht mehr existieren, aber Stoff für ein ganzes Buch bieten würden, konnten nur einige Beispiele ausgewählt und in den Ausführungen zur Soleförderung integriert werden.

Soleförderanlagen waren seit dem 18. Jh. entsprechend der großen Zahl der Salinen weit verbreitet. Auf den noch unausgewerteten wissenschaftlichen Altbeständen fußend, wird in die Vielfalt dieses leider bisher zu Unrecht zweitrangig behandelten Gebietes ein Einblick gegeben. Zudem sind vereinzelt Restanlagen von exemplarischer Bedeutung vorhanden, die heute als technische Denkmale gelten. Grundsätzlich lassen sich in der folgenden Betrachtung zwei Förderschemata unterscheiden:
– Die Förderung des Polder- bzw. Grubenwassers bis zum oberen Niveau der Hebeeinrichtung (Polderrad, Förderschnecke, oberer Pumpensatz) und sein Abfluß durch Röschen, Gerinne und Kanäle bzw. Grachten.
– Die in der Regel stufenweise erfolgte Hebung der Sole bzw. des Trinkwassers in den Oberbehälter eines Kunstturmes (Schachtturmes, Wasserturmes usw.). Von hier aus erfolgte die Weiterleitung durch freien Fall zu den Zapfstellen der Verbraucher bzw. zu den Gradierwerken.

Die Wasserhebeanlagen der Schloßbaukunst stellen oft Mischformen dar.

Poldermühlen

Die Niederlande (oft nach den Kernprovinzen Holland benannt) sind das Land der Poldermühlen. Sie waren es, dem große Teile dieses Landes (die eingedeichten Marschengebiete) ihre Existenz zu verdanken haben. Im ständigen Ringen mit dem Meer wurde das generell tiefer liegende Kulturland (Polderland) gewonnen, das von einem schachbrettartig angelegten Graben- und Kanalnetz durchzogen und mit Deichen vor Überflutung gesichert ist. 1741 berichtet das Zedlersche Universallexikon darüber folgendes: Polder, Lat. Locus poludosus fossis interstinelus, heisset in Holland, ein mit Dämmen und Teichen eingefastes, durch Kunst (Kunstmühlen, der Verf.) trocken gemachtes, und mit Gräben durchzogenes Land, dergleichen daselbst viele anzutreffen.

Die holländische Landschaft ist seit dem Mittelalter bis heute von den Poldern geprägt, denn es besteht wie in alter Zeit die Notwendigkeit, ganze Gebiete, die mehrere Meter unter dem Meeresspiegel liegen, zu entwässern, da hier das Regenwasser nicht auf natürliche Weise durch Bäche oder Flüsse dem Meer zugeführt werden kann. Diese Aufgabe fiel den sogenannten Poldermühlen zu (heute sind es elektrisch betriebene Pumpstationen). Sie förderten das Regenwasser bzw. ständig nachsickerndes Polderwasser außerhalb des Deiches in höher gelegene Kanäle und schützten so das Land vor Überschwemmung. Der Holländer spricht vom »Hochmahlen« des Polderwassers. Seit

Ein Schauffel-Werck oder Rad da das Wasser durch die Schauffeln herausgeschlagen wird, und in Holland gebräuchlich ist (aus Leupold, Tab. XIX)

Holländischer Tjasker

161

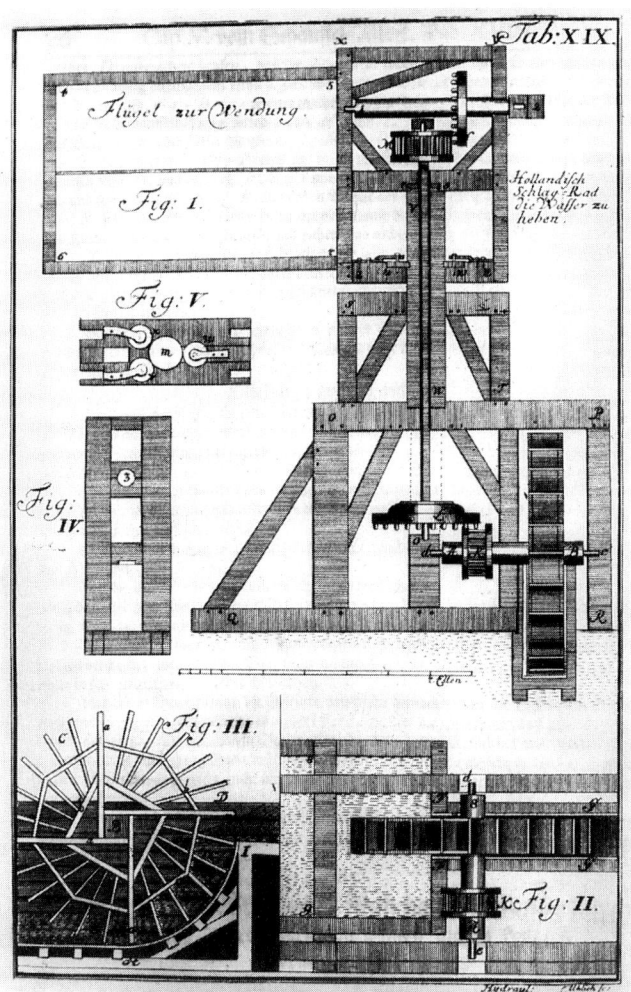

dem 14. Jh. wurde dazu die Windkraft genutzt. Jedoch sollen auch zuerst wasserschöpfende Göpelwerke im Einsatz gewesen sein. Zum »Hochmahlen« dienten in der Regel die Archimedische Schraube und das Schöpfrad (Schaufelrad/Wurfrad).

Zur ersten Einrichtung bemerkt *Langsdorf*: Die archimedische Schnecke ist unter allen Wasserhebungsmaschinen die älteste, ... wohl die einfachste und gewiss eine der sinnreichsten Wasserhebungsmaschinen. Deshalb hatte sich dieser Fördermechanismus seit der Antike über Jahrtausende bewährt. Die Maschinenbücher des 17. bis 19. Jh. greifen immer wieder auf diese Grundkonstruktion in variierten Formen zurück.

Die kleinste Windmühle mit archimedischer Schraube ist der auch als Schreckmühle bekannte Tjasker. Dieser ebenfalls in mehreren Konstruktionsvarianten erbaute Typ – ursprünglich eine niederländische Erfindung des ausgehenden 16. Jh. – war vor allem in Friesland und in Nordost-Overijsel eingesetzt, während er

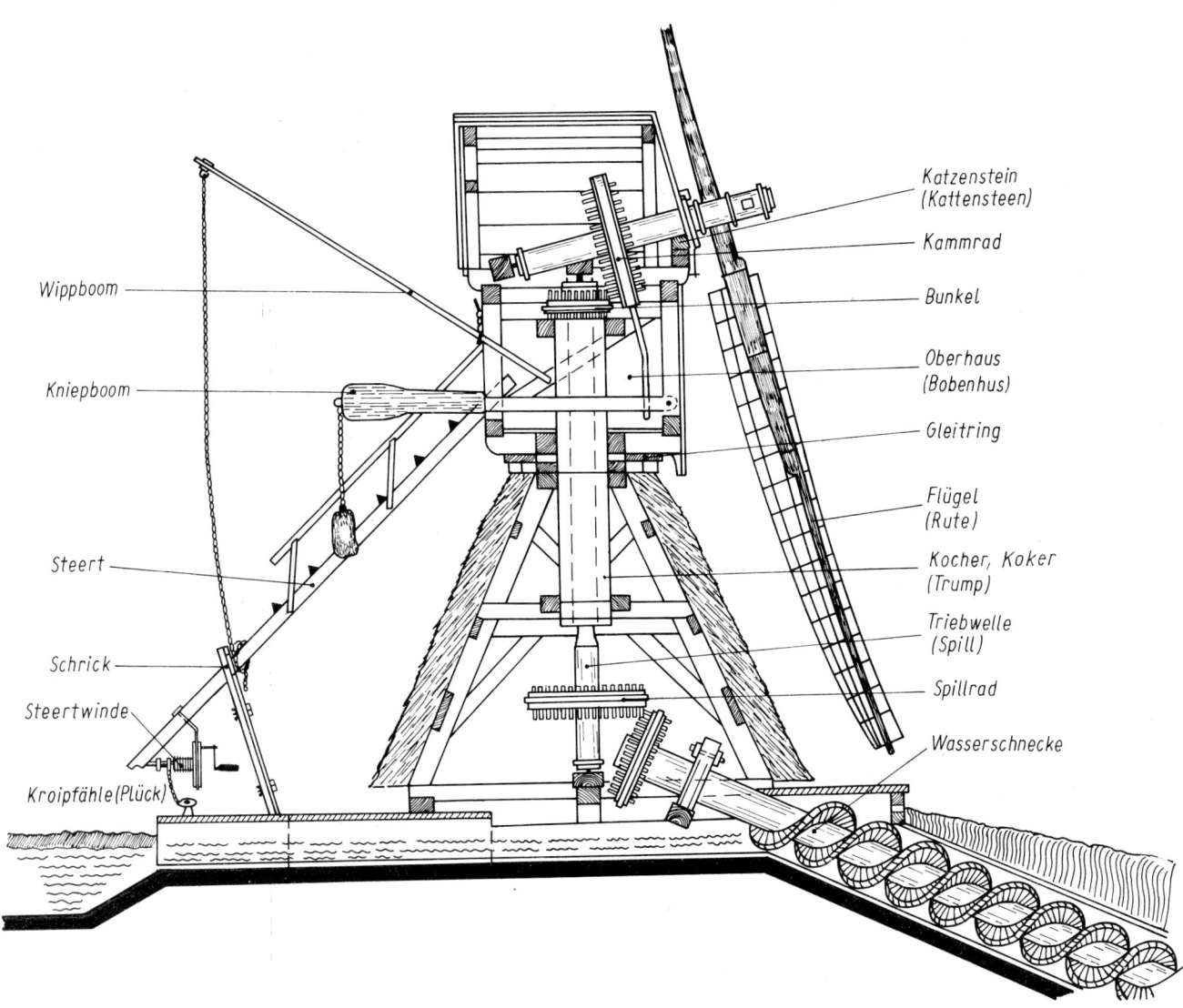

Wippboom

Kniepboom

Steert

Schrick

Steertwinde

Kroipfähle (Plück)

Katzenstein
(Kattensteen)

Kammrad

Bunkel

Oberhaus
(Bobenhus)

Gleitring

Flügel
(Rute)

Kocher, Koker
(Trump)

Triebwelle
(Spill)

Spillrad

Wasserschnecke

im Westen der Niederlande unbekannt war. Weiterhin war er in Schleswig-Holstein zu finden. Ein originales Exemplar existiert noch in Brandeburen (Friesland, Niederlande). 16 neue Exemplare erbaute der holländische Mühlenbauer *Dijksma* aus Giethoorn. Der Tjasker besteht praktisch nur aus einem Bock bzw. Fuß, auf dem der ganze Körper drehbar gelagert ist. Er setzt sich aus der Archimedischen Schraube, der um 25° bis 30° geneigten, unmittelbar mit der Schraube verbundenen Flügelwelle sowie den Flügeln zusammen und diente der lokalen Wiesenentwässerung bei einer relativ geringen Förderhöhe, die zwischen Sammelgraben und Abflußgraben bestand.

Meist sind aber Archimedische Schrauben in die unbewohnten Koker (Wipp- bzw. Köchermühlen) eingebaut. Diese Mühlen soll es in Holland in großer Zahl gegeben haben. Aber auch in den Marschengebieten waren sie zur Entwässerung eingesetzt; besonders in der Wilster Marsch (Schleswig-Holstein, BRD) war das der Fall. Das ertragreiche Küstengebiet von 129 km^2 Ausdehnung liegt bis zu 3,65 m unter Normalnull. Über Jahrhunderte wurde auch hier gepoldert. Mehr als 300 typische Wippmühlen »mahlten« mittels archimedischer Schrauben (Schneckenwellen) das Wasser aus den Gräben der Marsch in höher gelegene Kanäle (die sogenannten Wettern). Eine dieser Mühlen (Koker) ist in Honigfleth/Stordorf (»Gehöft Egge«) als technisches Denkmal erhalten geblieben. Eine weitere funktionstüchtige Windschöpfmühle (Wippmühle der gleichen Art) zeigt das Vierländer-Freilichtmuseum Rieckhaus in Hamburg-Curslach (BRD). Darüber hinaus ist in Hamburg-Bergedorf (BRD) eine solche Mühle vom Jahre 1731 als Mühlenmuseum eingerichtet.

Die kleinsten Formen der Wippmühlen mit Archimedischer Schraube sind der »Spinnekop« (Spinnkopf) und die »Weidenmolentje« (Wiesenmühle). Beide können von einem breiten Windbrett (Sterz) automatisch in die Windrichtung gedreht werden. Eine Spinnkopfmühle existiert noch im schleswig-holsteinischen Freilichtmuseum (BRD). Größere Wipp- bzw. Köchermühlen arbeiteten mit einem Schaufelrad. Auch hier läuft, wie das bei der Schöpfmühle mit Archimedischer Schraube der Fall ist, die vertikale Welle durch den Köcher und verbindet das im drehbaren Mühlenhaus befindliche Triebwerk über einen Bunkler mit dem auf der Schöpfradwelle sitzenden Kammrad.

Allgemein gesehen war die Wippmühle die am meisten verbreitete Schöpfmühle in den Polder- und Marschengebieten. Die erste soll 1414 in den Niederlanden erbaut worden sein. Schaufelradmühlen gab es vermutlich seit 1450. Neben dem Tjasker existierte in den Polder- und Marschengebieten eine ebenso kleine Windmühle, die mit einem Schöpfrad arbeitete. Des weiteren berichtet der Königlich Preußische Bergrat *Alexander Eversmann,* der 1793 eine Studienreise durch Holland unternahm, von kleinen Poldermühlen, die der Entwässerung von Wiesen dienten. Hier wurde von einem auf der Spitze stehenden rotierenden Kegel das Polderwasser durch im Kegelmantel befindliche schaufelförmige Hohlräume (ähnlich dem Schaufelrad) nach oben geschleudert.

Am stärksten hat, seit dem 16. Jh. beginnend, der größere Turmwindmühlentyp die holländische Polderlandschaft geprägt. Dieser Typ war grundsätzlich mit hölzernen, später eisernen Schaufelrädern ausgestattet, die nach holländischen Angaben einen Durchmesser von etwa 5 m hatten und etwa 50 cm breit waren. Seltener sollen Archimedische Schrauben zur Anwendung gekommen sein. In seinem »Theatrum machinarum . . .« stellt uns der holländische Mühlenbaumei-

Holländische Poldermühle mit
Schöpfrad; Achtkantständerbau
mit drehbarer Haube (Schnitt;
aus Zyl, Tab. XXIV)

Holländische Poldermühle mit
Gerinne, Schöpfrad und Details
(Grundriß) (aus Zyl, Tab. XXV)

164

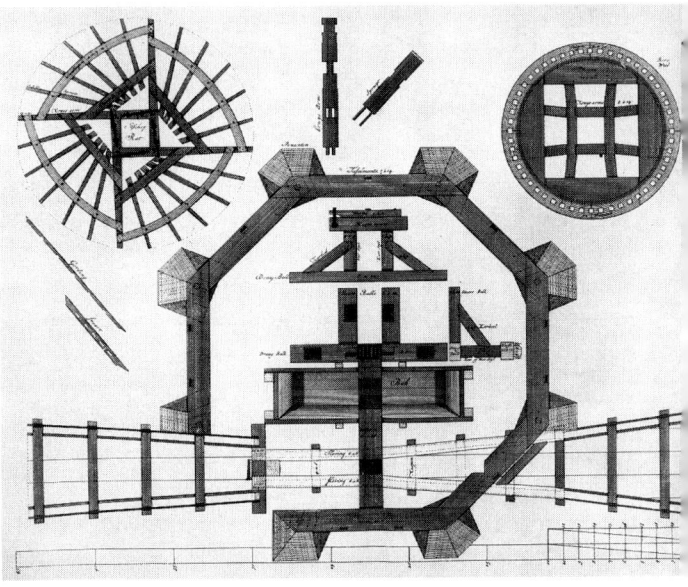

ster *van Zyl* 1738 eine Achtkantständer-Poldermühle vor, die in Amsterdam erbaut wurde. Der Grund- und Seitenriß dieser Mühle, die *Zyl* aufs genaueste beschreibt, läßt den üblichen Aufbau einer Turmwindmühle erkennen. Die Königswelle ist in der mittleren unteren Schwelle des Mühlenkörpers drehbar gelagert. Ein Kammrad-Stock- (»Drehling« bzw. Bunkel-) getriebe überträgt die Kraft auf die Schöpfradwelle. Bei entsprechend hoher Umdrehungszahl tritt eine Sogwirkung ein, die das Wasser aus dem Polder heraus-

zieht und über den Drempel in den Abflußgraben wirft. Der Grundriß zeigt im Inneren des Achtecks die Lagerung der Schöpfradwelle (Wasserwelle). Auffällig ist weiterhin der Trog (Bak), der das untere Kammrad umgibt. Links neben dem Achteck ist das Schöpfrad im Schnitt dargestellt, rechts daneben sind die Kreuz- oder Hauptarme und die Sprossen bzw. Schaufeln, darunter Gurtbänder abgebildet. Rechts oben ist das obere Kammrad in Schnitt und Aufriß gekennzeichnet.

Da der Höhenunterschied zwischen dem Polderniveau und dem über dem Meeresspiegel liegenden Entwässerungskanal (Gracht) bis 10 m betragen konnte, war das von einer Poldermühle nicht zu bewältigen. Deshalb wurde die Förderhöhe auf drei bis vier Mühlen stufenmäßig verteilt. Man spricht dann von einem Mühlendreigang bzw. -viergang.

Jede Mühle (heute noch in Kinderdijk) hat ihr eigenes Schleusentor, das sich sofort schließt, wenn das Schöpfrad aufhört, Wasser in den nächsthöheren Kanal (auch Busen genannt) zu »mahlen«. So wird also jeder Rückfluß des »hochgemahlenen« Wassers verhindert. Die Polderarbeit war natürlich nur sinnvoll, wenn alle Mühlen gleichzeitig arbeiteten. Bei plötzlich auftretendem Wind waren dann auch ganze Reihen von Mühlendrei- bzw. -viergängen in Aktion.

Von einigen Reservaten abgesehen, haben längst hochtechnisierte Pumpwerke die Funktion der alten Poldermühlen übernommen. Durch den Abschluß des Deltaplanes, eines gigantischen Bauprojektes, scheinen die Niederlande vor Überschwemmungen gesichert zu sein.

Wie alten Schriften zu entnehmen ist, waren Poldermühlen in relativ großer Zahl nicht nur in den Polder- und Marschengebieten der Nordsee anzutreffen, sondern ebenso im Ostseeraum. Das war z. B. noch in der zweiten Hälfte des 19. Jh. in der polnischen Niederung von Gdansk der Fall.

Wasserhebeanlagen in der Schloßbaukunst

Mancher Besucher barocker Schloßanlagen, der sich in sommerlichen Tagen an der gelungenen Harmonie von Architektur, Plastik, Gartenbaukunst und Wasserspielen erfreut, weiß nicht, daß die plätschernden Kaskaden und hoch aufsprühenden Fontänen im 17./ 18. Jh. einer umfangreichen »Maschinerie« bedurften. Wasserräder und Windkünste bewegten in der Regel das »lebensspendende Naß« eines nahegelegenen Flusses über mehrere Staustufen mit Hilfe von Pumpwerken in einen Hochbehälter, aus dem die Wasserspiele gespeist wurden. Die Geschichte berichtet über prächtige Wasserbauanlagen; aber auch klägliche Versuche, die nicht das geringste Druckgefälle erzeugten, blieben nicht aus. Letztlich war der Erfolg vom Geschick und von der Erfahrung der Kunstmeister, Mühlenbauer und Fontainers abhängig.

Das großartigste Beispiel eines nach vielen Bemühungen errungenen Erfolges zeigt der Schloßpark von Versailles. Diese prächtigste Barockschöpfung, die es je gegeben hat, und die für viele europäische Fürstenhöfe Vorbild war, sollte unter dem Regime *Ludwig XIV.* durch ausgedehnte Wasserspiele eine besondere Note erhalten. Dazu diente die Wasserhebemaschine von Marly. Sie hob das Wasser der Seine nach den Barockgärten von Versailles. Noch heute gilt sie als das grandioseste Werk der französischen Kunstmeister, Mühlen- und Pumpenbauer zur Zeit des Absolutismus. Die ersten Versuche fanden bereits in den 60er Jahren des 17. Jh. statt. Man hatte damals bereits künstliche Teiche zum Auffangen der Niederschläge angelegt. Ebenso dienten umgeleitete Bäche zur Bassinfüllung. Göpelwerke und Kunstmühlen waren im Einsatz, um kleinere Fontänen zu betreiben. Doch *Ludwig XIV.* verlangte etwas Außergewöhnliches. Ein Aufruf in ganz Frankreich sollte nach einem Wettbewerb den geschicktesten Fontainier ausfindig machen. Die Wahl fiel auf *Arnold de Ville.* Ihm zur Seite stand der Lütticher Zimmermann *Rennequin Sualem.* Während der siebenjährigen Bauzeit, von 1681 bis 1688, verschlang das Riesenwerk 1 700 000 Pfund Kupfer, ebensoviel Blei, 20mal soviel Eisen und 100mal soviel Holz. Die Kosten beliefen sich auf fast 400 000 Livre, und 1800 Menschen waren im ständigen Einsatz gewesen.

Das Besondere der Anlage war nicht das Neue (denn Wasserhebemaschinen dieser Art gab es in Holland schon längst), sondern nur die Größe. Bis ins

18. Jh. war die Leistung eines Wasserrades nur gering. Wenn 10 PS erreicht wurden, dann war das eine Ausnahme. Wollte man größere Leistungen erzielen, dann gab es nur eine Möglichkeit: Wasserräder zu Gruppen vereinigen. *Conrad Matschoß* äußert sich in seiner »Geschichte der Dampfmaschine« dazu wie folgt: Je größere Leistungen man so auf einen Ort zu konzentrieren suchte, um so schwerfälliger und ungeheuerlicher wurden die Maschinenanlagen. Schnell war die Grenze erreicht, wo der wirt-

schaftliche Nutzen aufhörte, und das technische Kunststück begann.

Von einem wirtschaftlichen Nutzen kann in Marly nicht die Rede sein: 14 Wasserräder von 12 m Durchmesser betrieben mit Hilfe von vielen Kunstgestängen 221 Pumpen, die das Wasser der Seine stufenweise auf 162 m Gesamthöhe hoben. Die Leistung betrug nur 80 PS. So bot diese »Riesenmaschinerie« nichts Neues, denn alle technischen Elemente waren seit langem vom Berg- und Mühlenbau bekannt. Hier war der Hö-

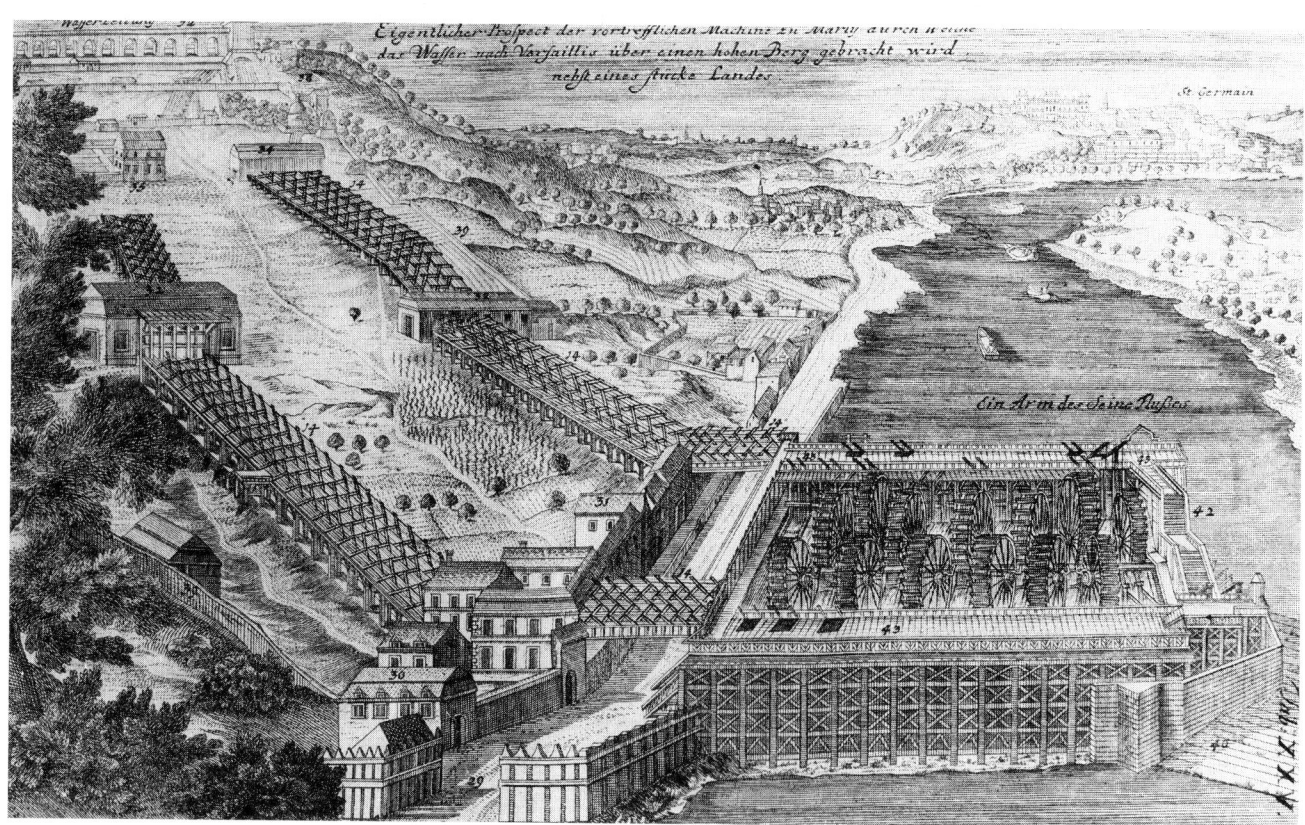

hepunkt handwerklichen Könnens bereits überschritten. Das wird um so deutlicher, wenn man bedenkt, daß die führenden Köpfe dieses gewaltigen »Kunstbaus«, *de Ville* und *Sualem*, keine Wissenschaftler, sondern Empiriker waren. Immerhin sind die Fontänen 132 Jahre von den alten Wasserkünsten betrieben worden. Erst seit 1817 wurden sie schrittweise durch eine Dampfmaschine und drei Sagebien-Räder ersetzt.

Ein Gegenbeispiel, das als barocke Wasserkunst nie über die Phase des großartigen Experiments hinausgewachsen war, bietet »Sanssouci«, die einstige Sommerresidenz *Friedrich II.* Noch heute umschließt der weitläufige Park wie ein grüner Mantel die Architekturbauten verschiedener Epochen. Auch hier ist die Vorbildwirkung der größten europäischen Schloßanlage nicht nur in architektonischer Sicht, sondern auch auf wasserbautechnischem Gebiet unverkennbar. Doch die Idee zu den Fontänen im Park von Sanssouci reicht bis in das Jahr 1748 zurück. Wie der Chronist berichtet, soll *Friedrich II.* an einem sonnenhellen Frühlingsmorgen von der Terrasse seines Weinberges seine eben vollendete »Lieblingsschöpfung«, das Werk *Knobelsdorffs*, betrachtet haben. Dabei rief er seufzend: Wie schön ist es hier, aber es fehlt alles Leben, wie es die Gärten von Versailles in ihren Wasserkünsten besitzen!

Wie der Chronik zu entnehmen ist, waren Holländer, allerdings wenig talentierte, die ersten, die versuchten, mit Hilfe von zwei Kunstmühlen (wobei die unterste als Wind-Roß-Mühle ausgebildet war) das Wasser auf den Ruinenberg zu fördern, um den notwendigen Druck zu erhalten. Doch diese und weitere Baumaßnahmen scheiterten, weil man die Gesetze der Hydraulik nicht beherrschte und die Rohrleitungen dem Wasserdruck nicht standhielten. 1780 wurde der Schlußpunkt gesetzt, nachdem der Fontänenbau 399 368 Taler, 15 Groschen und 7 Pfennige verschlungen hatte. Und doch ist das Ganze nicht nur als kostspielige königliche Spielerei zu bewerten; es ist vielmehr eine Tragik, daß die große barocke Idee durch Dilettanten zum Scheitern verurteilt war.

Nach weiteren 61 Jahren wurde das Projekt erneut aufgegriffen und diesmal mit Erfolg. Die damals von *Borsig* erbaute Dampfmaschine von etwa 80 PS, in einem Maschinenhaus »islamisch-maurischen« Stils untergebracht, setzte die Fontäne in Gang.

Was in Sanssouci noch heute an die kühnen Ideen der Barockzeit erinnert, das ist der historische Wasserbehälter auf dem Ruinen- bzw. Höneberg.

Trinkwasserhebeanlagen

Schon die mittelalterlichen Trinkwasserhebeanlagen arbeiteten wie die Solehebewerke nach dem Kommunikationsprinzip. Diese Anlagen, teilweise mit Göpelwerken, meist aber mit ober-, mittel- oder unterschlächtigen Wasserrädern von 5 bis 6,5 m Durchmesser betrieben, nannte man auch »Wasserkünste«; eine Bezeichnung, die sich also nicht nur auf das einfache Wasserrad bezog. Die Wasserförderung geschah schon damals in Förderstufen mittels Saugpumpen. Dieses Prinzip ist durch eine Vielzahl von Rissen und Zeichnungen belegt, u. a. in *Ramellis* »Schatzkammer mechanischer Künste«. Die Räder bestanden im Anfang generell aus Holz und wurden später durch eiserne ersetzt.

Die älteste Anlage des deutschen Raumes war in Augsburg. 1412 wird *Leopold Karg* aus Ulm mit dem

Blick in ein Wasserhebewerk
(aus Ramelli, Fig. 12)

Bad Dürrenberg – Gradierwerk 1
mit Windkunstattrappe (Ansicht
vom Kurpark). Im Bundsäulen-
rhythmus reihen sich die Gra-
dierwerkabschnitte der Bauart
nach Senff und der Saline Col-
berg aneinander (rechte Seite)

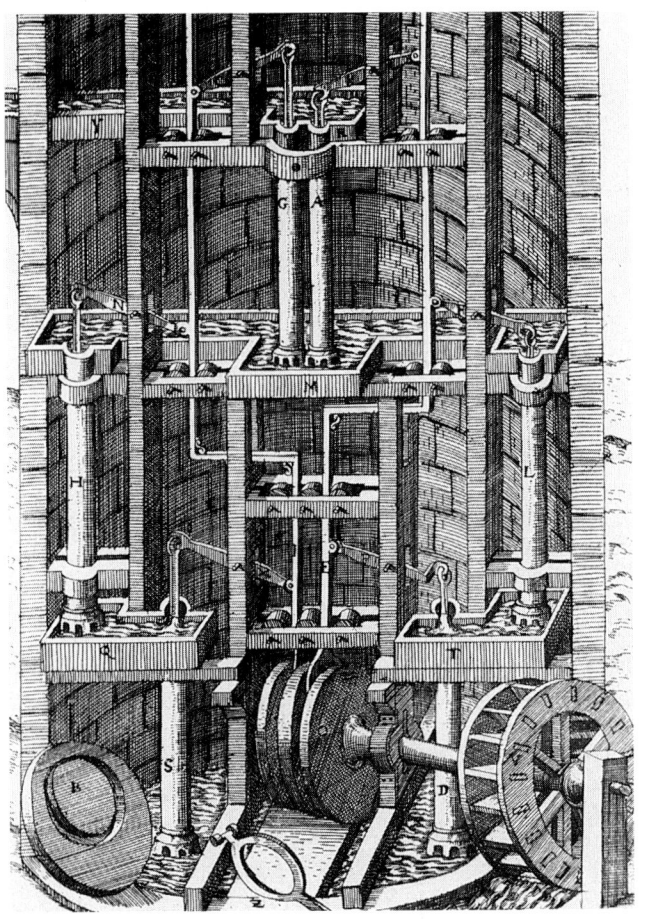

erfahren wir: Hans Felber zu der Zier und Nutzen unser Stadt, die Wasserkunst um viel vermehret und gebessert hat. Im Laufe der nächsten 100 Jahre wurde die Wasserversorgung Augsburgs dezentralisiert, indem vier weitere Pumpwerke in Betrieb genommen wurden.

Die Nürnberger Blaustern-Wasserkunst, gegen Ende des 16. Jh. erbaut, wurde von einem Rad oder einem Göpelwerk betrieben, das bei Wassermangel des Fischbaches im Sommer und bei Eisgang im Winter durch Pferde- oder Handbetrieb in Bewegung gesetzt werden konnte. Außerdem hatten die Wasserhebewerke einiger Nürnberger Brauereien ebenfalls einen Göpelantrieb für Zugtiere. Von der etwa 1450 erbauten Augsburger Wasserkunst »Bei den sieben Kindern« war ein Sonderfall zu verzeichnen. Hier wurde das Wasser etappenweise über archimedische Schrauben in einen Hochbehälter gefördert.

Als Wahrzeichen Bautzens gilt noch heute die »Alte Wasserkunst«. Sie wurde angeblich 1496 als Holzbau errichtet. Jedoch wird schon Anfang des 15. Jh. in den Akten eine pumpenmol erwähnt. Den heute noch stehenden Stein-Turm, der auch der Verteidigung diente, erbaute nach 1558 *Wenzel Röhrscheidt d. Ä.* Über sieben Turmgeschosse gelangte das Spreewasser mit Hilfe von Pumpwerken etappenweise nach oben in den Sammelbehälter und von da durch hölzerne Rohrleitungen zu den Zapfstellen. Seit 1798 wurden die ersten eisernen Rohre verwendet. 1606 bis 1610 kam zur Unterstützung der »Alten Wasserkunst« die »Neue Wasserkunst« von *Wenzel Röhrscheidt d. J.* zum Einsatz, die aber im 18. Jh. schon wieder restauriert wurde.

Eine interessante Wasserhebeanlage hatte die Burg Stolpen. Die Funktion der 1561 bis 1563 von *Martin*

Bau eines Trinkwasserhebewerkes am Roten Tor beauftragt. In einer Chronik wird darüber berichtet: Leopold Karg zuerst das Wasser hat geleitet, daß es in Röhren sich in ganzer Stadt verbreitet. Dieses Werk hatte noch verschiedene Mängel, da die verwendeten Rohre zu eng waren und der Wasserturm zur Erzeugung des notwendigen Druckes fehlte. Vier Jahre später

Bad Dürrenberg – Ansicht des Schachtturmpaares

Kandeln, Tröpfelhähne, Tröpfelrinnen eines Gradierwerkes

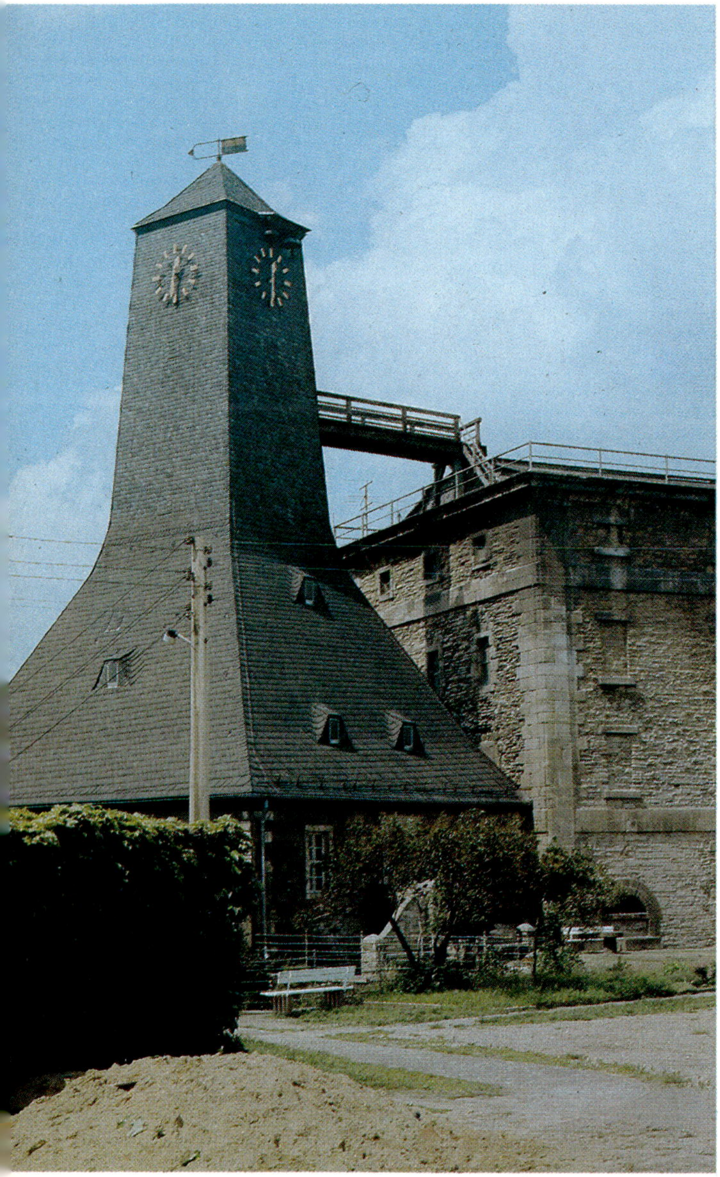

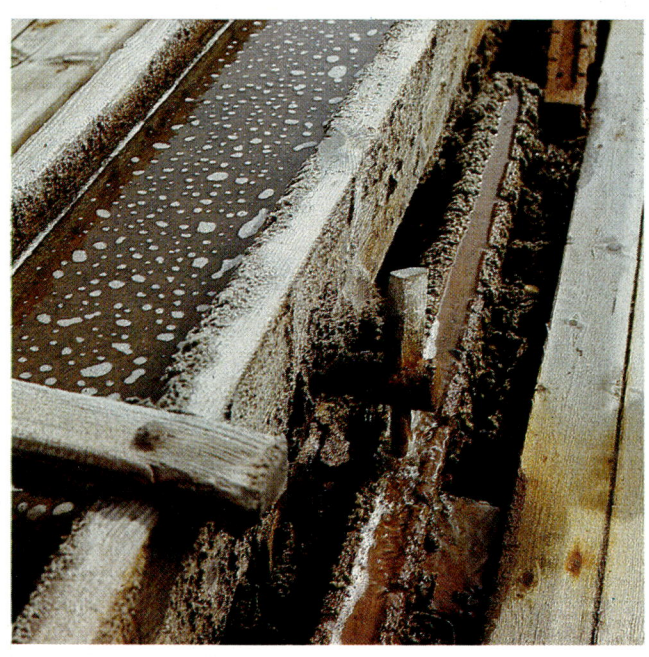

Parkansicht vom Gradierwerk 3
in Bad Dürrenberg. Wandelsteg
auf dem unteren Solebehälter.
Hier bietet sich die Möglichkeit
der Freiluftinhalation

Parallel laufende Doppelfeldgestänge mit gemeinsamem
Schwingenstuhl in Bad Kösen

Plan der Saline Dürrenberg aus
dem Jahre 1826 (nach einer
Zeichnung von E. Bischof)

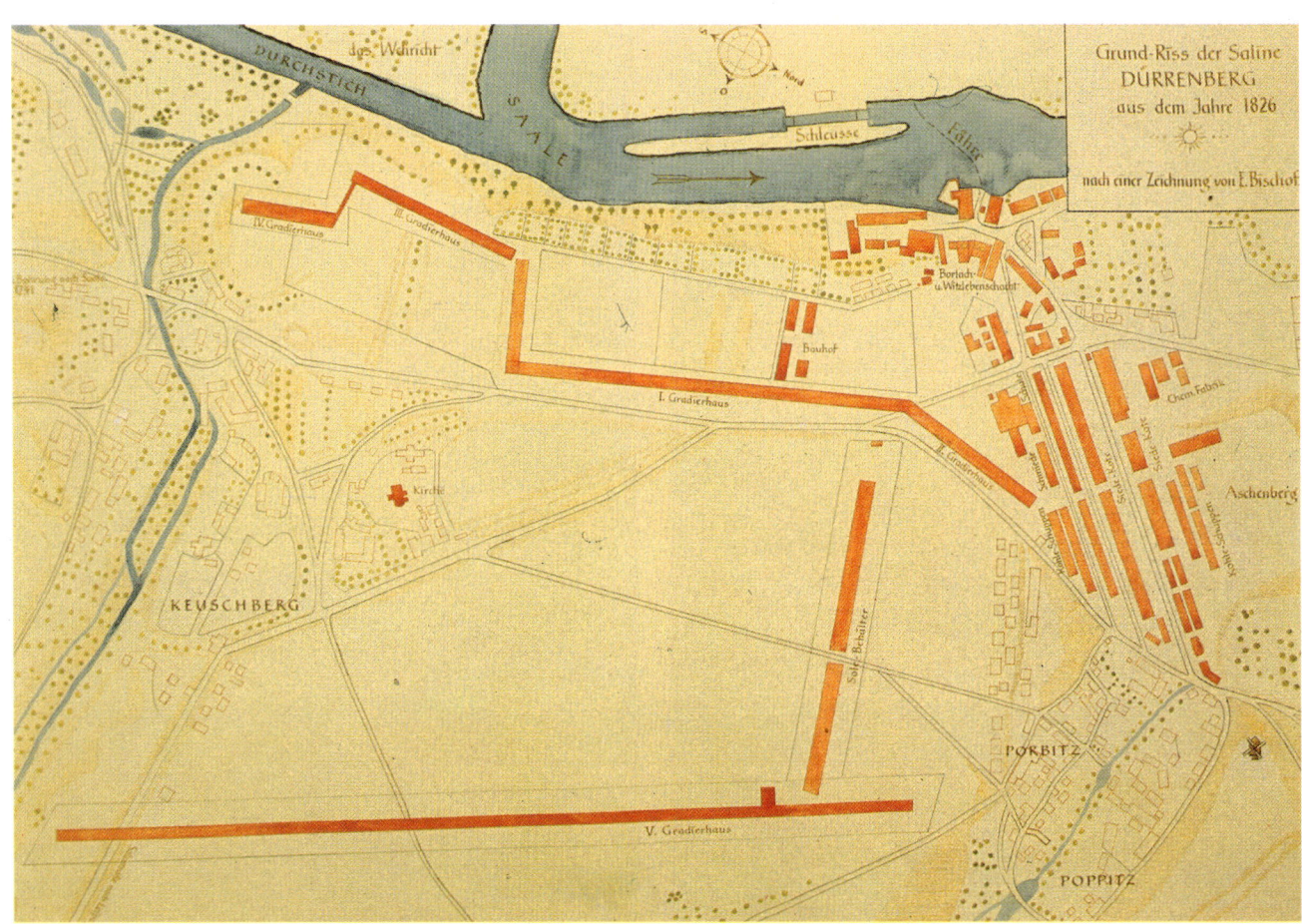

Dürrenberger Saline mit Schachtturmpaar und Radhäusern. Ansicht um 1830 (Original im Museum Bad Dürrenberg)

Gradierwerk 1 mit Kandelfahrten und Windkunstattrappe in Bad Dürrenberg

Bad Salzelmen – Ansicht des Kunstturmes (früher pumpentreibende Holländerwindkunst)

Blick vom Kurpark auf das Gradierwerk mit Windkunst in Bad Salzelmen

Technische Anlagen (überdachtes Gestänge, Radhaus und Wendedockenhaus) der Kunstgrabenquelle in Bad Sulza (rechte Seite)

Darnstedt bei Bad Sulza – Radhaus mit »Torsionsgestänge«. (Hier wurde die Kraft des Wasserrades durch die rotierende Bewegung der eisernen Welle übertragen)

Planer aus Freiberg/Sachsen errichteten Anlage ist noch heute an einem Modell ablesbar. Demnach bewegte ein am Fuße der Burg oberschlächtig betriebenes Wasserrad zwei 715 m lange parallellaufende Doppelfeldgestänge, die über dem Burgbrunnen endeten und dort mit Hilfe von Saugpumpensätzen das Wasser etwa 107 m hoben. Die Fördermenge betrug in 24 Stunden 27 m³. Es handelte sich also um ein verhältnismäßig frühes Parallelbeispiel zur Methode der Sole- und Wasserförderung, wie sie auf den Salinen und im Bergbau üblich war.

Funktionszeichnungen mittelalterlicher Wasserwerke sind uns u. a. aus Leipzig und Nürnberg überliefert. Die Leipziger Pläne zeigen die »rote« und »schwarze Kunst« am Ende des 18. Jh. Zu dieser Zeit erfolgte die Erneuerung der schon vor der Mitte des 16. Jh. betriebenen Werke durch *Johann Michael Senckeisen*. Die Anlagen waren vor dem Peterstor gegenüber der Pleißenburg lokalisiert. Zwischen beiden lag die Nonnenmühle. Gespeist wurden die beiden Künste durch das damals noch genießbare Pleißewasser. Die Grundkonstruktion blieb nach der Erneuerung gegenüber dem 16. Jh. im wesentlichen unverändert. Die »rote Wasserkunst« hatte am Ende des 18. Jh. noch enge hölzerne Röhren, während die »schwarze Kunst« seit dem Neubau mit eisernen Röhren ausgestattet war. Beide Künste wurden durch je zwei unterschiedliche Räder betrieben, die durch Hebel die Pumpenkolben in sechs Metallzylindern betätigten. Die Höhe der Zylinder entsprach im Gegensatz zu den Agricolaschen Hebewerken der Förderhöhe. Das Wasser wurde unten in einer offenen Rinne den Kolben zugeleitet, durch ein Saugventil in den Zylinder gefördert, durch das Druckventil im Kolben in den Zylinderraum oberhalb des Kolbens gedrückt und schließlich bis zum offenen Auslauf

an der obersten Stelle des Zylinders gehoben. Die Ausläufe mündeten in einen neben der Zylinderreihe angeordneten Sammelbehälter, aus dem das Wasser zu den einzelnen Leitungen gelangte. Die Kolbenstangen der »roten Kunst« wurden über waagerechte Kipphebel mit Zwischengestänge von der Kurbelwelle angetrieben. Ergänzend dazu ist bei *Leonhardi* über die »schwarze Kunst« 1799 nachzulesen: Sie hat zur ersten Bewegung zwei Räder, von denen das eine neun, das andere zehn Ellen Durchmesser hat, an jedem Rad arbeitet eine gegossene dreifache Kurbel (die hier an einer Seite der Räder liegt), diese bewirkt die zweite Bewegung durch angelegte Gestänge bei den oberen Hebarmen, die hierauf durch andere Gestänge und Kolben die dritte Bewegung, das Aufsteigen des Wassers, hervorbringen. Sieben Hauptleitungen führten das Wasser in die Stadt, Bleirohre leiteten es in die einzelnen Häuser.

Die Förderweise des erwähnten Nürnberger Blausternwerkes weicht von den Leipziger Künsten erheblich ab. Hier sind die Druckventile nicht im Pumpenkolben, sondern seitlich am Zylinder angebracht. Das Wasser wurde also in einer besonderen Druckleitung zum oberen Sammelbehälter gefördert. Die Saug- und Druckleitungen bestanden aus Bleirohr. Die dreifach gekröpfte Kurbelwelle betrieb sechs Pumpen, wobei die Kraftübertragung wiederum durch Kipphebel möglich war.

In der gesamten Wasser- und Soleförderung spielten die sogenannten Röhrenfahrten eine wichtige Rolle; so im Salinen- und Fontänenbau, worauf noch eingegangen wird, als auch in den mittelalterlichen Wasserleitungsnetzen der Städte. Beachtenswert sind Reste mittelalterlicher Röhrenfahrten in Lutherstadt Wittenberg und Halle. Vorwiegend fanden Holzrohre Verwendung; im Salinenwesen schon deshalb, weil

Prinzipskizzen der Wasserhebewerke in Leipzig (links, »Rote
Kunst« als Saugwerk) und Nürnberg (rechts, »Blausternwerk«
als Druckwerk)

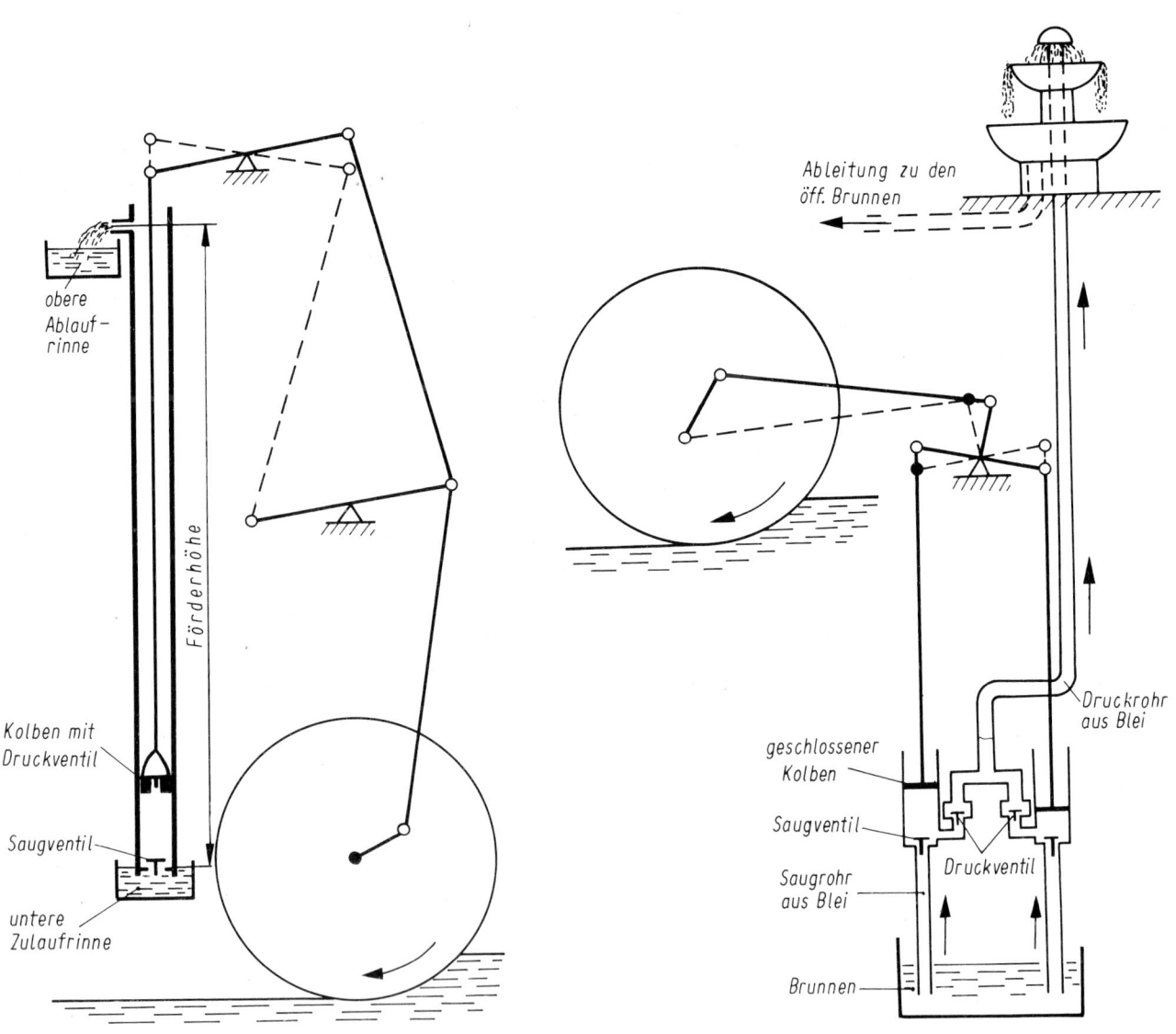

obere
Ablauf-
rinne

Förderhöhe

Kolben mit
Druckventil

Saugventil

untere
Zulaufrinne

Ableitung zu den
öff. Brunnen

Druckrohr
aus Blei

geschlossener
Kolben

Saugventil

Druckventil

Saugrohr
aus Blei

Brunnen

Eine sehr nützliche Machina,
die hölzernen Wasserröhren
damit zu bohren (aus Claus,
1615)

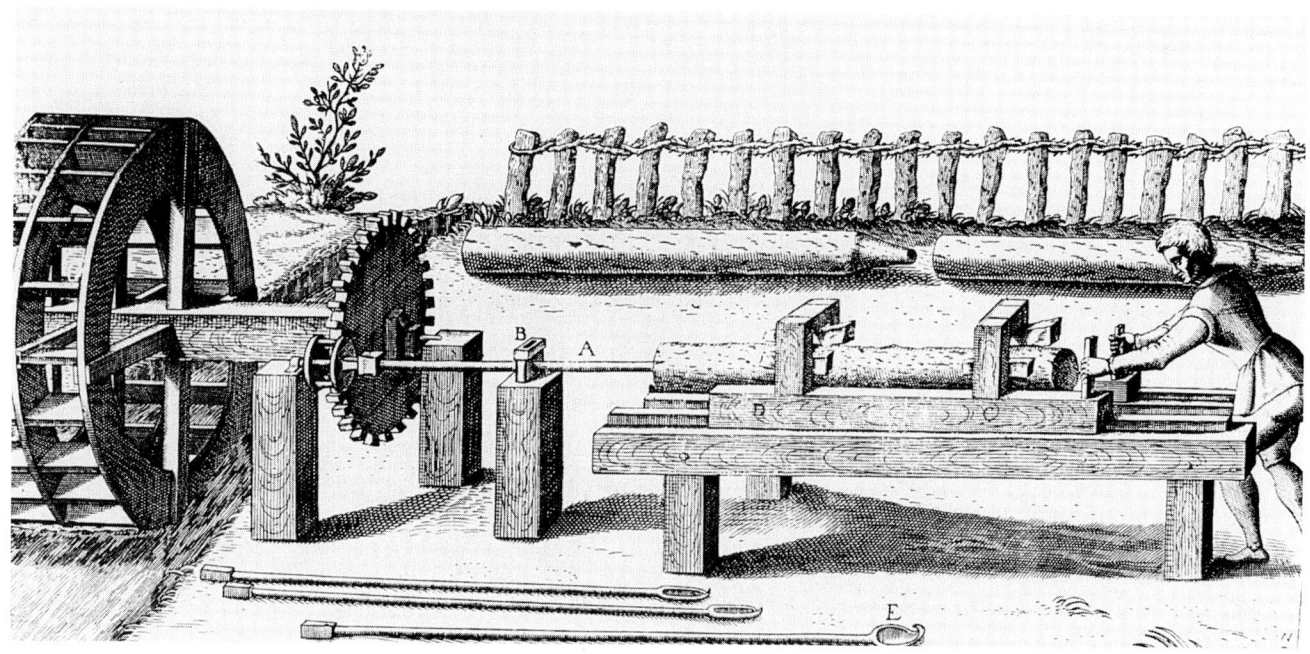

Eine sehr nützliche Machina, die hölzernen Wasserröhren damit zu bohren (aus Claus, 1615)

dadurch die Korrosionsgefahr entfiel. Die als Rohre verwendeten Baumstämme (Eiche, Lärche, Kiefer) hatten wenigstens 2 m Länge. Die Durchmesser betrugen bei Wasserleitungsröhren mindestens 3 Zoll. Die Bohrung führten die Brunnenmeister, Kunstmeister bzw. Kunstbohrer aus. Das geschah entweder von Hand oder mit Wasserkraft.

Seit dem 17. Jh., wohl zuerst in Nürnberg, verwendete man neben den Holzröhren gegossene und mit Zinn verlötete Bleirohre. Später dienten auch Eisenrohre als Wasserleitungen. Die Außenarchitektur der Trinkwasserhebewerke des 15. bis 17. Jh. war, von einigen Zierelementen abgesehen, zweckentsprechend schlicht. Lediglich die Barockzeit brachte Steigerungen ins Pompöse. Meistens handelte es sich da-

bei um phantastische Entwürfe, die selten zur Ausführung kamen. Auf die eklektische Architektur der Wassertürme des 19./20. Jh. kann hier nicht eingegangen werden.

Kunstbauten der Soleförderung

Der Soleumlauf, der früher der Konzentration und Reinigung der geförderten Schachtsole durch die Gradierwerke diente und heute vorrangig durch die Solezerstäubung für Heilzwecke nutzbar gemacht wird, hat deshalb seine einstige Bedeutung nicht ganz verloren. Sein technologisches Schema läßt sich wie folgt erklären: Das meist unterschlächtige Wasserrad (bzw. Wasserräder) betreibt, über Kunstgestänge vermittelt,

Fassade einer barocken Trink-
wasserhebekunst. Das Wasser
wird durch drei Druckwerke, von
unterschlächtigen Wasserrädern betrieben, in den Hochbehälter des Turmes befördert. In
dem Brunnenhaus befinden sich
Werkstätten, die sogenannte
»Wächterstube« und die Wohnung des »Brunnen- oder
Kunstmeisters«

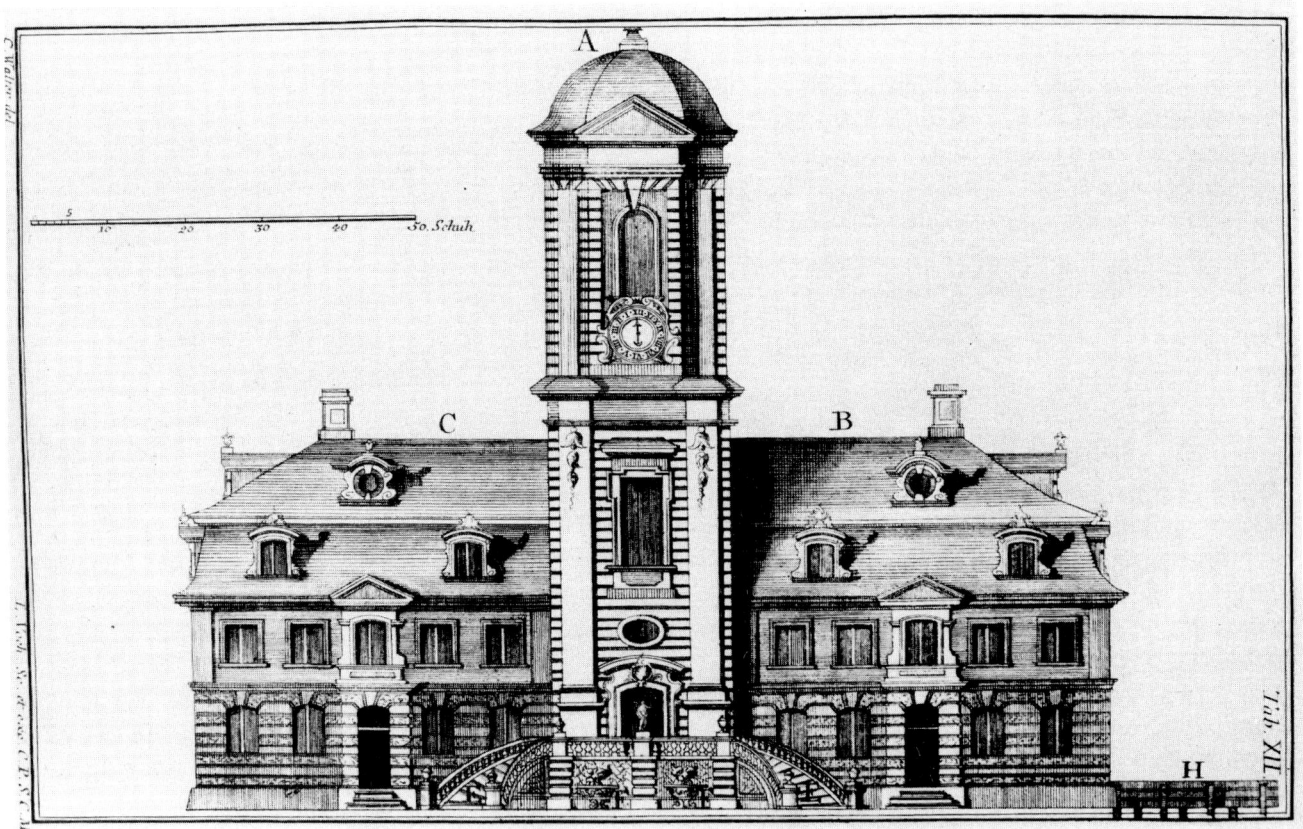

die Schachtpumpen. Die bis zum Oberbassin des
Schachtturmes geförderte Sole gelangt durch Rohrleitungen nach dem Kommunikationssystem zum Gra-
dierwerkverdeck für den ersten Solfall (hierbei bildet
die noch zu besprechende Kösener Anlage eine Ausnahme). Die erstmals gefallene Sole wird entweder
durch pumpentreibende Hilfsmaschinen (Windkünste,
Dampfmaschinen, Treträder; im frühen 18. Jh. auch
Handpumpen) oder durch vom Wasserrad abgeleitete
Kunstgestänge, die ebenfalls die Gradierpumpen betreiben, für die Repetierfälle erneut gehoben. Im Idealfall wurde auf die zum Gradierwerk führenden Kunstgestänge und auf Hilfsmaschinen verzichtet. Dafür trat
die zentrale Pumpstation der Kunsttürme, die durch
ein weitverzweigtes Röhrennetz alle Gradierwerke
einschließlich der Repetierfälle mit Sole versorgte, an
ihre Stelle. Die Schwersole wurde vor dem Versieden
in größeren Behältern gelagert bzw. den Siedepfannen

zugeführt. Insgesamt gesehen stellen die Anlagen des Soleumlaufs der alten Gradiersalinen wahre Meisterwerke alter Kunstbauten dar. Dabei bildeten die Wasserräder und Windkünste einschließlich weiterer Hilfsmaschinen das »Herz« der Soleförderung und des Soleumlaufs und schufen damit die Voraussetzung für die Siedesalzgewinnung auf einer alten Gradiersaline. Ein gleiches Umlaufschema läßt sich auch bei chemischen Fabriken nachweisen (Schönebeck/Elbe).

Fördermaschinen

Meister, unter ihnen die bedeutenden Salinisten und Wissenschaftler *Franz Ludwig v. Cancrin* und *Karl Christian Langsdorf*, waren es, die auf mathematisch-naturwissenschaftlicher Grundlage, inspiriert von den bedeutenden Maschinenbüchern eines *Leupold, Belidor, Boeckler* u. a., die industrielle Mechanik – wie *Langsdorf* die praxisbezogene Maschinenkunde bezeichnete – begründeten. In dem Zusammenhang präzisiert *Langsdorf*, der schon als Knabe die Nauheimer Maschinenanlage bewunderte, erstmals die seit langem notwendig gewordene Forderung: Maschinenkenntniss bleibt einem Salinisten immer höchst wichtig, selbst wo man keiner Gradierung bedarf und nur Bohrlöcher zu betreiben hat. *Langsdorf* und *Cancrin* gelten damit als Begründer der »Salzwerksmaschinenlehre«, wobei die Publikationen des letzteren die Abhängigkeit des Salinenwesens vom Bergbau am besten charakterisieren. Der Freiberger Professor *Lempe* führt deshalb die Möglichkeit, die Maschinen nach dem Gewerbe einzutheilen ... bey dem sie häufig gebraucht werden mit an: So wird man alle Maschinen, die man, es sey wie es wolle, bey dem Bergbaue, oder bey den Salzwerken

braucht, Bergmaschinen, Salzwerksmaschinen, nennen müssen. Bei dieser Einteilung handelt es sich – wie *Lempe* bemerkt – um keine nur im Salinenwesen gebrauchten Neuentwicklungen; bestenfalls unterscheidet sich die Salzwerksmaschinenlehre von den anderen gewöhnlichen Kraftmaschinen durch einige konstruktive Besonderheiten. Im wesentlichen übereinstimmend sehen *Cancrin* und *Langsdorf* die Bewegungskräfte auf Salzwerken komplex. Eine

Schnitt durch eine pumpentreibende Windkunst mit Getriebe.
Kupferstich aus dem 18. Jh.

182

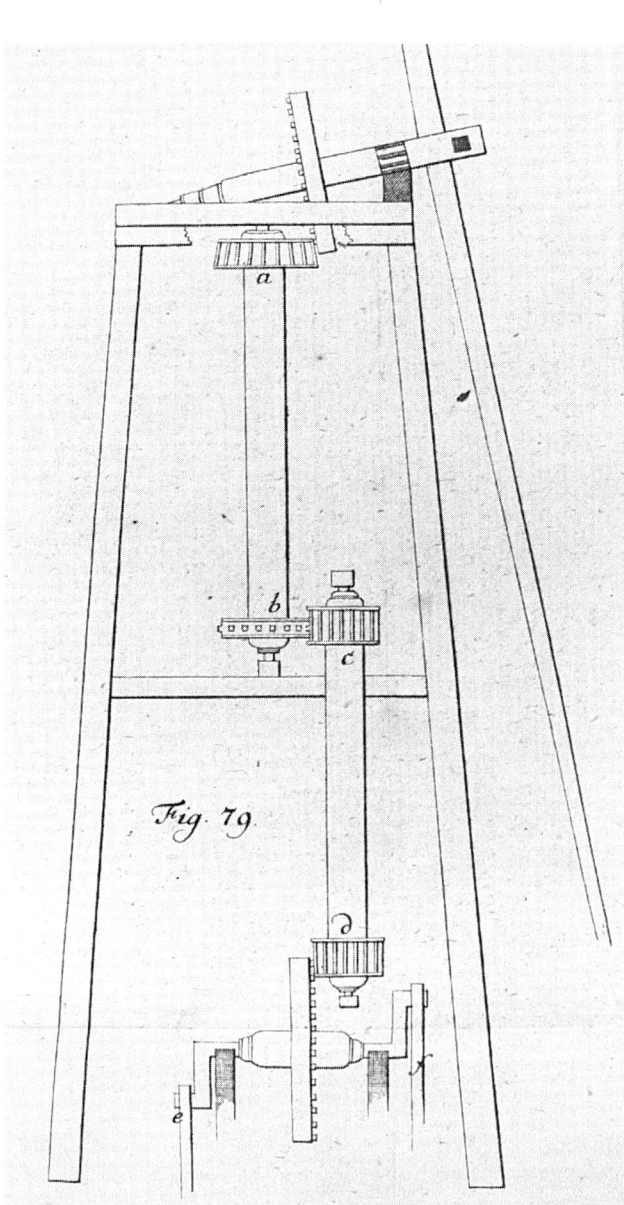

Fig. 79

exakte Trennung in Kraft- und Arbeitsmaschinen ist nicht erkennbar, während spätere, darauf fußende Werke, wie die von *Karsten, Kerl* und *Fürer*, innerhalb der Salzwerkskunde diese Unterscheidung markieren, die *Reinwarth* wie folgt formuliert: Alle Gradirmaschinen bestehen aber aus zwei Haupttheilen: aus dem Theile, welcher die Bewegung verursacht, und aus dem, welcher von jenem bewegt wird, der mithin die Soole wirklich in die Höhe hebt. Je nach den localen Verhältnissen und Bedürfnissen werden daher besondere und eigenthümliche Anlagen erfordert.

Mit den Gradierwerken aufs engste verbunden waren die den Repetierfällen dienenden, schon erwähnten Windkünste, die meist in zwei verschiedenen Konstruktionstypen genutzt wurden. Einer davon ist getriebelos und gleicht im technologischen Aufbau, aber nicht im Gehäuse, der Wipp- oder Köchermühle. Er war grundsätzlich auf dem Verdeck von Gradierwerken anzutreffen (z. B. in Artern, Dürrenberg, Salzelmen und zeitweilig in Sulza). Mehrere Zeichnungen, u. a. eine von der Dürrenberger Windkunst, geben über einzelne Konstruktionsteile Auskunft. Eine zweite, wohl immer mit Getriebe versehene Bauart, hatte die Form einer Turmwindmühle, die entweder, wie später in Dürrenberg, auf dem Gradierwerk 5 (hier sogar mit verstellbarem Hub) als Holzkonstruktion oder, wie im Salzelmer Kunsthof, als monumentaler Steinkegel ausgebildet war. Die Getriebe solcher mit drehbarem Dach ausgestatteter Windkünste wurden schon beschrieben.

Auf eine besondere Windkunst-Konstruktion soll noch hingewiesen werden, die seit den 30er Jahren des 19. Jh. auf den Gradierwerken in Kötzschau, Dürrenberg und Salzelmen im Einsatz war. Es handelte

Dessein zu einer neuen Ross-
und Windmühlkunst auf dem
alten Schacht des Burgörner-
schen Reviers (1775)

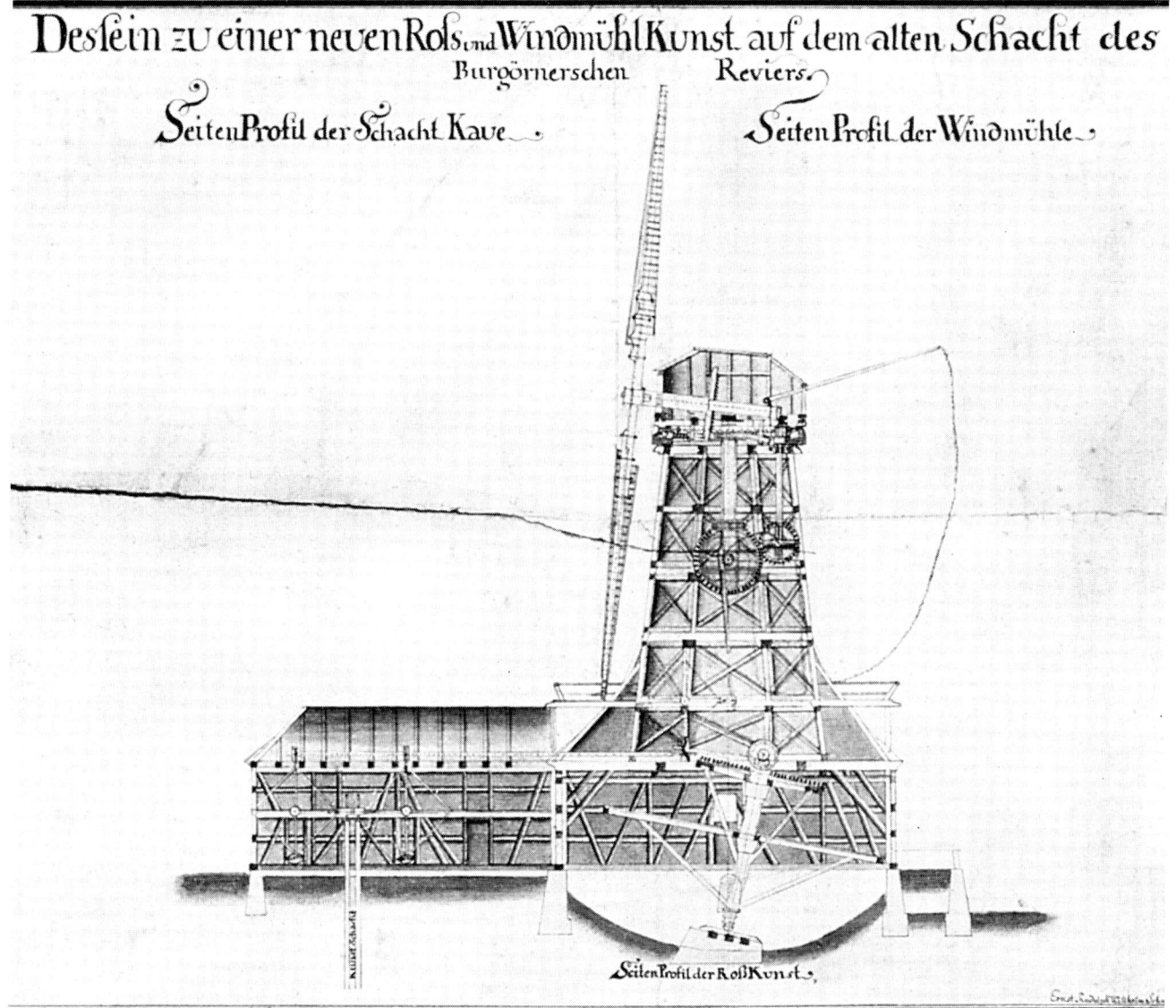

sich dabei um Solehebeanlagen mit verstellbarem Kolbenhub. Dieses damals nur im sächsisch-preußischen Raum bekannte Konstruktionsprinzip, an dem der Bau- und Kunstmeister *Johann Christian Heinrich Oesterreich* maßgeblichen Anteil hatte, wurde zuerst in Holz und später in Eisen ausgeführt. Wie einer erhaltenen Zeichnung zu entnehmen ist, konnte mit Hilfe einer Kurbel über ein Stockgetriebe, in das ein Krümmling eingriff, ein gut durchdachtes Hebelsystem mit verschiebbaren Zapfenlagern wirksam werden. Diese zwischen Königswelle und Pumpengestängen zweimal geschaltete Konstruktionseinheit ermöglichte es, den Hub – wie von Kötzschau bekannt wurde – um etwa 7 Zoll zu verändern. Damit konnte man sich den wechselnden Windverhältnissen besser anpassen und die Förderleistung in bestimmten Grenzen konstant halten.

Kuriose Beispiele aus dem Bergbau beweisen, daß man der Unzulänglichkeit des Windes als Energieträger durch kombinierte Kraftmaschinen zu begegnen suchte. So wurde im Burgörner Revier (bei Hettstedt) die dort schon vorhandene Roßkunst 1771 zu einer »neuen Ross- und Windmühlkunst« umgebaut, die neben weiteren zusätzlichen Roßkünsten mindestens bis zur Inbetriebnahme der ersten deutschen Dampfmaschine (»Feuermaschine«) im Jahre 1785 zur Wasserhaltung diente. Bemerkenswert sind weiterhin die damals Aufsehen erregenden Leibnizschen Versuche im Oberharzer Bergbau. Unter anderem ging es ihm, wie *Calvör* berichtet, darum, Windkünste als Hilfsmaschinen in Verbindung mit Wasserrädern einzusetzen. Ebenso kamen »Windkunst-Göpelwerke« und »Wind-Wasser-Künste« auch im Salinenwesen zum Einsatz.

Kunstgestänge

Zuerst war man in vielen Fällen im Bergbau, Hütten- und Salinenwesen darauf angewiesen, das Aufschlagwasser durch Kandeln, Rinnen oder Kunstgräben von den Flußläufen und Teichen direkt an die Wasserräder heranzuführen. Seit dem Ende des 15. Jh. wurde es jedoch möglich, durch zwischengeschaltete Kunstgestänge (Stangenkünste) die bisher gekoppelten Kraft- und Arbeitsmaschinen räumlich voneinander zu trennen. Kunstgestänge wurden aber nicht nur im montanistischen Bereich angewendet, sondern dienten ebenso den Industriemühlen, der Trinkwasserförderung und der Wasserhebekunst in Schloßbauanlagen. Angeblich soll das erste Kunstgestänge im Jahre 1497 angelegt worden sein. Andere Vermutungen zum Primat dieser Erfindung verweisen mit Bezug auf die »Joachimsthalische Chronik« und die »Meißnische Bergchronik« auf Joachimstal (Jáchymov/ČSSR), wo um 1550 Pumpen-, vielleicht auch Streckengestänge in Gebrauch gewesen sein sollen. Allerdings sucht man in *Agricolas* »De re metallica« vergeblich nach kraftübertragenden Kunstgestängen, während um die Mitte des 16. Jh. erste Doppelfeldgestänge zur Trinkwasserförderung auf der Burg Stolpen/Sachsen nachweisbar sind. Erst ein französisches Maschinenbuch aus dem Jahre 1584 bildet ein einfaches Kunstgestänge ab. Der schon mehrmals zitierte Chronist des Oberharzer Bergbaus *Calvör* neigt dazu, die Einführung der Kunst- bzw. Feldgestänge »auf dem Clausthalschen Bergwerke« *Georg Illing* (1564 bis 1644) zuzuschreiben, andererseits muß er feststellen: Ich habe nach dem Urheber der jetzigen Feldkünste auf hiesigen Bergwerken, und nach dem Jahre ihrer Einführung, umsonst geforscht.

Pumpwerk mit Getriebeantrieb (aus Agricola). Die obere Welle A. Das Wasserrad, das durch das Bachwasser getrieben wird B. Das Zahnrad C. Die untere Welle D. Das Getriebe E. Die Krummzapfen F. Die Gruppen von Pumpensätzen G.

Wendedocke für Kunstgestänge (18. Jh.)

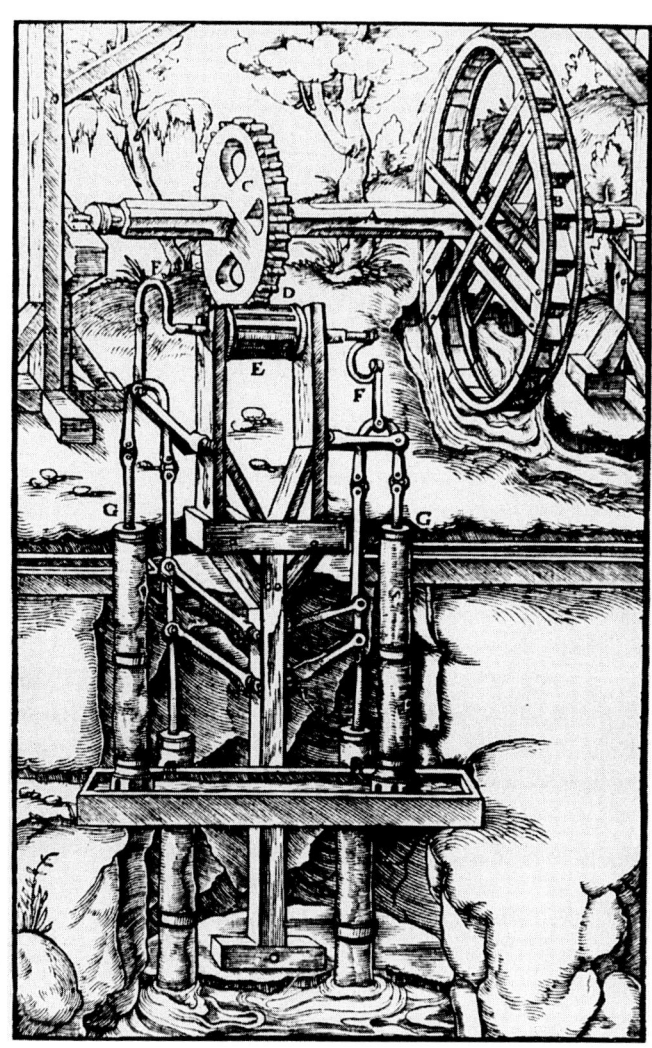

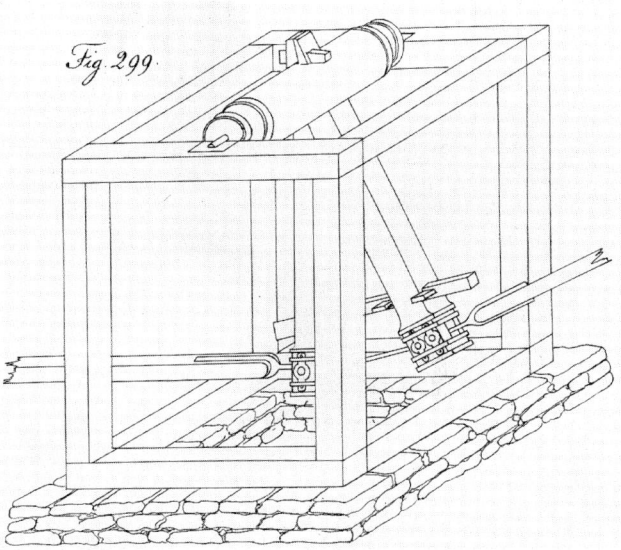

Fig. 299.

Unter anderen, ähnlichen Definitionen erklärt *Leupold* 1724 diese Kraftübertragungsanlage wie folgt: Eine Stangen-Kunst ist eine Maschine so in einem grossen mehrentheils überschlächtigen Rad beste-

het, so an dessen krummen Zapffen einen Arm hat, oder das einen krummen Zapffen hat, dadurch es mit vielen aneinander-gehängten Stangen, die öffters über Berg und Thal geführt sind, das Wasser durch Saug – selten aber durch Druck-Werke aus der Tieffe hebet, vermittelst angehangener Pumpen- oder Druck-Wercke.

Als Ergänzung dazu ist die von *Calvör* gegebene Erklärung zu sehen: Wann auf dem Wege der Kunst zwischen der Radstube bis vor dem Schacht Winkel, Hügel und Thäler vorfallen: So werden daselbst Wehr- oder Wendeböcke, oder Winkelarme, die in der Grundsohle, und oben im Querholze mit starken Zapfen in Büchsen laufen, oder Bruchschwingen hingesetzt. Ehe man sie eingeführt, gingen 12 bis 20 Zoll Hub, und damit viele Zeit bey der Gewältigung des Wassers verlohren. Demnach konnte die vom »Krummzapfen« der Kraftmaschine abgenommene Kreisbewegung in eine horizontale oder geneigte hin- und hergehende Bewegung umgeformt werden. Zwillinge, Wendedocken (Wendeböcke) und Maschinenkreuze der verschiedensten Konstruktionen gestatteten, nach beliebigen Richtungsände-

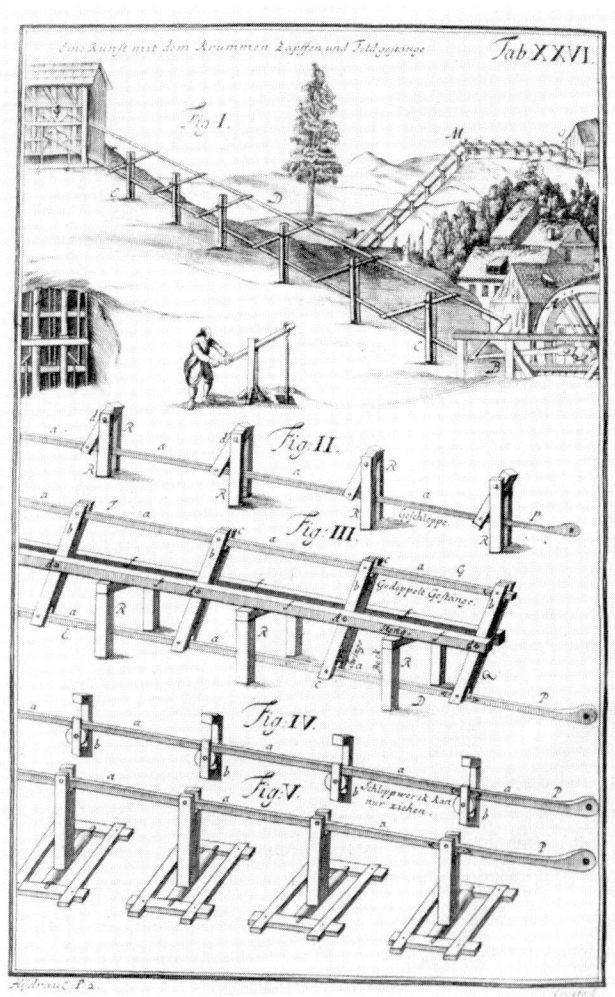

rungen die Kraft zu den Arbeitsmaschinen, die meist Pumpwerke waren, zu übertragen. Kunstgestänge, die über längere Strecken (»100 und mehr Lachter«) die Bewegung zu übertragen hatten, nannte *Langsdorf* Feldgestänge. Die Bezeichnung »Kunstgestänge« wird darüber hinaus als Oberbegriff für alle mechanischen Kraftübertragungsanlagen gebraucht, zu denen u. a. die Hubgestänge der Pumpwerke, die Hängegestänge und die Streckengestänge gehörten.

Die kürzeste Definition gibt 1826 der Altmeister der Salinenkunde, *Langsdorf*, indem er in den Kunstgestängen Vorrichtungen zu geradlinigen Bewegungen nach bestimmten Richtungen sieht.

Die bisher bekannte früheste Abbildung von den häufig gebrauchten sogenannten Doppelfeldgestängen ist 1617 in dem Folianten des Fürstlich-Braunschweigischen Berghauptmanns *Georg Engelhard Löhneyß* (1552 bis 1622) nachweisbar. Nachdem *B. Rößler* in seinem 1700 erschienenen Bergbauspiegel diese Zeichnung kopiert hatte, erscheint 1724 bei *Leupold* eine stark veränderte Nachbildung des Kupferstiches von 1617. Dazu wird folgende Erklärung gegeben: Tabula XXVI. Figura I. zeiget in Prospect eine Landschaft mit einer solchen Stangenkunst, da das Kunst-Rad unten in einen Grunde am Wasser gebauet ist, die Kunst oder Pumpen aber oben auf dem Berge zu finden sind. A ist das Kunst-Rad, so überschlächtig, B die Korb-Stange. C D E F das Feld-Gestänge, G das Creutz oder Winckel. H J die Pump- oder Schacht-Stangen. K L die beyden Sätze. Ein ander Feld-Gestänge, welches theils auf einer Fläche hinschiebet, bis zum Kunst-Schacht, zeigen die Buchstaben M N O, das Kunst-Rad lieget bey dieser Figur hinterm Berge, wer es sehen will muß es alda suchen.

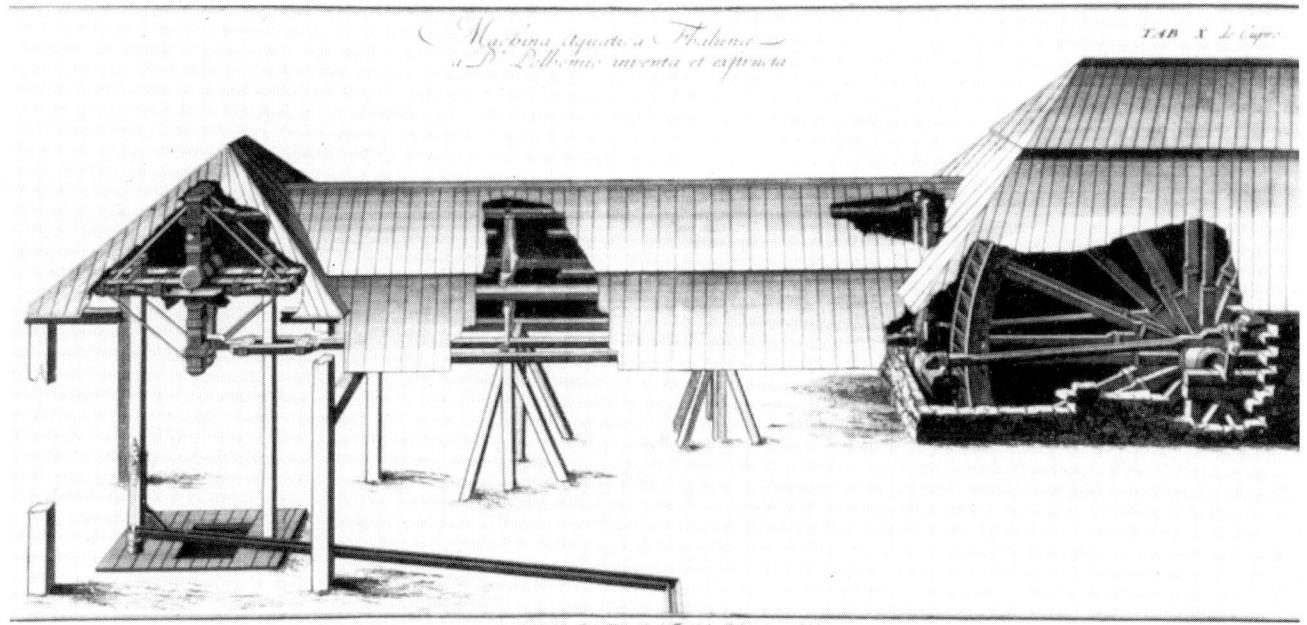

Das von *Leupold* darunter dargestellte und beschriebene Gedoppelt Gestänge verdient besondere Beachtung. Es ist solches Figura III. auf dieser Tafel gezeichnet, und kömmt mit vorigen gäntzlich überein, ohne daß an statt der eingegrabenen Säulen, die dort mit e e gezeichnet sind, allhier so genannte Böcke stehen, darauf Bäume oder die so genannten Stege liegen, zwischen welchen die Schwingen, in welchem unten und oben bey c c das Gestänge zwischen denen Einschnitten, so man Geschlitts nennet, mit Poltzen beweglich ist, die Schwingen b aber haben accurat in der Mitte ein Loch bey d, durch welches gleichfals ein eiserner Poltzen, die Waltze genannt, geht, und damit zwischen zwey Bäumen f f die Stege benahmet, befestiget ist, oder sie liegen auf Böcken und in Pfannen, die man Pfad-Eisen nennet. Die Lenkerstange (P) teilt die Kraft der ersten Schwinge Q mit, die man die gebrochene, Große Schwinge oder Hauptschwinge nennt, und bewegt so vermittelst des krummen Zapffens die Stangen D E hin und her, welche dann vermittelst der Schwingen die obern im Gegentheil bewegen. Diese Hilfs- oder Stützschwingen verhindern, im Abstand von etwa 4 m angebracht, zu starke Durchbiegungen der kraftübertragenden Balken. Die Stege f f ruhen auf untergesetzten und in die Erde grabenen Böcken R R. Das gesamte Balkengerüst wird deshalb meist Schwingenstuhl genannt. *Leupold* bezeichnet mit Recht diese Arth des Feld-Gestänges als die beste, nicht nur weil es dauerhafft, sondern weil hier Richtungsänderungen leichter möglich sind, als bei anderen Gestängekonstruktionen.

Aus einem schwedischen Folianten wurde der abgebildete Kupferstich ausgewählt. Er stellt ein durch völlige Überdachung gegen Witterungseinflüsse geschütztes Maschinenwerk dar, bestehend aus Wasserrad, Doppelfeldgestänge, doppeltem Maschinenkreuz und Pumpgestänge.

Den Vorteil solcher Gedoppelt Gestänge, wie *Leupold* sie bezeichnet, weiß selbst 1826 *Langsdorf* noch zu schätzen: Die beste Leitung eines Gestänges, das etwas steil bergauf steigen soll, ist die mit doppelten Schwingen, so daß jede einen zweiseitigen Hebel bildet, der sich in seiner Mitte mit durchlaufenden Zapfen um seine Axe dreht, da dann durch die oberen als durch die unteren Köpfe Stangen durchlaufen, wodurch also in einer lothrechten Ebene zwei nach entgegengesetzter Richtung über einander schiebende Stangenleitungen gebildet werden, die sich gegenseitig einander im Gleichgewicht erhalten. Dieses von *Löhneyß* bis *Langsdorf* mit konstruktiven Abwandlungen dargestellte Doppelfeldgestänge bewies seine Vorteile und bewährte sich auf den meisten Salinen. Das in Kösen erhaltene stellt konstruktionsmäßig eine Sonderform dar, weil zwei Doppelfeldgestänge, durch Querbalken gekoppelt, mit ihren Schwingenstühlen verbunden sind. Es beweist nach mehreren Restaurationen noch heute seine Funktionstüchtigkeit. Ein Triumph der alten Technik!

Anders gebaute Kunstgestänge, wie sie von *Leupold* und *Langsdorf* beschrieben werden, kamen auch als abgewandelte Formen zum Einsatz oder existieren als Projekte.

Vorwiegend auf den Salinen des thüringisch-sächsischen Raumes kamen neben den Doppelfeldgestängen die Gabelschwingengestänge zur Anwendung, die auf der ältesten überlieferten, um 1780 zu datierenden Abbildung des Dürrenberger Salzwerkes dargestellt sind. Der verhältnismäßig geringe Materialaufwand und relativ günstige Wirkungsgrad mögen mit Gründe gewesen sein, die zur erneuten Anwendung der mit »Cirkelstücken« versehenen Gabelschwingengestänge in Darnstedt führten.

Wie der Baugeschichte von Salinen und Bergwerken zu entnehmen ist, stellten die längeren Kraftübertragungsstrecken und die höhere Maschinenbelastung an die Gestänge große Anforderungen, so daß Brüche unvermeidlich waren. Die Kunstmeister mußten alle Mühe aufwenden, die Reparaturen so auszuführen, daß die Hub- und Energieverluste möglichst gering blieben. Gefährdet waren auch die eisernen Kurbelwellen, von denen manche zu Bruch gingen, dann ausgebaut und feuergeschweißt werden mußten. Es hat deshalb nicht an Experimenten gefehlt, das starre, klobige Hartholzgestänge durch biegsame Eisenstangen, Krümmlinge, Ketten und Seilverbindungen beweglicher zu gestalten. Außerordentlichen Erfindungsreichtum entwickelte dabei *Joseph Baader* (1763 bis 1835), Maschinendirektor für die Oberpfalz und Bayern. Er wollte seinem Vaterlande und der Welt durch Verbesserungen in einem so wichtigen, und bis jetzt, wenigstens in Deutschland, noch gröstentheils ganz handwerksmässig behandelten Zweige des Maschinenwesens nützlich werden. Durch reibungsmindernde Konstruktionen hoffte er, die Grenzen der alten, auf der klassischen Mechanik fußenden Technik erweitern zu können.

Besondere Beachtung verdienen seine verschiedenen Formen der Kunstkreuze, die er mit sogenannten

Gabelschwingengestänge, die als Kraftübertragungsanlagen von den Wasserrädern am Dürrenberger Borlachschacht zu den Solepumpen in den alten bedachten Gradierwerken »Borlachscher Bauart« dienten (18. Jh.)

Krümmlingen belegt, um ein Abrollen der Gelenkketten zu ermöglichen; grössere Stärke und Dauer; grössere Leichtigkeit, Sicherheit und Gleichförmigkeit in der Bewegung sollen die ausgezeichneten Vorteile dieser Kunstkreuze sein. Einzelne Konstruktionsglieder der Baaderschen Neuerung wurden allerdings schon lange vorher bei den »Feuermaschinen« von *James Watt, J. E. Fischer v. Erlach, Nicolaus Poda v. Neuhaus, Johann Josef Prechtl* u. a. verwendet.

Wenn der Kunstschacht eine beträchtliche Strecke von dem Rade entfernt ist, und die Bewegung zu den Pumpen nicht anders als durch ein Feldgestänge fortgepflanzt werden kann, schlägt *Baader* eine Neukonstruktion mit Hilfe der sogenannten Pendulschwinge vor. Damit markiert er gleichzeitig den Endpunkt einer Entwicklung, die bei *Löhneyß* beginnt und alle Gestängeformen umschließt. Die Kraftübertragungsanlage wird von ihm wie folgt beschrieben: So sey z. B. a b die Kurb- oder Bläuel-

Gestänge mit Pendulschwingen
und verschiedene Maschinen-
teile (aus Baader, X. Tafel)

190

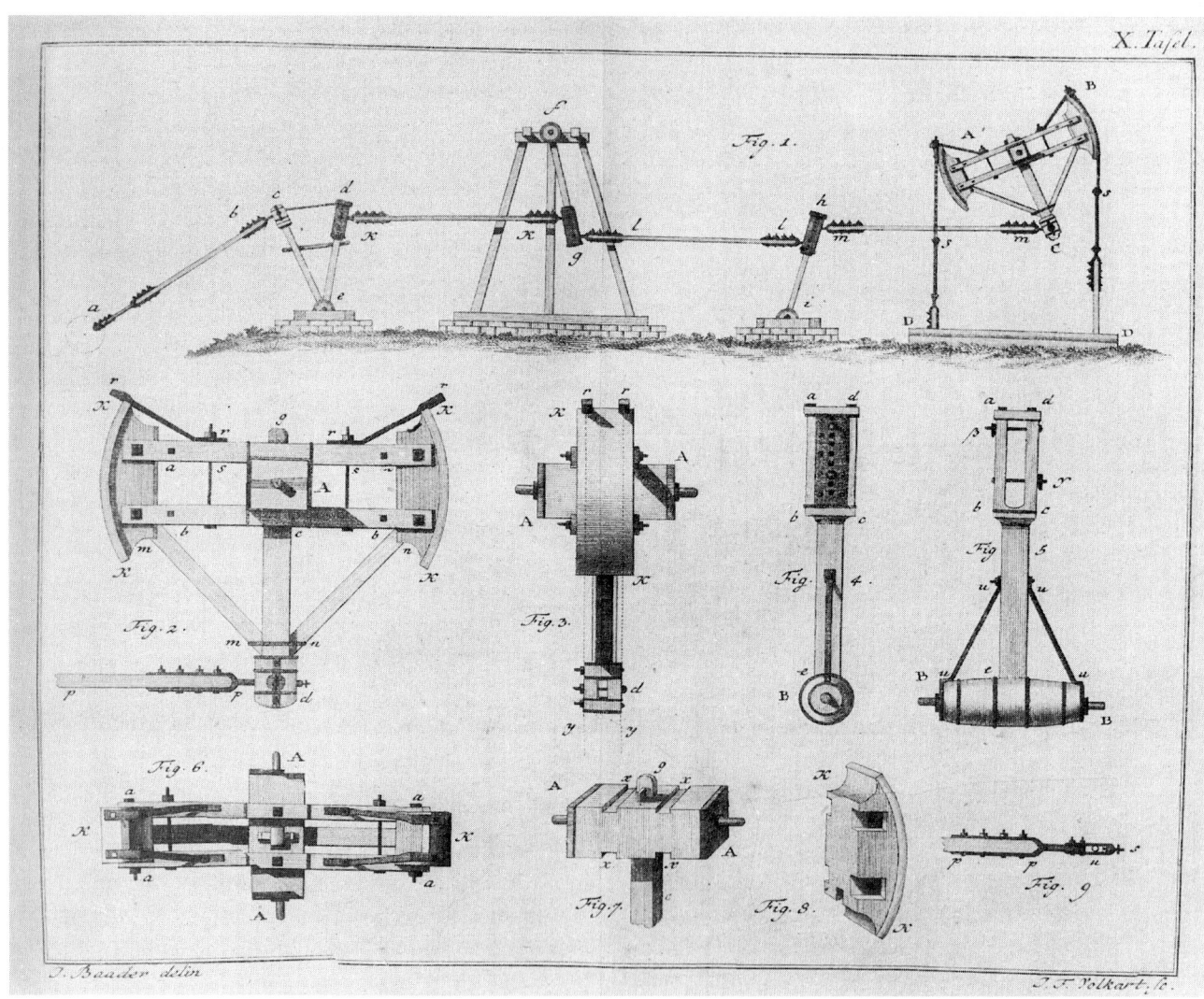

stange; c e d die erste liegende Doppelschwinge oder Winkelhebel; f g eine hangende Pendulschwinge; h i die nächste liegende Schwinge; A B C das Kunstkreuz mit seinen Gelenkketten und Schachtstangen s s; D D der Kunstschacht. Jede dieser liegenden und hangenden Schwingen ist, (wie die 4te und 5te Fig. nach einem grösseren Masstab darstellt) in eine Welle B B eingezapft, und an derselben mit zweyen eisernen Streben u u, u u befestiget; an ihrem Ende a b c d gespalten, und mit zweyen eisernen Bolzen versehen, an welche die Verbindungsstangen k k, g g, m m (Fig. 1.) eingehängt, und welche zwischen den beiden Backen in einer Reihe zu diesem Ende angebrachter Löcher nach Belieben höher oder niedriger gesteckt werden können. Diese Einrichtung bringt den doppelten Vortheil, daß man den Kolbenhub am Kunstkreutze nach Erforderniß der Umstände verlängern oder verkürzen kann, ... und daß die hangenden und liegenden Schwingen einander wechselweise in jeder Richtung das Gleichgewicht halten, folglich eben so wenig als die gewöhnlichen viel schwereren Doppelschwingen an irgend einer Stellung ein Uebergewicht oder Vorschwere verursachen.

In der Praxis scheinen sich die z. T. in *Langsdorfs* Maschinenkunde kommentierten Baaderschen Entwürfe nicht restlos bewährt zu haben. Auf den sächsisch-thüringischen Salinen hielt man weiterhin an den Gestängeformen des 18. Jh. fest. Selbst der Freiberger Kunstmeister *Christian Friedrich Brendel* greift 1817 bis 1819 bei der Restaurierung des Kösener Kunstgestänges auf die alten Vorbilder zurück. Wesentlich filigraner wirken dagegen die bei *Calvör* abgebildeten eisernen Doppelfeldgestänge des Oberharzer Berg-

baus. Daneben existieren allerdings auch hier und im Unterharz die schweren Formen weiter. Ein typisches Beispiel gibt das Hüttenwerk Neuwerk/Harz. Erst nach der Mitte des 19. Jh. entschloß man sich, auf der Saline Kösen für die Kraftübertragung vom unteren Wasserrad zum Gradierwerk ein eisernes Feldgestänge zu projektieren, das aber wegen der erfolgten Einstellung des Siedebetriebes nicht zur Ausführung kam. Seltener und relativ spät scheinen die Schaukelschwingen benutzt worden zu sein, die – wie das Sulzaer Beispiel zeigt – schon beachtliche Festigkeitseigenschaften des Eisengusses voraussetzten. Ein Teil dieses seltenen Gestänges ist noch heute im Stollen des Herlesberges erhalten.

Nachdem man dazu überging, Kräfte auf elektrischem Wege zu übertragen, verloren die Kunstgestänge allmählich ihre ursprüngliche Bedeutung. Insgesamt gesehen brachten sie mit ihren Verbundgliedern als Teil des Transmissionsmechanismus eine tiefgreifende Veränderung mit sich: Sie ersetzten den Handpumpen bewegenden Arbeiter und die oft von Menschen in Gang gebrachten Treträder, die zum Betreiben der Pumpen dienten. Dieser Marter, so wird bei *Zedler* berichtet, hat man nun mit denen nachgehends erfundenen Stangen- oder Feldkünsten abgeholfen. Sie bildeten die Voraussetzung, daß auf den Salinen maschinenbetriebene Gradierpumpen eingesetzt werden konnten und im Bergbau sowie im Hüttenwesen, Handwerk und Gewerbe Kräfte über große Strecken auf mechanischem Weg übertragbar waren.

Pumpen

Die sich im Laufe des 18. Jh. gegenüber anderen För-
dereinrichtungen, wie Kasten- und Püschelkünsten,
immer mehr durchsetzenden Kolbenpumpen waren
entsprechend dem Agricolaschen Vorbild zur stufen-
weisen Solehebung vorwiegend als Saugwerke ausgebildet, für die *Langsdorf* folgende Definition gibt:
Unter einem Saugwerke versteht man die ganz gewöhnliche nach ihrer Einrichtung im Allgemeinen
durch ihren häufigen Gebrauch sehr bekannte
Pumpe, die von Manchen auch Plumpe genannt
wird. Er bezeichnet sie als eine der wichtigsten
Wasserhebungsmaschinen und läßt eine genaue
Vorgangsbeschreibung der Wirkungsweise des heute
allgemein bekannten Saugwerkes folgen. Des weiteren weist *Langsdorf* durch Rentabilitätsberechnungen
nach, daß besonders doppelte Saugwerke vorteilhaft
arbeiten. Ein von ihm verwendetes Druckwerk beschreibt *Langsdorf* wie folgt: Ein hydraulisches
Druckwerk, gewöhnlich schlechthin Druckwerk
genannt, besteht wesentlich 1.) aus einem Stiefel
mit einem massiven Kolben; 2.) einer Zuflußröhre
mit einem Ventil; 3.) einer Steigröhre mit einem
Ventil. Diese Wasserhebungmaschine bedarf der
Beihilfe des atmosphärischen Drucks nicht, ob-
gleich solcher immer mitwirkt ...
  Zur Vervollkommnung des Pumpenbaus im 17. und
18. Jh. hat neben *Otto v. Guericke* (1602 bis 1686), der
dem »horror vacui« energisch entgegengetreten war,
Leupold als Vertreter des mitteldeutschen Raums
einen beachtlichen Beitrag geleistet. Es kam ihm bei
seinen Entwürfen von Pumpwerken darauf an, zu zeigen: Wie es zu machen, daß die Lufft den Liquoren
nur auf einer Seite drucket, und ihm also hebet, ...

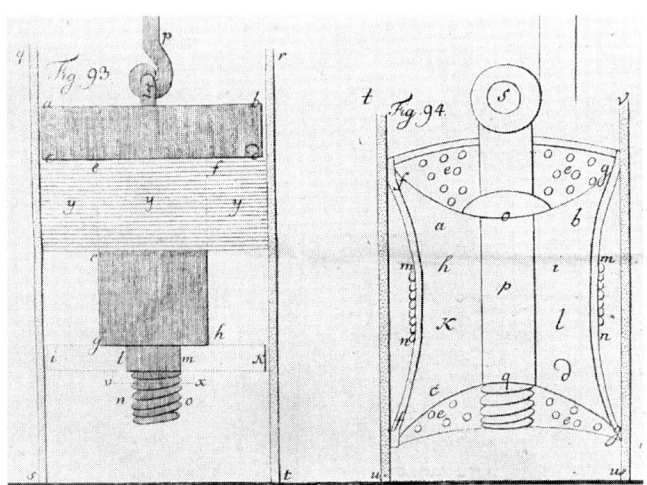

Gerade das bereitete aber den alten Kunstmeistern die
größten Schwierigkeiten. Deshalb fehlte es nicht an
Versuchen, die Pumpenteile, wie Kolben, Ventile und
Stiefel, aus möglichst exakt bearbeiteten Metallen herzustellen, um gut abgedichtete, reibungsgeminderte
Kolbenspiele zu ermöglichen. Schmiede- und Guß-
eisen rosteten besonders unter der Einwirkung kalter
Sole. Trotzdem wurde wegen der geringen Kosten auf
dieses Material nicht verzichtet und einzelne Pumpenteile daraus hergestellt. So ergaben sich viele Konstruktionsvarianten für Pumpenkolben, wovon die ge-
zeigten Bauarten nach *Belidor* (Fig. 93) und *Leupold*
(Fig. 94) als Gegensätze besonders von Interesse
sind.
  Borlach führte an Stelle der eisernen die kupfernen
Stiefel (die Röhre, worin die Kolben auf- und abgehen)
ein. *J. A. Bischof* (Salinendirektor in Dürrenberg) läßt
eine gründliche Beschreibung der Arbeitsgänge folgen, in denen unter den geschickten Händen der Pumpenbauer in den Dürrenberger Kunstwerkstätten die

kupfernen Stiefel entstanden. Das Material hierzu lieferte die Saigerhütte Grünthal bei Olbernhau/Erzgebirge. Auf die entstandene Wertarbeit hinweisend, bemerkt 1826 *Bischof*: Die Dauerhaftigkeit dieser Röhren geht schon daraus hervor, daß jetzt noch 12,6 zöllige Stiefel von jenen im Gebrauch sind, die 1781 und 1802 in den Kunstthurm kamen, auch veranlassen sie gegen eiserne Röhren verhältnismäßig weniger Lederaufwand zur Kolbenliederung, denn es kommen durchschnittlich in der Woche kaum 1/4 Pfund Leder auf einen Kolben der Wassermaschinen.

Dabei war, wie *Bischof* anmerkt, bei geringprozentiger Sole der Lederverbrauch größer als bei reichhaltiger.

Gradierwerke

Das Ziel jedes Soleumlaufs waren die Gradierwerke, deren technologischer Sinn in der Solekonzentration durch Wasserverdunstung bei gleichzeitiger Ablagerung schwerlöslicher Salze bestand. Dabei versuchten die Salinisten, der Sättigungsgrenze der Sole, die bei etwa 27 % liegt, unter geringstem Gradierverlust (Zerstäubung von Salzteilen) und höchstem Gradiereffekt (Wirkungsgrad) möglichst nahe zu kommen. Da die hier zu »veredelnde« Schachtsole meist relativ geringprozentig war, mußte die Konzentration stufenweise (daher Gradierung) vor sich gehen. Das erreichte man durch die wiederholten Sol- oder Gradierfälle (in der Praxis Repetierfälle genannt), so daß der Soleumlauf zwischen Unter- und Oberbehälter des Gradierwerkes drei- bis viermal vor sich ging, dazu wurden Pumpen eingesetzt, die seit der zweiten Hälfte des 18. Jh. generell mit Wasser- und Windkünsten betrieben wurden.

Die so konzentrierte »siedewürdige« Sole konnte unter Einsparung von Brennstoff versotten werden.

Die Gradierwerke selbst gab es neben einfachen Gradierverfahren (Sonnengradierung) in primitiven Formen als sogenannte »Leck- oder Lepperwerke« bzw. »Angießhäuser« schon seit der zweiten Hälfte des 16. Jh. Solche Gebäude sollen damals auf den Salinen in Sulza, Auleben bei Nordhausen, Artern, Erlbach, Poserna bei Weißenfels, Kötzschau und Nauheim (BRD) gestanden haben.

Seit dem späten 18. Jh. kennzeichneten eine große Zahl langgestreckter Gradierwerke mit den sich darauf erhebenden hölzernen Windkünsten die technologischen Zentren der meisten Salinen. Diese Solekonzentrations- und Reinigungsanlagen hatten sich trotz des damit verbundenen Maschinenaufwandes als wirtschaftlich erwiesen und in Verbindung mit der zuerst umstrittenen Dachgradierung bis zur Stillegung der Salinen behauptet. Als Ergebnis der Bemühungen um eine ständige konstruktive Verbesserung dieser Anlagen hatten sich am Ende des 18. Jh. eine Reihe von Konstruktionsvarianten zu bestimmten Grundtypen herausgebildet. So unterschied man ein- und mehrwändige sowie ein- und mehrstöckige und als extremen Fall sogar kreisrunde Gradierwerke.

Der grundsätzliche Aufbau aller Gradierwerke besteht darin, daß in einem Balkengerüst verschiedener Konstruktion Reisigbündel eingeschichtet sind. Die ältesten Gradierwerke waren mit einem schweren Ziegeldach versehen, um bei Regen eine Vermischung der Sole mit Wasser zu verhindern. An der Wende vom 18. zum 19. Jh. kommt es nach langen Versuchsgradierungen (vor allem im kursächsischen Raum unter Bergrat *Senff*) zu den dachlosen Formen, wo in vielen Fällen unter Nutzung der sogenannten Geschwindstellung, die ein schnelles Ablassen der Sole ermöglichte, ein höherer Gradiereffekt nachzuweisen war. Jedoch bestanden, wie die Pläne und Archivalien beweisen, die alten überdachten Formen neben den dachlosen je nach Rentabilität weiter, das trifft z.B. für Nauheim, Schwäbisch-Hall, Reichenhall in der BRD u. a. Salinen zu.

Der Gradiervorgang selbst verläuft höchst einfach. Die vom unteren Sammelbehälter (evtl. Erdreservoir) des Gradierwerkes mit Hilfe von Wind- oder Wasserkünsten meist über Kunstgestänge zum Verdeck hochgepumpte Sole gelangt über die verschieden konstruierten oberen Soleverteilungsanlagen zu den Tröpfelrinnen, die eine gleichmäßige Berieselung der Dornwände gewährleisten. Die gefallene, durch Wasserverdunstung angereicherte Sole wird dann erneut vom unteren Bassin für weitere Gradierfälle gehoben. Besonderer Wert wird dabei auf das Gradiermittel gelegt, das im Idealfall aus Schwarzdornen besteht. Sie zeichnen sich durch Härte, sperrige Beschaffenheit sowie die dadurch bedingte vielfache Verästelung aus. Dadurch ist ein lockerer, luftdurchlässiger Aufbau der aus einzelnen, in die Gefache eingelagerten Reisigbündeln bestehenden Dornwand mit maximaler Oberfläche gewährleistet. Nach Jahren führt die an der Außenfläche der Gradierwand beginnende Inkrustation zur Bildung von Dornstein, der dann je nach den Bestandteilen der Sole verschiedene Färbungen aufweist. Im wesentlichen bestehen diese Ablagerungen schwerlöslicher Salze aus Kalium-, Calcium-, Magnesium- und Eisenverbindungen. Gesättigte Sole führt zur Ablagerung von Salzkristallen. Dornstein bildete früher ein willkommenes Nebenprodukt der Gradierung, das mit dem beim Sieden abfallenden Pfannenstein gemischt als Düngemittel benutzt wurde. Hierzu diente eine besondere, den Salinen angeschlossene Stampf- und Mahlmühle.

Die Dorngradierung wurde zuerst in Kursachsen auf den Salinen Kötzschau und Teuditz vor 1712 verwendet. Speziell Schwarzdorn hat vermutlich zum ersten Male 1716 *Joseph Todesco* auf der Saline Nauheim probeweise benutzt.

Reste alter Soleförderanlagen (Auswahl)

Die Geschichte der Salinen ist auch gleichzeitig eine Geschichte der Wasserräder und Windkünste. Darauf wurde bereits verwiesen. Salinisten und Kunstmeister – oft bestand zwischen beiden Berufen eine Personalunion – vollbrachten wahre Wunderwerke der Fördertechnik. Ohne die (im Idealfall zentral lokalisierten) Pumpstationen war eine Saline nicht lebensfähig. Muskelbetriebene Antriebsmaschinen spielten in der Regel eine untergeordnete Rolle. Den schon beschriebenen Soleumlauf über die Gradierwerke gewährleisteten unter Nutzung einiger Hilfsmaschinen nur die Wasser- und Windkünste.

Aus der Vielzahl der noch bis im 19. Jh. produzierenden Salinen sollen einige Beispiele die Bedeutung der Wasser- und Windkünste in alter Zeit demonstrieren. Dabei handelt es sich um Objekte mit noch vorhandenen Restanlagen, die als bedeutende technische Denkmale gelten. So haben z.B. die Reste der Kösener und Dürrenberger Maschinen- und Gradieranlagen heute überlokale Bedeutung; wobei die einmalige Kösener Soleförderanlage in ihrer Geschlossenheit und die Maschinentürme in Dürrenberg, die sich über dem Borlach- und Witzlebenschacht erheben, als seltene Vertreter technischer Kulturdenkmale des 18. und

Kunstrad für den sogenannten
oberen Schacht in Bad Kösen

Bunkler zum Heben und Senken
des Staubrettes (Schütz) vor
dem Kunstrad (Bad Kösen)

195

frühen 19. Jh. gelten. Ebenso gehört den im Polygonzug angeordneten Dürrenberger Gradierwerken schon mit ihrer Gesamtlänge von 850 m der Ruhm, die längste und konstruktionsmäßig vielfältigste, in sich geschlossene historische Anlage dieser Art zu sein.

Wenden wir uns nun den maschinentechnischen Restanlagen dieser Salinen zu. Die Saline Kösen hat seit ihrer Erbauung im Jahre 1727 unter *Borlach* (erste Schachtabteufung im 17. Jh. unter *Christner*) eine wechselvolle Baugeschichte aufzuweisen. Die Einstellung des Produktionsbetriebes erfolgte im Jahre 1859 im Zusammenhang mit der Erschließung der Staßfurter Steinsalzlager. Um so mehr gewann seit dieser Zeit das Solbad an Bedeutung. Diesem Umstand hat die Kösener Soleförderanlage ihre heutige Existenz zu verdanken. Das »Herz« dieses »Kunstbaus« ist das obere Wasserrad (»obere Wasserkunst«) mit den sich anschließenden berganführenden Kunstgestängen, die am Borlachschacht enden. Darüber erhebt sich das aus zwei Hauptbauabschnitten bestehende Gradierwerk.

Das Kunstrad gehört zu den seltenen Wasserkraftmaschinen, die nach gründlicher Restaurierung wieder betriebsfähig sind. Das wasserregulierende Staubrett, der mit einem Trilling betriebene Bunkler und das »Ziehzeug« vervollkommnen die Anlage. An die Exzenter der Wasserradwelle schließen sich die Lenkerstangen der Feldgestänge an. Seitlich von der oberen Wasserkunst ist das schon erklärte »Zuppinger-Wasserrad« anstelle der alten »unteren Wasserkunst« stationiert. Das notwendige Aufschlagwasser führt die »Kleine Saale« den Rädern zu. Dieser künstliche Wasserarm gilt zusammen mit dem Kösener Wehr – angeblich von den Zisterziensermönchen des nahegelegenen Klosters Pforte angelegt – als wasserbautech-

nisches Denkmal dieses Gebietes. Dabei hat das Wehr, bedingt durch die technischen Veränderungen der letzten Jahre, nichts mehr mit der späteren salinentechnischen Neuanlage gemein.

Beide Wasserräder, auf der sogenannten Radinsel gelegen, sind seit einiger Zeit Bestandteil eines zeitweilig gastronomisch betreuten Objekts geworden. Der hier verwirklichte Gedanke, die Maschinentechnik durch mit einem Drahtnetz versehene Öffnungen sichtbar werden zu lassen, kann als Beispiel für manches Radhaus gelten, dessen technischer Wert für den Vorübergehenden verborgen bleibt. Vom oberen Radhaus führen über die Kleine Saale die erwähnten Doppelfeldgestänge, die aus Schwingen bestehen. Diese sind als zweiseitige Hebel ausgebildet. An ihren beiden Enden sind sie drehbar mit den eigentlichen kraftübertragenden Balken verbunden. Gestängeschlösser koppeln die einzelnen Balken zur Gesamt-

Schnitt durch den oberen Sol-
schacht und Kunstturm in Bad
Kösen

197

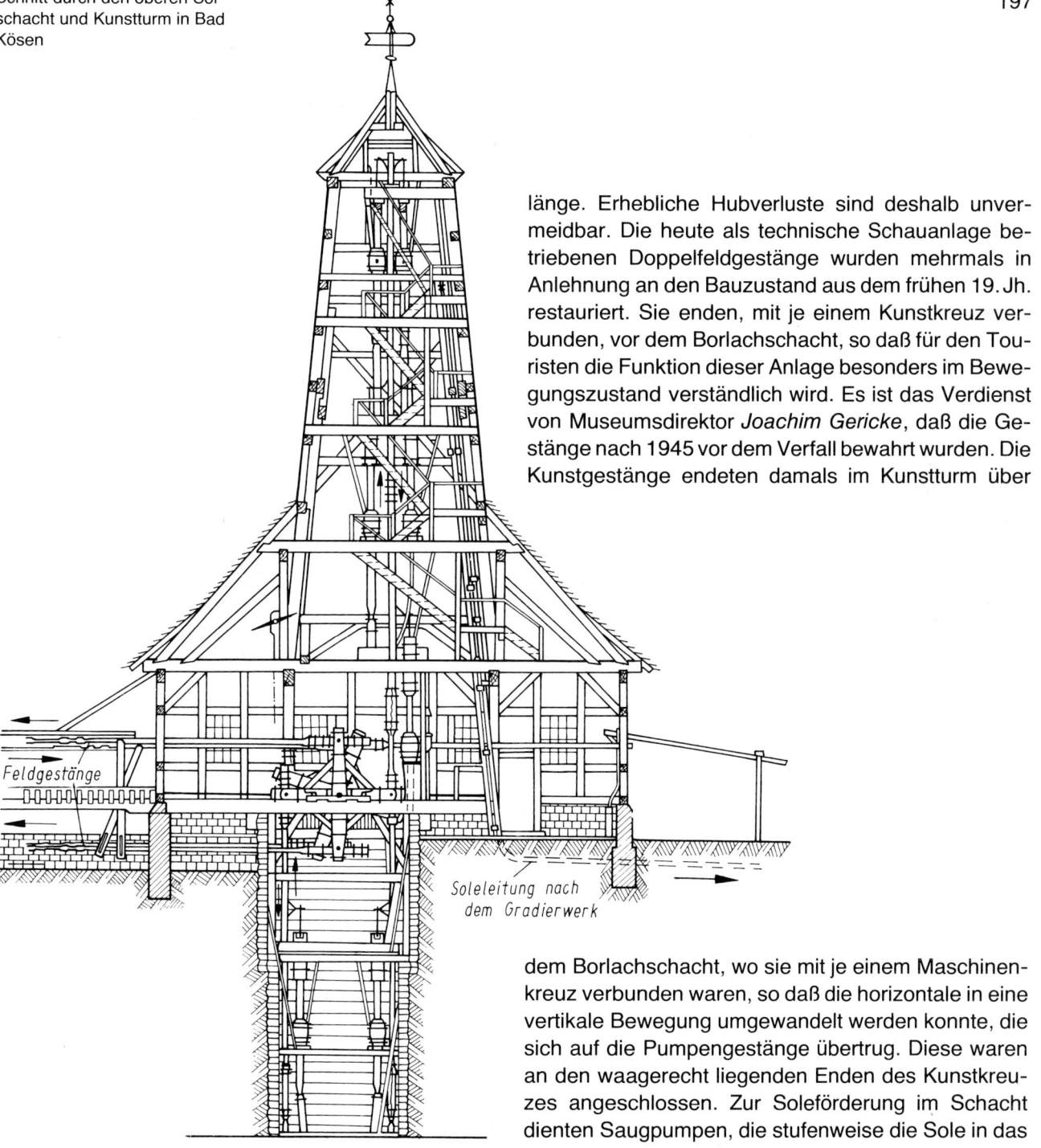

Feldgestänge

Soleleitung nach
dem Gradierwerk

länge. Erhebliche Hubverluste sind deshalb unvermeidbar. Die heute als technische Schauanlage betriebenen Doppelfeldgestänge wurden mehrmals in Anlehnung an den Bauzustand aus dem frühen 19. Jh. restauriert. Sie enden, mit je einem Kunstkreuz verbunden, vor dem Borlachschacht, so daß für den Touristen die Funktion dieser Anlage besonders im Bewegungszustand verständlich wird. Es ist das Verdienst von Museumsdirektor *Joachim Gericke*, daß die Gestänge nach 1945 vor dem Verfall bewahrt wurden. Die Kunstgestänge endeten damals im Kunstturm über

dem Borlachschacht, wo sie mit je einem Maschinenkreuz verbunden waren, so daß die horizontale in eine vertikale Bewegung umgewandelt werden konnte, die sich auf die Pumpengestänge übertrug. Diese waren an den waagerecht liegenden Enden des Kunstkreuzes angeschlossen. Zur Soleförderung im Schacht dienten Saugpumpen, die stufenweise die Sole in das

Oberbassin des Kunstturmes hoben. Von hier gelangte die Sole durch eine kommunizierende Röhre in den unteren Solebehälter des Gradierwerkes auf dem Rechenberg. Ein aus Gabelschwingen bestehendes einfaches Feldgestänge, das ebenfalls über ein im Schachtgebäude befindliches Kunstkreuz von der oberen Wasserkunst bewegt wurde, führte zum Gradierwerk auf dem Rechenberg, um dort die erwähnten Gradierpumpen zu betreiben.

Nachdem 1958 die gesamte alte Soleförderanlage einschließlich aller im Schacht befindlichen Kreiselpumpen stillgelegt worden war, traten an ihre Stelle zwei Tiefkolbenpumpen, die noch heute die Sole für Kurzwecke aus dem Borlachschacht fördern. Die Kösener Soleförderanlage zählt trotz der fehlenden Pumpwerke in ihrer Vollkommenheit zu den seltensten technischen Denkmalen dieser Art. Ihr gesamter Maschinen-, Transmissions- und Fördermechanismus, der vom Kunstrad bis zum Gradierwerk reicht, ist mühelos begehbar und deshalb als Schauobjekt bestens geeignet.

Einen geradezu grandiosen Beweis für die Leistungsfähigkeit der alten Wasserräder gibt uns die Saline Dürrenberg a. d. Saale. Sie gilt als das letzte und reifste Gründungswerk *Borlachs*. Diese Saline zählte noch um die letzte Jahrhundertwende zu den größten und bedeutendsten des damaligen Deutschen Reiches. Seit 1763, dem Gründungsjahr dieser Saline, beweist eine Vielzahl von Plänen, Rissen und verbalen Ausarbeitungen, welche Riesenmengen von Sole hauptsächlich mit Hilfe von Wasserrädern und Windkünsten gefördert und in Umlauf gesetzt werden mußten, um schließlich aus der siedewürdigen Sole, der sogenannten Schwersole, im Siedeprozeß Speisesalz gewinnen zu können. Ein farbig angelegter Plan aus dem Jahre 1826 zeigt die Länge der Dürrenberger Gradierwerke, die zusammen mit der Dachgradierung bei durchschnittlich 5000 Betriebsstunden etwa $4 \cdot 10^6$ m^3 Wasser verdunsteten.

Mehrere aussagekräftige Abbildungen des 18. und frühen 19. Jh. lenken unseren Blick auf die Maschinen und fördertechnischen Anlagen dieser Saline. Das läßt besonders eine um 1830 entstandene handkolorierte Federzeichnung erkennen, die das in Saalenähe gelegene Salinengelände in seiner gesamten landschaftsprägenden Wirkung erfaßt. Die rauchenden und dampfenden Siedehäuser, zwar von der künstlerischen Fantasie gegenüber den Originalrissen verändert, verweisen auf den Ort der eigentlichen Salzproduktion. Hinter den präzis gezeichneten Radhäusern erhebt sich das Schachtturmpaar. Hier war das Zentrum für die so wichtigen Bewegungskräfte. Das »Kassenhaus« und andere Salinengebäude mit dem davorliegenden Saalewehr begrenzen die bildliche Darstellung des Komplexes nach rechts; während die am Horizont sich abzeichnenden Gradierwerke eine Vorstellung von der Weiträumigkeit des gesamten Salinengeländes geben. Auf die Restanlagen wurde schon eingangs hingewiesen.

Von den technischen Anlagen der technologisch bedeutendsten westdeutschen Saline Nauheim an der Wetter sind außer vier z. T. veränderten (ursprünglich 17) Gradierwerken einige Maschinen erhalten geblieben. Dazu gehören zwei mächtige steinerne, flügellose Windkünste, die einst nach dem Holländerprinzip arbeiteten. Sie führen die Bezeichnungen »Waitzscher Turm« (Rabenturm) und »Salinenturm«. Der etwa 24 m hohe »Waitzsche Turm« erhielt bereits 1931 eine kupferbedeckte Haube und wurde in jüngster Zeit restauriert. Von den Wasserrädern sind noch zwei erhalten:

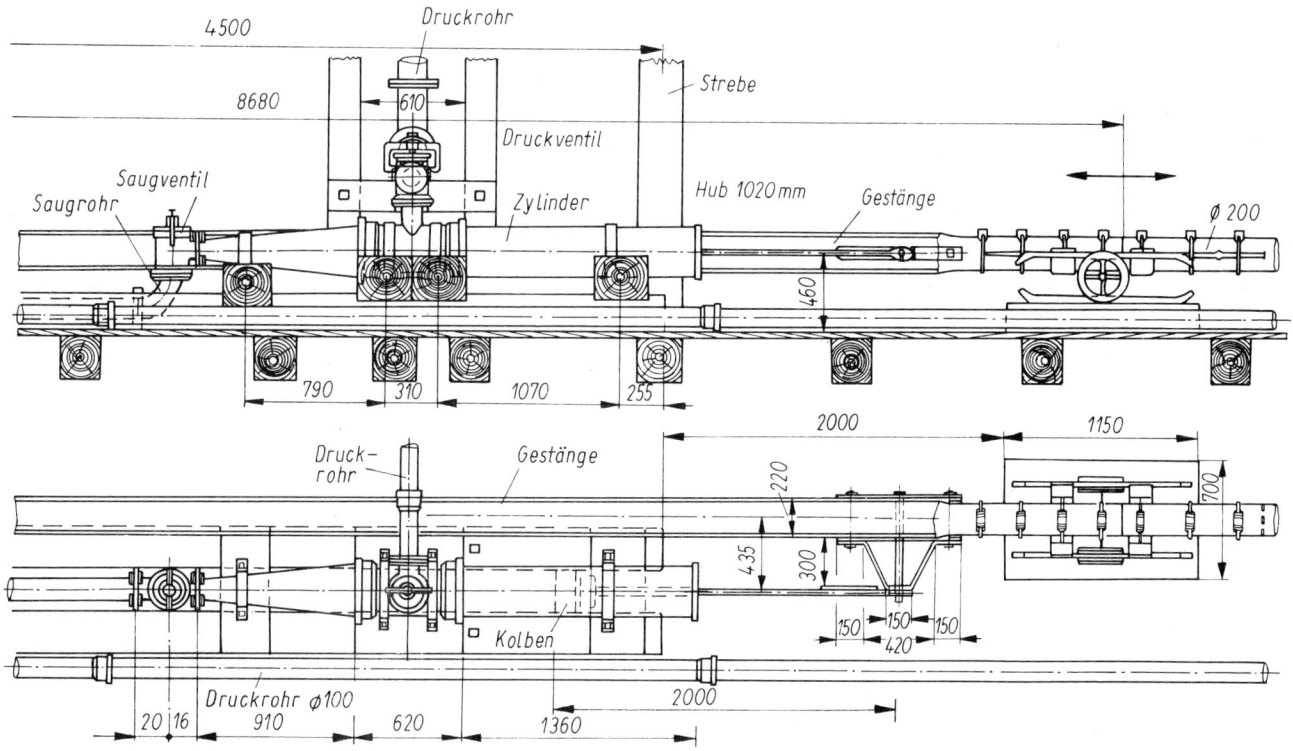

das Wasserrad am »Ludwigsbrunnen« mit 10,65 m Durchmesser und das »Schwalheimer Rad« mit 9,78 m Durchmesser. Das »Schwalheimer Rad« zählt zu den technikgeschichtlichen Raritäten. Es wurde vermutlich 1748 von *Waitz* angelegt. In einem handschriftlichen Bericht des Eleven *Senff* vom Jahre 1805 handelt es sich dabei um das 7. Kunstrad, das als Strauberrad ausgebildet gewesen sein soll. Die hohe Belastung erforderte, daß 1826 das Gestänge und 1839 das Kunstrad einschließlich Radstube erneuert werden mußten. Es hatte nun die Bezeichnung Nr. 4. Das Gestänge wurde von Oberberginspektor *Henschel* aus Kassel

entworfen. *Henschel* gilt auch als Erbauer des Nordbaus vom Kösener Gradierwerk sowie des Wasserrades und Gradierwerkes VI in Sooden, Werra. Es handelt sich dabei um eine gußeiserne Rollenkonstruktion, die in gewissen Abständen auf Schienen bewegt wird. Hier hat der auch als Eisenbahnkonstrukteur tätige *Henschel* seine Gedanken verwirklicht. Teile des Gestänges sind heute nur noch am »Schwalheimer Rad« erhalten geblieben.

Nach dem Neubau dieses Rades konnten die beiden steinernen holländischen Windmühlen außer Betrieb gesetzt werden. Auch das Rad am »Ludwigsbrun-

Gradierwerk der veränderten
Waitzschen Bauart mit oberer
Soleverteilungsanlage und Erdreservoir in Salzelmen (19. Jh.);
schematischer Schnitt

200

nen«, das im Senffschen Bericht mit Nr. 1 gekennzeichnet ist, gilt als erhaltenswertes technisches Denkmal. Es wurde ebenfalls um 1840 erneuert und war bis 1916 in Betrieb. Die Pumpen sind seit etwa 60 Jahren durch elektrisch betriebene ersetzt.

Die Nauheimer salinentechnischen Denkmale (Brunnen, Gradierwerke, Räder, Kunstgestänge, Staubekken) bilden das wertvolle Gegenstück zur Soleförderanlage in Kösen. Auch um die Erhaltung dieser, in ihrer Art einzigen Kulturdenkmale, sind die zuständigen Stellen bemüht.

Die Saline Nauheim war durch die Persönlichkeit des Obersalzgräfen und späteren preußischen Staatsministers *Waitz v. Eschen* aufs engste mit der Baugeschichte anderer Salinen verbunden. Seine Maschinen- und Gradierwerkkonstruktionen waren ähnlich den sächsischen Vorbildern auch auf anderen Salinen zu finden, so in Schmalkalden und Sülze. Hier standen wie in Nauheim jene dreiwandigen zweigeschossigen bedachten Rieselwerke, durch die *Waitz* als Gradierwerkkonstrukteur berühmt geworden war. Diese monumentalen Kunstbauten, bei denen sich die dritte Wand, in einem Solschiff stehend, auf die beiden unteren stützte, waren Meisterwerke der Zimmermannskunst. In Schmalkalden muß, wie den älteren Schriften zu entnehmen ist, ein solches großartiges, von mehreren Kunsträdern und einer Vielzahl von Pumpen betriebenes Gradierwerkensemble im 18. Jh. kurzzeitig bestanden haben. Es prägte zusammen mit den Eisenhütten und Mühlen die frühe Industrielandschaft dieser Gegend. Auch die Saline Sülze in Mecklenburg, wo *Waitz* zusammen mit *Koch* eine Zeitlang Pächter war, betrieb ein solches Gradierwerk. Es wurde 1944 durch Blitzschlag getroffen, wobei die 1939 rekonstruierte Windkunst niederbrannte. Später verfiel der ge-

samte Gradierwerktrakt und wurde schließlich völlig abgetragen.

Wie die Zeitgenossen berichten, soll aber das Salzelmer Rieselwerk eines der ansehnlichsten und größten in Europa gewesen sein. Unübersehbar durchzog dieser etwa 52 Fuß hohe und etwa 4000 Fuß lange, später auf 5852 Fuß verlängerte Kunstbau die Bördelandschaft. Von dieser 1756 bis 1765 in der Nähe der Salzelmer Solbrunnen angelegten Waitzschen Solekonzentrationsanlage behauptete der erfahrene Salinist *Karl Schlönbach*, der selbst als bedeutender Gradierwerkkonstrukteur galt und an der späteren Erweiterung der Salzelmer Anlage maßgeblich beteiligt war, daß sie der Schönebecker »Coctur« jährlich

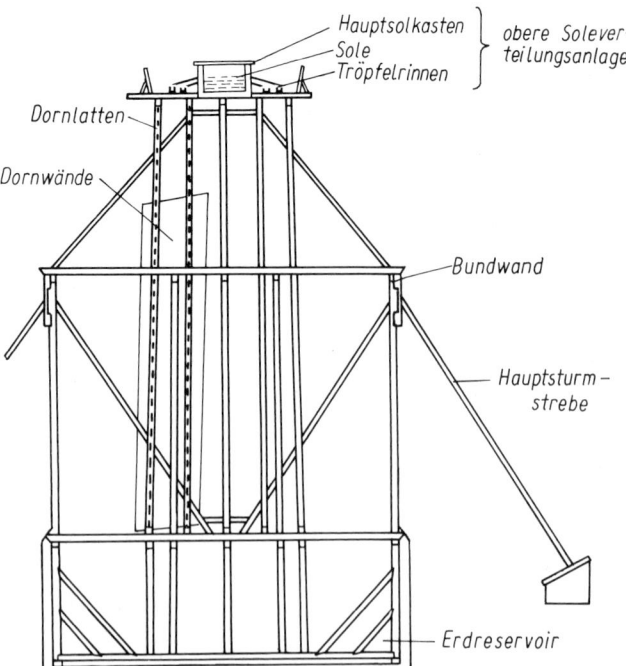

36000 Klafter Brennholz erspare, was natürlich die Rentabilität des Werkes außerordentlich hob. Als pumpenbewegende Maschinen dienten zwei Roß- und drei Windkünste, die nach dem Prinzip der holländischen Windmühlen funktionierten. Nachweislich war mindestens bis 1758 am Gradierwerkbau ein Nauheimer Kunst- und Zimmermeister maßgebend beteiligt, während für die Herstellung und Montage der Triebwerke in den Windkünsten ein holländischer Zimmer- und Tischlermeister verantwortlich zeichnete. Die steinernen Türme und andere Maurerarbeiten wurden von einem Schönebecker Meister ausgeführt. Diese mächtigen kegelförmigen Steinbauten, noch das benachbarte Gradierwerk überragend, ließen die umliegenden Bockwindmühlen zwergenhaft erscheinen und waren deshalb dominierend im Landschaftsbild dieser Gegend. 1793 nahm der Steinkegel einer Holländerwindmühle die Pumpensätze der neu in Betrieb genommenen Dampfmaschine auf.

Die Schwersole gelangte schon seit 1765 durch eine etwa 2,5 km lange Röhrenstrecke zu dem zweigeschossigen Bassin auf dem Schönebecker Salingengelände, das die Siedepfannen nach Bedarf speiste. Diese Soleleitung hat ihre technische Verwendbarkeit bis in die jüngste Vergangenheit bewiesen. Geblieben sind von dieser großartigen Förderanlage nur ein kurzes Stück des Gradierwerkes mit Windkunst und ein Kunstturm.

Der Rest des alten Gradierwerkes befindet sich gegenüber dem Bahnhof Salzelmen und bildet den Eingang zum Kurpark. Die äußeren Bundwände des Gradierwerkes lassen erkennen, wo einst die für die Waitzsche Bauart typischen drei Dornwände eingebaut waren. Die seit dem 19. Jh. durchgängigen, etwa 16 m hohen Gradierwände sind besonders im süd-

westlichen funktionsuntüchtigen Teil baufällig. Der Nordostteil befindet sich in einem weitaus besseren Bauzustand und dient z. T. noch der Freiluftinhalation. Trotz mancher Mängel stellt der Rest der Salzelmer Anlage ein bedeutendes technisches Denkmal dar, das wie alle Gradierwerke einmalig ist, zumal das zweite der ursprünglich Waitzschen Bauart in Sülze abgebrochen wurde. Ebenso ist die in sächsischen Konstruktionen verwandte, nach dem Prinzip der Wipp- oder Köchermühle funktionierende Windkunst auf dem Verdeck des Gradierwerkes die einzige im deutschen Raum erhaltene pumpentreibende Windkraftmaschine dieser Bauart, die an die Gradieranlagen von Ciechocinek (VR Polen) erinnert. Vom rein Optischen bildet der mächtige Gradierwerkbau gemeinsam mit dem nahegelegenen Kunstturm und dem neuklassizistischen Lindenbad das für Salzelmen typische Architekturensemble im Kurbereich. Dem kegelförmigen Kunstturm sieht man heute kaum an, daß er als letzter Zeuge einer pumpentreibenden »Holländerwindmühle« zu gelten hat. Nicht zu übersehen ist der Erinnerungswert, der diesen Anlagen innewohnt. Salzelmen kann sich rühmen, das erste als Freiluftinhalatorium genutzte Gradierwerk zu haben, wobei neben der Dampfmaschine die Windmühlen den Soleumlauf auch für den Badebetrieb ermöglichten.

Spärliche Reste einer einst kompletten Soleförderanlage befinden sich in Bad Sulza bei der im 17. Jh. abgeteuften Kunstgrabenquelle. Zu ihr gehören das am Berghang gelegene Schachtgebäude mit einem darin befindlichen Handgöpel und das zwischen Ilm und Kunstgraben liegende Wasserrad mit einem Rest eines Schacht und Rad verbindenden Kunstgestänges. Vom Rad führte ursprünglich ein zweites Feldgestänge über die Ilm zu dem noch vorhandenen Holzgehäuse, in dem sich eine Wendedocke befand. Die kraftübertragende Anlage mündete dann in einen unter dem Bahndamm entlang führenden Stollen, um schließlich die Pumpen der Herlesbergquelle zu betreiben. Von besonderem Interesse sind die erwähnten, früher der Kraftübertragung im Stollen dienenden Schaukelschwingen, von denen einige erhalten geblieben sind. Derartige Kunstgestänge haben besonderen Denkmalwert, da sie nicht noch einmal nachgewiesen werden können.

In der Nähe von Bad Sulza liegt die Gemeinde Darnstedt. Kurz vor dem Ortseingang ist ein zur ehemaligen Saline Oberneusulza gehöriger Komplex von Soleförderanlagen lokalisiert, wo auch Gabelschwingengestänge zu finden sind.

Von besonderem Interesse ist ein sogenanntes »Torsionsgestänge« aus den 30er Jahren. Es handelt sich dabei um eine mehrfach gelagerte und gekuppelte rotierende Welle, die die Pumpen der 1937 erschlossenen »Carl-Elisabeth-Quelle« betrieb.

Museen und Schauanlagen in der DDR

(ausgewählte Mühlen, Hammerwerke sowie Hebewerke für Wasser und Sole bzw. Teilanlagen)
M Museum, Sch Schauanlage, S Sole

Ort	Museum/Objekt	Sehenswürdigkeiten/Hinweise
Altenberg/Erzgebirge	Zinnerzwäsche (Techn. M.)	Wasserradantrieb, Pochwerk, Langstoßherd
Alt Schwerin (Kr. Waren)	Freilicht-M.	Erdholländer, Bockwindmühle (geplant)
Antonsthal (Kr. Schwarzenberg)	Pochwerk und Erzwäsche Unverhofft Glück (Zinnerzaufbereitung)	Wasserradantrieb, Pochwerk, Langstoßherd
Bad Düben	Landschaftsmuseum der Dübener Heide	Schiffmühle (Sch), Wasserradantrieb
Bad Dürrenberg	Borlach-M.	Schachttürme, Gradierwerke
Bad Kösen	Romanisches Haus (M)	Wasserradantrieb, Hebewerk (S), Zuppinger-Rad f. Energie-Erzeugung, Kunstgestänge, Schachtturm, Gradierwerk
Bad Sulza/Thüringen	Salinen-M. (Freilicht-M.)	Wasserkunst, Wasserradantrieb, Kunstgestänge (Reste), Gradierwerk
Ballendorf (Kr. Geithain)		Bockwindmühle (Sch)
Bautzen	Alte Wasserkunst (Techn. M.)	Hebewerk
Bernburg	Mühlenmuseum im Museum Schloß Bernburg	
Boitzenburg (Kr. Templin)	Klostermühle, Produktionsmuseum	Wassermühle (Sch)
Borne (Kr. Belzig)		Bockwindmühle (Sch), Flügel für Segelbespannung
Brehna (Kr. Bitterfeld)		Bockwindmühle; umgebaut, funktionstüchtig
Buchfahrt (bei Weimar)		Wassermühle, unterschlächtig (Sch); funktionstüchtig
Dabel (Kr. Sternberg)		Galerieholländer (Sch)
Diesdorf (Kr. Salzwedel)	Freilicht-M.	Bockwindmühle (Sch)

Ort	Museum/Objekt	Sehenswürdigkeiten/Hinweise
Dorfchemnitz (Kr. Brand-Erbisdorf)	Eisenhammer (Techn. M.)	Hammerwerk (Sch)
Dorfchemnitz (Kr. Stollberg)	Knochenstampfe (Techn. M.)	Wasserradantrieb (Sch)
Dorf Mecklenburg (Kr. Wismar)	Gaststätte	Erdholländer (Sch)
Ebendorf (bei Magdeburg)		Bockwindmühle (Sch), 1984 umgesetzte Mühle
Eckartsberga (bei Naumburg)		Turmwindmühle; als Schauanlage vorgesehen
Eisfeld	Museum	Märbelmühle (Sch)
Fahrland (bei Potsdam)	Gaststätte	Bockwindmühle (Sch); außer Betrieb
Freibergsdorf (bei Freiberg)		Hammerwerk (Sch), wird z. Z. restauriert
Frohnau (bei Annaberg)	Eisenhammer (Techn. M.)	Hammerwerk (Sch)
Glaucha-Wellaune (Kr. Eilenburg)		Bockwindmühle (Sch)
Greifswald		Erdholländer (Sch)
Halle/Saale	Halloren- und Saline-M.	
Hermsdorf (Kr. Dippoldiswalde)		Wasserradantrieb (Sch), Stampfwerk
Höfgen (bei Grimma)	Wassermühle (M)	Wasserradantrieb (Sch)
Ilsenburg (Harz)	Hüttenmuseum	Nagelhütte (Sch); nur Gebäude erhalten
Jahnshain (Kr. Geithain)	Lindigtmühle am Lindenvorwerk (M)	Wasserradantrieb (Sch)
Klockenhagen (Kr. Ribnitz-Damgarten)	Freilicht-M.	Bockwindmühle (Sch)
Kottmarsdorf (Kr. Löbau)		Bockwindmühle (Sch)
Kühnitzsch (Kr. Wurzen)		Bockwindmühle (Sch)
Lebien (Kr. Jessen)		Bockwindmühle (Sch); funktionstüchtig

Ort	Museum/Objekt	Sehenswürdigkeiten/Hinweise
Lebusa (Kr. Herzberg/Elster)		Bockwindmühle (Sch); funktionstüchtig
Luga/Quoos (Kr. Bautzen)		Bockwindmühle mit Hirsestampfwerk (Sch); funktionstüchtig; (umgesetzt aus Saritsch)
Mittelpöllnitz (Bez. Gera)		Bockwindmühle (Sch)
Naumburg-Flemmingen		Turmwindmühle, in Betrieb; Fünfflügelanlage
Neidhartshausen (Kr. Bad Salzungen)		Wasserradantrieb, Wassermühle (Sch), vollgewerblicher Betrieb
Neubukow (Kr. Bad Doberan)		Turmwindmühle (Sch); funktionstüchtig, mit Bilauschen Ventikanten
Ohrdruf (Kr. Gotha)	Tobiashammer (Techn. M.)	Hammerwerk (Sch)
Olbernhau-Grünthal/Erzgebirge	Saigerhütte	Hammerwerk (Sch), Kupferhammer
Ottendorf (Kr. Sebnitz)	Neumannmühle (Techn. M.)	Wasserradantrieb (Sch), Holzschleifanlage
Prausitz/Pahrenz (bei Riesa)		Turmwindmühle (Sch); überdimensional hoch
Parchen (Kr. Genthin)		Bockwindmühle (Sch)
Peitz (bei Cottbus)	Hüttenmuseum	Wasserradaufbau geplant
Pockau/Erzgebirge		Ölmühle (Sch), Wasserradantrieb
Potsdam-Sanssouci		Turmwindmühle, hist. Galerieholländer (Ruine)
Reichenau (Kr. Dippoldiswalde)	Weichelt-Mühle	Wasserradantrieb (Sch), Stampfwerk
Reichstädt (Kr. Dippoldiswalde)		Turmwindmühle (Sch); kleinste Turmwindm. d. DDR
Rövershagen (bei Rostock)		Turmwindmühle (Sch)
Saalow (Kr. Zossen)		Paltrockwindmühle (Sch)
Seiffen/Erzgebirge	Freilicht-M.	Wasserradantrieb, Wasserkraft-Drehwerk, Sägewerk u. a. (Sch)

Ort	Museum/Objekt	Sehenswürdigkeiten/Hinweise
Schleusingen (bei Suhl)	Museum Bertholdsburg	Papiermühleneinrichtung u. a. (Sch)
Schmalkalden-Weidebrunn	Neue Hütte (Happels-hütte)	Technisches Denkmal der Eisenindustrie (Sch), Wasserrad-antrieb (im Aufbau)
Schönburg (bei Naumburg)		Wasserradantrieb; Wasserrad a. d. Wethau
Schönebeck (Elbe) – Salzelmen	Heimatmuseum	Hebewerk (S), Windkunst, Gradierwerk; Modelle im M.
Schulpforte (bei Naumburg)	ehem. Zisterzienser-Kloster (heute Heim-oberschule)	Panstermühle (Sch)
Schwerin	Polytechn. M.	Wasserradantrieb (Sch); Schleifmühle im Wiederaufbau
Stolpen	Burg (M)	Modell eines Wasserhebewerkes
Stove (Kr. Wismar)		Erdholländer (Sch)
Syrau (Kr. Plauen)	Windmühlenmuseum	Turmwindmühle (Sch); einzige erhaltene Windmühle d. Vogtlandes
Tanne (Kr. Wernigerode)		Wasserradantrieb (Sch), zwei stillgelegte oberschl. Wasser-räder d. Hütte
Thießen (Kr. Dessau)	Kupferhammer	Hammerwerk; Techn. Denkmal (Sch)
Trebbus (Kr. Finsterwalde)	Windmühlenmuseum	Bockwindmühle (Sch)
Waltersdorf (bei Zittau)	Volkskunde- und Mühlenmuseum	Wasserradantrieb (Sch); ehem. Mahl- u. Sägemühle
Weida/Thüringen	Liebsdorfer Hammer	Wasserradantrieb, Hammerwerk (Sch)
Wickersdorf/Thüringen	Sägemühle	Wasserradantrieb (Sch)
Wilthen (bei Bautzen)	Sägemühle	Wasserradantrieb; vollgewerbl. Betrieb
Woldegk (Bez. Neubranden-burg)	Mühlenmuseum	Turm- u. Ständerholländer (Sch)
Ziegenrück (Kr. Schleiz)	Fernmühle (Freilicht-M.)	Museum für Wasserkraftnutzung (Sch)
Zwönitz (bei Aue)	Papiermühle (Techn. Museum)	Wasserradantrieb (Sch)

Maßeinheiten und Münzwesen

Da beim Lesen der vorliegenden Publikation oder bei anderen alten Schriften eine Konfrontation mit alten Maßeinheiten unvermeidlich ist, können die aus verschiedenen Quellen unverbindlich zusammengestellten Umrechnungseinheiten als Richtwerte dienen.

Längenmaße:

1 Fuß	=	283,19 mm = 12 Zoll	Sachsen; Leipzig
	=	313,85 mm = 12 Zoll	Preußen; Rheinland
	=	291,86 mm	Bayern
1 Elle	=	566,38 mm = 2 Fuß	Sachsen
	=	24 Zoll	
	=	666,94 mm	Preußen; Rheinland
1 Rute	=	3391,80 mm	Leipzig
	=	3766,24 mm = 12 Fuß	Preußen; Rheinland
	=	144 Zoll	

im Bergbau:

1 Lachter	=	1962,4 mm = 3,5 Freiberger Ellen	Sachsen
	=	2092,36 mm	Preußen

1 Normallachter des Oberbergamtes Freiberg
= 1961,4582 mm

Flächenmaße:

1 Quadratelle	= 3207,9 cm^2	Sachsen
1 Quadratfuß	= 801,97 cm^2	Sachsen
	= 985 cm^2	Preußen

Raummaße:

1 Kubikelle	= 181,69 l	Sachsen
1 Kubikfuß	= 22,71 l	Sachsen
	= 30,9 l	Preußen
1 Scheffel	= 105,66 l	Dresden
1 Metze	= 1/16 Scheffel	Sachsen

Maße für Massen:

1 Last	= 4000 Pfund = 1870,8 kg	
1 Lot	= 16,66 g	Sachsen
1 Pfund	= 467,2897 g	Sachsen
	= 467,7 g	Preußen

Münzwesen:

1 Gulden (rhein. Gulden)	= 1 fl. (Florin)	= 16 bis 21 Groschen
1 Taler (Reichstaler)	= 1 Thlr.	= 24 Groschen

Agricola, G.: Zwölf Bücher vom Berg- und Hüttenwesen/ Vollständige Ausgabe nach dem lateinischen Original v. 1556; hrsg. von der Agricola-Gesellschaft beim Deutschen Museum. – München, 1928

Allgemeine Encyklopädie der Wissenschaften und Künste; hrsg. von J. S. Ersch u. J. G. Gruber (92 Bände; A-Ligatur u. O-Phyxios). – Leipzig, 1818–1888

Andrén, E.: Skansen. – Stockholm: Nordiska Museet, 1959

Baader, J.: Neue Vorschläge und Erfindungen zur Verbesserung der Wasserkünste beim Bergbau und Salinenwesen. – Bayreuth, 1800

Baranowski, B.: Polskie młynarstwo. Zakład Narodowy im. Ossolinskich. – Wrocław, Warzawa, Kraków, Gdańsk, 1977

Beckmann, J.: Anleitung zur Technologie oder zur Kenntnis der Handwerke, Fabriken und Manufacturen, . . . Nebst Beyträgen zur Kunstgeschichte. – Göttingen, 1780

Behrens, E. Ch. A.: Die practische Mühlen-Baukunst oder gründliche und vollständige Anweisung zum Mühlen- und Mühlen-Grundwerks-Baue mit den Haupt- und Specialrissen zum gemeinnützigen Gebrauche für Bauliebhaber, Müller und Zimmerleute. – Schwerin, 1789

Beyer, J. M.: Theatrum machinarum molarum, oder Schauplatz der Mühlenbaukunst. – Dresden, 1767

Beyer, W.: Die Windmühle – ein technisches Kulturdenkmal. – In: Wiss. Z. TH Dresden. – Dresden (1957/58) 6. – S. 1129–1144; (1962) 6. – S. 693–705

Bilau, K.: Die Windkraft in Theorie und Praxis. – Berlin: Verl. Paul Parey, 1927

Bilau, K.: Windmühlenbau einst und jetzt. – Leipzig: Verl. M. Schäfer, 1933

Blechschmidt, E.: Die Neumannmühle. Ein technisches Denkmal im Kirnitzschtal. – Ottendorf: Rat der Gemeinde, 1977

Caarten, A. Bicker: Un Moulin en Hollande. – Leyden: A. W. Sythoff, 1960

Calvör, H.: Acta Historica – chronologica – mechanica . . . Oder Historisch-chronologische Nachricht und theoretische und practische Beschreibung des Maschinenwesens, und der Hülfsmittel bey dem Bergbau auf dem Oberharze . . .«. – Braunschweig, 1763

Cancrin, F. L. v.: Erste Gründe der Berg- und Salzwerkskunde. – Frankfurt, 1773–1791

Claus, S. de: Von gewaltsamen Bewegungen: Beschreibung etlicher, so wol nützlichen alß lustigen Machiner . . . – Frankfurt a. Main, 1615

Claußen, L.: Praktische Anweisung zum Mühlenbau. – Leipzig, 1792

Clausthal-Zellerfeld / Ein Führer durch die Bergstadt. – Clausthal-Zellerfeld: Oberharz-Bücherei, 1965

Düring, K. v.: Straße der Wind- und Wassermühlen. – Bremen: Röver, 1977

Fairbairn, W.: Treatise on mills and millwork. – London, 1861/62

Fröde, E.; Fröde, W.: Energiespender und ästhetische Architektur/Windmühlen in Deutschland, Holland, Belgien. – Köln: Du Mont, 1981

Gericke, J.: Wertvolles Denkmal der Technik verfällt. – In: Natur und Heimat (1954) H. 3. – S. 368

Glauner, W.: Die historische Entwicklung der Müllerei. – München/Berlin, 1939

Gleisberg, H.: Beiträge zu einer Volkskunde des Müllers und der Mühle. – In: Dt. Jahrbuch f. Volkskunde. – Berlin: Akademie Verl., 1955

Gleisberg, H.: Triebwerke in Getreidemühlen: Eine technischgeschichtliche Studie. – Technikgeschichte in Einzeldarstellungen, Nr. 15. – Düsseldorf, 1970

Goldbeck, G.: Technische Museen. – Stuttgart: J. Fink Verl., 1975

Gräbner, W.: Der Frohnauer Hammer: Ein technisches Kulturdenkmal der erzgebirgischen Eisenindustrie. – In: Der Anschnitt. – Bochum 8 (1956) H. 6. – S. 28–31

Gräbner, W.: Der Kupferhammer Grünthal: Eine Industrieanlage des 16. Jh. – In: Der Anschnitt. – Bochum 10

(1958) H. 3. – S. 20–23

Groger: Das Eisenhammerwerk zu Peitz. – In: Beitr. z. Gesch. d. Techn. u. Ind. – Berlin 20 (1930). – S. 164–167

Heinz, L.: Mühlen und Hämmer im Schleusegebiet. In: Südthüringer Forschungen. – Meiningen (1979) H. 14

Hofmann, Freiherr v.: Abhandlungen über die Eisenhütten. – Hof, 1794

Kaovenhofer, A.: Deutliche Abhandlung von den Rädern der Wassermühlen und von dem inwendigen Werke der Schneide-Mühlen. – Riga/Leipzig: Friedrich Hartknoch, 1770

Kleeberg, W.: Niedersächsische Mühlengeschichte. – Detmold: Verl. Hermann Bösmann, 1964

Krünitz, J. G.: Oekonomische Encyklopädie, oder allgemeines System der Staats-, Stadt-, Haus- und Landwirthschaft, in alphabetischer Ordnung. Bd. 1 – 242 (Ab Bd. 33 Oekonomisch-technologische Encyklopädie . . .). – Berlin, 1782–1858 (bes. Bd. 95 u. 96)

Krümmel, O.: Die geogr. Verbreitung d. Wind- u. Wassermotoren im deutschen Reiche nach d. Gewerbezählg. v. 14. Juni 1895 dargestellt. – In: Dr. A. Petermanns Mitt. aus Justus Perthes' Geogr. Anstalt, 49. Bd., Heft VIII. – Gotha, 1903. – S. 169–173

Langsdorf, K. Ch.: Ausführliches System der Maschinenkunde mit speciellen Anwendungen bei mannichfaltigen Gegenständen der Industrie. 4 Bde. u. Atlas. – Heidelberg/Leipzig, 1826–1828

Langsdorf, K. Ch.: Vollständige auf Theorie und Erfahrung gegründete Anleitung zur Salzwerkskunde. 2 Bde. (5 Teile). – Altenburg, 1784–1796

Lempe, J. F.: Lehrbegriff der Maschinenlehre, mit Rücksicht auf den Bergbau, 2 Bde. – Leipzig, 1795 und 1797

Leupold, J.: Theatrum machinarum hydraulicum. Oder: Schauplatz der Wasserkünste. – Leipzig, 1724/1725

Lichtenberg, G. Ch.: Physikalische und mathematische Schriften. 8 Bde; hrsg. von L. Ch. Lichtenberg u. F. Kries. – Göttingen, 1804

Linpergh, P.: Moole Boek of eenige opstalle van Moolens . . . – Amsterdam, o. J.

Ludwig, J. Ch.: Beschreibung u. Abbildung meiner unweit Leipzig i. J. 1804 durch den Zimmermeister Lüders erbaueten Windpapiermühle nach holländischer Art. – Leipzig, 1820

Lüttich, S.: Über die Lage und Geschichte von acht Mühlen bei Naumburg a. S. und bei und in Pforte. – In: Mitteilungen d. Vereins für Erdkunde zu Halle, 1895. – S. 93–138

Mager, J.: Denkmale der Maschinen- und Gradiertechnik im ehemals kursächsischen Raum und den angrenzenden Gebieten. – 1978. Halle-Wittenberg, Univ., Diss. A

Mager, J.: Mühlen, Salinen, Hütten- und Hammerwerke als technische Denkmale des Saale-Harz-Gebietes. – In: Wiss. Beitr. Univ. Halle-Wittenberg 10 (1981) H. 2. – S. 57–64

Marx, K.; Engels F.: Werke, Bd. 23 (Das Kapital). – Berlin: Dietz Verl., 1962

Maywald, B.; Saalbach, A.; Wagenbreth, O.: Wind- und Wassermühlen als technische Denkmale. Die Mühlen in Geschichte und Gesellschaft; hrsg. vom Kulturbund der DDR, Gesellsch. f. Denkmalpflege. – Berlin, 1983

Merian, M.: Topographia Superioris Saxonicae. – Franckfurt, 1650

Mrusek, H.-J.: Ergebnisse, Methoden und Probleme bei der Erschließung und kulturellen Nutzung historischer Bauwerke. – In: Wiss. Beitr. Univ. Halle-Wittenberg 10 (1981) H. 2. – S. 7–38

Mrusek, H.-J.: Zur Denkmalpflege in der Deutschen Demokratischen Republik. – In: Wiss. Z. Univ. Halle-Wittenberg, Ges.-Sprachw. R. – Halle IX (1960). – S. 59–122

Museum der bäuerlichen Technik, Dumbrava Sibiului. – Sibiu: Muzeul Brukenthal, 1966

Nadler, H.; Lemper, E.-H.: Ausstellung technischer Kulturdenkmale (Katalog)/Schriftenreihe der Städtischen Kunstsammlungen Görlitz. Neue Folge 2. – Görlitz, 1952

Nadler, H.: Technische Kulturdenkmale: Eine Wanderausstellung (Katalog). Bearb. vom Inst. für Denkmalpflege

Dresden. – Dresden, 1955

Notebaart, J. C.: Windmühlen. Der Stand der Forschung, über das Vorkommen und den Ursprung. – Den Haag/Paris, 1972

Novalis: Schriften. Im Verein mit R. Samuel hrsg. von P. Kluckhohn. 4 Bde. – Leipzig, 1928

Poppe, J. H. M.: Geschichte der Erfindungen in den Künsten und Wissenschaften seit ältester bis auf die neueste Zeit. Bd. 1–4. – Dresden, 1828/29

Poppe, J. H. M.: Geschichte der Künste und Wissenschaften seit der Wiederherstellung derselben bis an das Ende des achtzehnten Jahrhunderts. Achte Abtheilung. Geschichte der Naturwissenschaften. IV. Geschichte der Technologie. 3 Bd. – Göttingen: Joh. Friedr. Röwer, 1807–1811

Poppe, J. H. M.: Technologisches Universal-Handbuch für das gewerbetreibende Deutschland oder Handwerks- und Fabrikenkunde. 2 Bde. (Technologisches Wörterbuch). – Stuttgart: Scheibles Buchhdlg., 1837

Ramelli, A.: Schatzkammer mechanischer Künste. – Deutschsprachige Ausgabe von 1620

Rühlmann, M.: Allgemeine Maschinenlehre: Ein Leitfaden für Vorträge, sowie zum Selbststudium des heutigen Maschinenwesens, mit besonderer Berücksichtigung seiner Entwicklung. 5 Bde. – Braunschweig, 1876

Serlo, W.: Männer des Bergbaus. – Bonn, 1937

Slotta, R.: Technische Denkmäler in der Bundesrepublik Deutschland. – Bochum: Bergbau-Museum, 1975

Sprengel, P. N.; Hartwig, O. L.: Handwerke und Künste in Tabellen. – Berlin, 1767–1774

Stave, G.: Glück zu! Mühlengeschichten. – Leipzig: Brockhaus Verl., 1984

Strada, G. de: Künstlicher Abriß allerhand Wasser-, Wind-, Roß- und Handt Mühlen. 1. 2. – Frankfurth a. M., 1617/18

Stüdtje, J.: Mühlen in Schleswig-Holstein. – Heide in Holstein: Westholsteinische Verlagsgesellschaft Boyens und Co., 1976

Stünkel, J.: Beschreibung der Eisenbergwerke und Eisenhütten am Harz. – Göttingen, 1803

Sturm, L. Ch.: Vollständige Mühlenbaukunst. 4 Bde. – Nürnberg, 1716–1721

Technische Denkmale in der Deutschen Demokratischen Republik; hrsg. von O. Wagenbreth u. E. Wächtler. – Leipzig: Dt. Verl. f. Grundstoffindustrie, 1983

Technische Kulturdenkmale. – In: Z. d. Förderkreises Westf. Freilichtmuseum Technischer Kulturdenkmale. – Hagen, 1966 ff.

Träger, O.: Wassermühlen im unteren Saaletal: Beiträge zur Mühlenchronik an der unteren Saale. – Bernburg, 1969

Wagenbreth, O.: Die Pflege technischer Kulturdenkmale – eine neue gesellschaftliche Aufgabe unserer Zeit und unseres Staates zur Popularisierung der Geschichte der Produktivkräfte. – In: Wiss. Z. d. Hochschule f. Architektur und Bauwesen. – Weimar 16 (1969) H. 5. – S. 465–484

Weber, F. W.: Die Geschichte der pfälzischen Mühlen besonderer Art. Dargestellt werden die Papiermühlen, die Walkmühlen, die Lohstampfen und Lohmühlen, die Pulvermühlen, die Hanfreiben und Hanfstampfen, die Sägemühlen, die Pochwerke und Hütten, die Hammer- und Schleifmühlen, die Achatschleifen, die Gipsmühlen und ähnliche Mühlengattungen sowie die historischen Ölmühlen. – Otterbach b. Kaiserslautern: Verl. F. Arbogast, 1981

Weigel, J. Ch.: Abbildung der gemein-nützlichen Hauptstände von denen Regenten . . . biß auf alle Künstler und Handwerker, . . . meist nach dem Leben gezeichnet und in Kupfer gebracht . . . – Regenspurg, 1698

Wenzel, E.; Stahl, F.: Schiffmühle bei Ginsheim. Beitr. z. Gesch. d. Techn. u. Ind. – Berlin 20 (1930). – S. 167/168

Winkler, W.: Die letzte Schiffmühle. Veröffentlichung des Landschaftsmuseums der Dübener Heide Burg Düben. – Bad Düben, 1975

Zedler, J. H. (Hrsg.): Großes vollständiges Universal-Lexikon aller Wissenschaften und Künste, welche bishero durch menschlichen Verstand und Witz erfunden und verbessert wurden. (64 Bände und 4 Supplementbände). – Leipzig, 1731–1754

Zippelius, A.: Handbuch der europäischen Freilichtmuseen. Führer u. Schriften des Rhein. Freilichtmuseums u. Land-schaftsmuseums f. Volkskunde in Kommern, Nr. 7. – Köln: Rheinl.-Verl., 1974

Zyl, J.: Theatrum machinarum universale of Groot algemeen Moolen-Boek . . . – Amsterdam, 1734

Sachwortverzeichnis